物体検出とGAN、オートエンコーダー、画像処理入門

PyTorch/TensorFlow2による
発展的・実装ディープラーニング

著 チーム・カルポ

■サンプルデータについて

本書で紹介したデータは、㈱秀和システムのホームページからダウンロードできます。本書を読み進めるときや説明に従って操作するときは、サンプルデータをダウンロードして利用されることをお勧めします。

ダウンロードは以下のサイトから行ってください。

㈱秀和システムのホームページ

https://www.shuwasystem.co.jp

サンプルファイルのダウンロードページ

https://www.shuwasystem.co.jp/support/7980html/6464.html

サンプルデータは、「chap02.zip」「chap03.zip」などと章ごとに分けてありますので、それぞれをダウンロードして、解凍してお使いください。

ファイルを解凍すると、フォルダーが開きます。そのフォルダーの中には、サンプルファイルが節ごとに格納されていますので、目的のサンプルファイルをご利用ください。

なお、解凍したファイルは、操作を始める前にバックアップを作成してから利用されることをお勧めします。

▼サンプルデータのフォルダー構造（例）

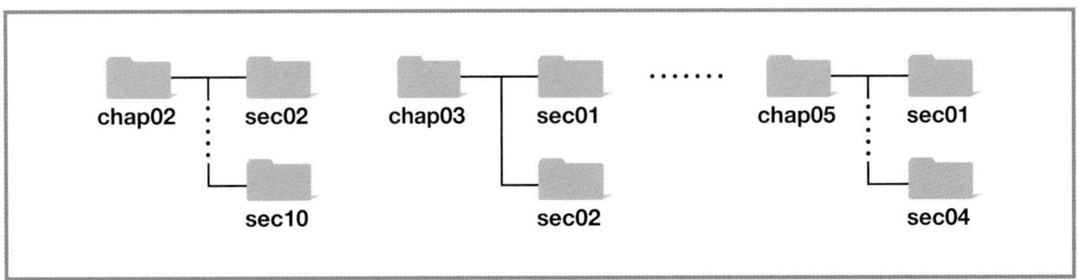

■ 注意

(1) 本書は著者が独自に調査した結果を出版したものです。
(2) 本書は内容について万全を期して作成いたしましたが、万一、ご不審な点や誤り、記載漏れなどお気付きの点がありましたら、出版元まで書面にてご連絡ください。
(3) 本書の内容に関して運用した結果の影響については、上記（2）項にかかわらず責任を負いかねます。あらかじめご了承ください。
(4) 本書の全部、または一部について、出版元から文書による許諾を得ずに複製することは禁じられています。

はじめに

本書は、前著『物体・画像認識と時系列データ処理入門 第2版』に続く、ディープラーニング技術の解説書です。今回は、ディープラーニングの発展型の技術である「物体検出」と「画像生成」について取り上げました。

物体認識についてはモデルの高精度化が続き、現在は人間の識別能力を大きく超えるほどまでに進化しています。ただ、物体認識はいわば基礎的な技術なので、現実世界のシステムにそのまま応用されることは少なく、どちらかといえば物体認識の技術を取り入れた物体検出が活躍の場を広げているようです。実際、自動運転や顔認識、物体の外観検査をはじめ、医療分野における画像診断など多くの分野で利用されています。

物体検出については、「SSD: Single Shot MultiBox Detector」の実装方法を、実際にプログラミングを行いながら解説しました。物体検出のアルゴリズムは日々進化しており、より高精度なモデルが発表されていることもありますが、SSDはそれらの土台となっています。SSDを理解し、実装することができれば、独自に物体検出のプログラムを作ることも可能になりますので、ディープラーニングの学習・研究をはじめ、システム開発にも大いに役立つことでしょう。また、手軽に物体検出を体験できるように、TensorFlow Hubについても紹介しています。

画像生成については、オートエンコーダーから発展形のGANまでを取り上げました。GANは様々なシチュエーションに対応し、高精度な画像を生成する派生型のモデルが存在します。余談ですが、バーチャルなアイドルを瞬時に生成するAIとしてのGANが登場したときは、漠然とした畏怖の念を抱きつつも大いなる可能性に胸が高鳴りました。本書では、実装を経験しておくことで現場での開発に役立つものをチョイスしています。

最後になりましたが、本書を手に取っていただきありがとうございます。発展型ディープラーニングのモデル開発において、本書がお役に立てることを願っております。

2021年8月　チーム・カルポ

■本書の読み方

本書では、ディープラーニングの発展的な技術として、物体検出と画像生成に関わる技術を解説していますが、必ずしも最初から順番に読まなければならないということはありません。各章の表題をご覧のうえ、興味のあるところから読み進めていただいてもかまいません。

ただ、本書ではプログラムの開発／実行環境としてGoogle社が提供するColabノートブックを使用しますので、開発環境について確認されたい場合は第1章を先にお読みください。

第2章と第3章は物体検出について扱っていますが、第2章はモデルの作成から学習までをひととおり行うのでページ数が多くなっています。まずは物体検出がどのようなものなのかを体験されたい場合は、学習済みモデルを利用した第3章を先に読んでいただくとよいでしょう。

第4章と第5章は画像生成に関わる技術ですので、画像生成に興味がおありでしたら、先にこちらをお読みいただくのもよいかと思います。この場合、第4章のオートエンコーダーから先に読んでいただくと、すんなりと第5章に進めるでしょう。

第1章　開発環境について

手元のPCでプログラミングするための「Anaconda」の導入について解説しています。第2章ではAnacondaに同梱されるSpyderでプログラミングします。後半では、GPUが無料で利用できるGoogle Colabについて解説しています。

第2章　SSDによる物体検出

論文「SSD: Single Shot MultiBox Detector」で発表された物体検出のモデルを実装し、データセットの用意から学習、学習後の推論までを行います。実際にすべてのプログラミングを行い、1枚の写真から的確に物体を検出できるモデルの完成を目指します。

第3章　「FasterRCNN+InceptionResNetV2」による物体検出

「TensorFlow Hub」で公開されている学習済みのモデルを利用して、物体検出を体験します。TensorFlow Hubはいわばライブラリのような存在なので、モジュールをインポートすることで手軽に物体検出が行えます。

第4章　オートエンコーダー

画像を生成する技術として「オートエンコーダー」について解説します。多層パーセプトロンを利用したモデルと、畳み込みニューラルネットワークを利用したディープなモデルについて紹介しています。オートエンコーダーの発展型の「変分オートエンコーダー」についても取り上げています。

第5章　GAN（敵対的生成ネットワーク）

より鮮明な画像を生成するGANについて解説しています。DCGAN、Conditional GANについて、PyTorchとTensorFlowで実装します。

Appendix　ディープラーニングの数学的要素

本書では、ディープラーニングの基礎的な要素（多層パーセプトロンなど）については解説していませんが、ディープラーニング全般において必要となる数学的な要素をAppendixとしてまとめました。既刊書『物体・画像認識と時系列データ処理入門 第2版』の『3章　ディープラーニングの数学的要素』をそのまま転載したものですが、

・ベクトルや行列（テンソル）の演算

・微分

について解説しています。これらは、ニューラルネットワークの順伝播や誤差逆伝播（バックプロパゲーション）に用いられている数学的な手法ですので、本編と併せてぜひご一読ください。

物体検出とGAN、オートエンコーダー、画像処理入門

PyTorch/TensorFlow2による発展的・実装ディープラーニング

INDEX

1章　開発環境について

2章 SSDによる物体検出

3章 「FasterRCNN+InceptionResNetV2」による物体検出

4章　オートエンコーダー

5章　GAN（敵対的生成ネットワーク）

Appendix　ディープラーニングの数学的要素

章

開発環境について

1.1 Anacondaの導入

本書では、プログラムの開発環境として基本的に「Google Colaboratory」を利用しますが、データの前処理やPythonのモジュールの作成については、手元のPCを使って行います。この際に使用するのが「Anaconda（アナコンダ）」です。

Anacondaは、Anaconda, Inc.が開発、配布しているPythonディストリビューションです。ライブラリの管理や開発に必要なツール群が1つの配布型パッケージとしてまとめられています。パッケージには、個人利用のための無償版の「Individual Edition」や商業利用のための「Commercial Edition」（月額約1,630円）があります。学習用途ですので、Individual Editionを利用することにしましょう。

1.1.1 Anacondaに含まれる主なツール

Anacondaには、Pythonで開発するための以下のツールが含まれています。

■Anaconda Navigator（アナコンダナビゲーター）

Anacondaの各種のツールを起動するランチャーとして機能と、外部のライブラリをインストール／管理するための機能が搭載されています。ライブラリの管理機能は、開発目的ごとに「仮想環境」を作成し、それぞれの環境独自にライブラリをインストールし、Updateなどの管理も仮想環境ごとに行えるのが特徴です。

Pythonでは、開発したプログラムを実行するための環境を「仮想環境」と呼び、開発する際は必ず1つ以上の仮想環境を用意することになります。Pythonの標準機能ではconsoleへのコマンド入力で仮想環境の作成や管理を行いますが、Anaconda Navigatorはビジュアルな画面（GUI）で作業できるのでとても便利です。

■Jupyter Notebook（ジュピターノートブック）

Pythonの統合開発環境（IDE）です。ブラウザー上で動作するWebアプリで、プログラムを書いたらすぐその下に実行結果が出力されるのが特徴であり、仕組み的にはGoogle Colaboratoryのノートブックと同じです。

■Spyder（スパイダー）

Pythonの統合開発環境（IDE）です。ソースコードの入力画面と実行結果が出力される画面のほか、変数の値やソースファイルが含まれるディレクトリを表示する画面など、プログラミングに必要な様々な画面が用意されています。

Spyderは、モジュール単位での開発に適しているので、本書ではモジュール単位での開発にはSpyderを利用することにします。

1.1.2 Anacondaのインストール

Anacondaの無償版Individual Editionは、Anacondaの公式サイトの「Individual Edition」のページから入手します。ブラウザーのアドレス欄に

https://www.anaconda.com/products/individual

と入力してダウンロードページにアクセスし、[Downliad]ボタンをクリックします。操作例の場合は、windows用の64bitコントローラーのダウンロードがただちに始まります。

▼Anacondaの「Individual Edition」のダウンロードページ

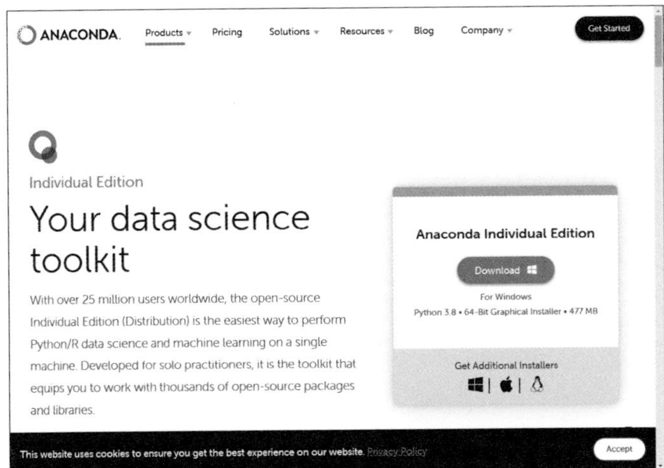

画面を下にスクロールして、Windowsの場合は「64-Bit Graphical Installer」または「32-Bit Graphical Installer」をクリック、macOSの場合は「64-Bit Graphical Installer」をクリックしましょう。

▼Anacondaのダウンロード

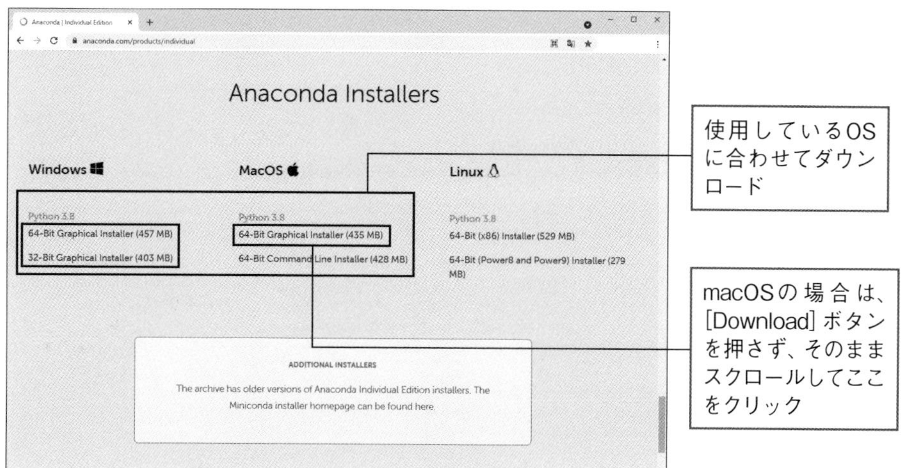

ダウンロードされたexe形式ファイル（macOSの場合はpkgファイル）を実行します。インストーラーが起動したら［Next］ボタンをクリックします。

▼インストールの開始

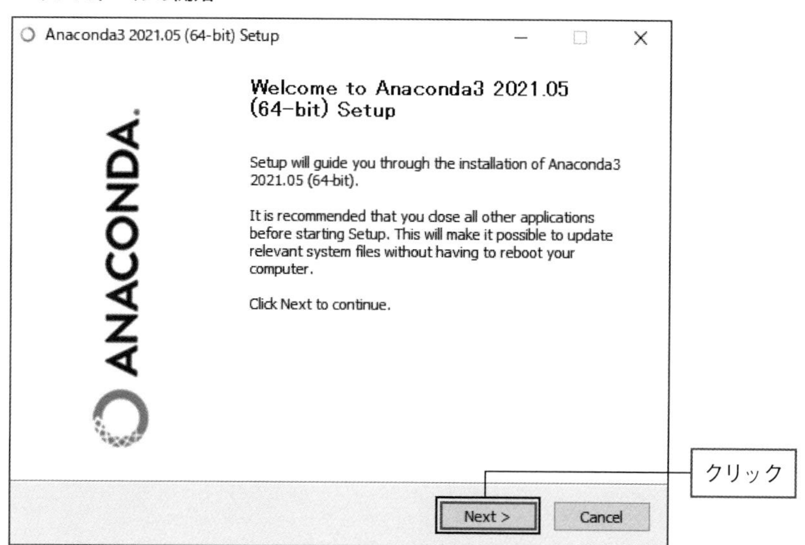

使用許諾を確認して[I Agree]をクリックし、続く画面で使用するユーザーとして[Just Me]または[All Users]のどちらかを選択して[Next]ボタンをクリックします。

このあと表示される画面でインストール先を確認して[Next]ボタンをクリックするとオプションの選択画面が表示されるので、[Register Anaconda as my default Python 3.x]のみにチェックを入れて[Install]ボタンをクリックしましょう。

▼インストールの開始

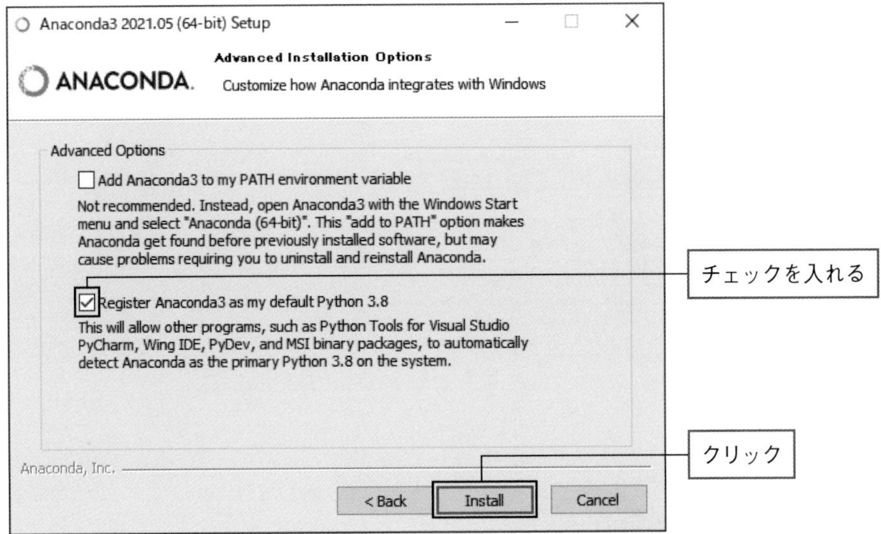

インストールが完了すると「Completed」と表示されるので、[Next]ボタンを2回クリックします。最後に[Finish]ボタンをクリックしてインストーラーを終了しましょう。

1.1.3 Anaconda Navigatorを起動して仮想環境を用意する

Pythonは仮想環境上で動作するように設計されています。Anacondaでは「base」という名前の仮想環境がデフォルトで用意されていますが、仮想環境はいくつでも用意できるので、目的に応じて専用の仮想環境を用意するとよいでしょう。

仮想環境の作成は、Anacondaに付属している「Anaconda Navigator」で行います。Windowsの場合は[スタート]メニューの[Anaconda3]のサブメニューにアイコンがあるので、それをクリックすれば起動できます。macOSの場合はファインダーの「アプリケーション」から起動してください。

Anaconda Navigatorを起動したら、画面左側の[Environments]タブをクリックし、画面下の[Create]ボタンをクリックしましょう。

▼仮想環境の作成

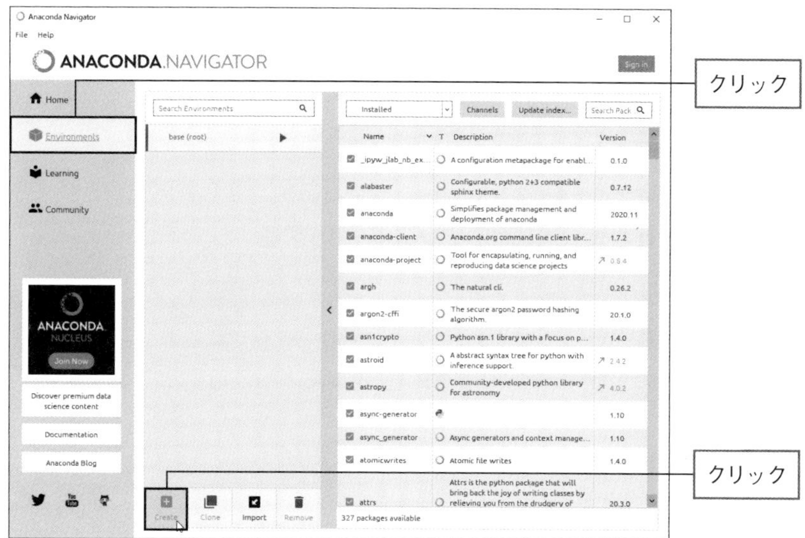

[Create new environment]ダイアログが起動するので、[Name]に仮想環境名を入力し、[Python]がチェックされているのを確認した後、[Create]ボタンをクリックします。

▼[Create new environment]ダイアログ

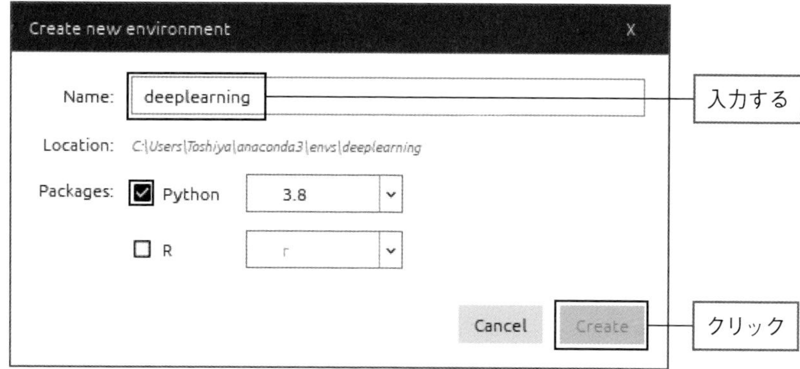

しばらくすると、仮想環境が作成されます。以降は、作成した仮想環境上でJupyter NotebookやSpyderを動作させることにします。

1.1.4 ライブラリのインストール

作成した仮想環境には、Python本体とその他の必要最小限のライブラリのみがインストールされています。PyTorchやTensorFlow、NumPyなどの機械学習で使うライブラリは、個別にインストールすることが必要です。

■PyTorchを仮想環境にインストールする

例として、PyTorchをインストールしてみることにします。Anaconda Navigatorの[Environments]タブをクリックして、先ほど作った仮想環境の名前を選択します。続いて上部のメニューで[Not Installed]を選択し、検索欄に「pytorch」と入力します。

▼Anaconda Navigatorの[Environments]タブ

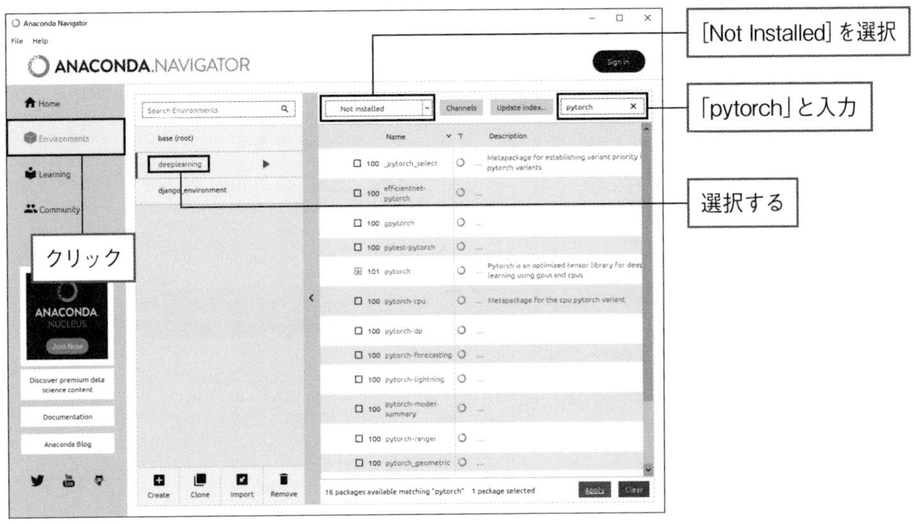

PyTorch本体と関連するライブラリが一覧で表示されます。このまま[Apply]ボタンをクリックしてインストールを開始します。

▼インストールの開始

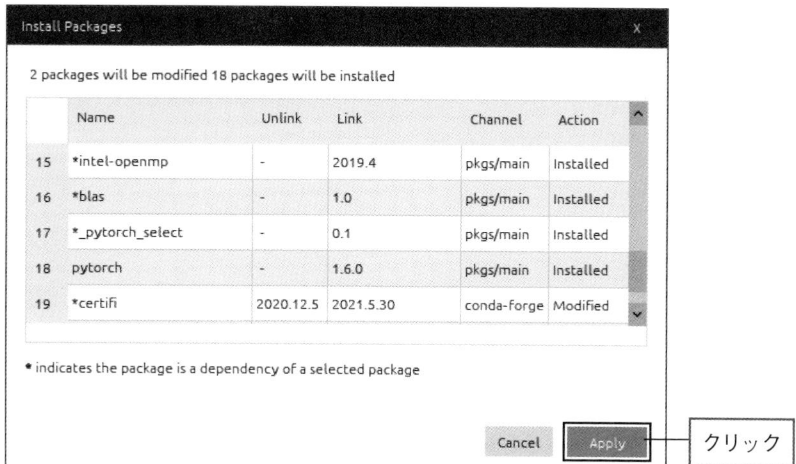
Install Packages
x
2 packages will be modified 18 packages will be installed
Name
Unlink
Link
Channel
Action
15 *intel-openmp - 2019.4 pkgs/main Installed
16 *blas - 1.0 pkgs/main Installed
17 *_pytorch_select - 0.1 pkgs/main Installed
18 pytorch - 1.6.0 pkgs/main Installed
19 *certifi 2020.12.5 2021.5.30 conda-forge Modified
* indicates the package is a dependency of a selected package
Cancel
Apply
クリック

1.2 Jupyter Notebookを使う

Jupyter Notebookは、ソースコードの入力／編集に加え、その場でプログラムを実行し、結果を確認することができます。ブラウザー上で動作するWebアプリなので、起動すると既定のブラウザーが開いて操作画面が表示されます。

1.2.1 Jupyter Notebookを仮想環境にインストールする

Jupyter Notebookは、デフォルトの仮想環境には事前にインストールされていますが、独自に仮想環境を構築した場合は、仮想環境ごとにインストールの操作を行う必要があります。Anaconda Navigatorの[Home]タブの[Applications on]で仮想環境名を選択し、Jupyter Notebookの[Install]ボタンをクリックします。

▼仮想環境にJupyter Notebookをインストールする

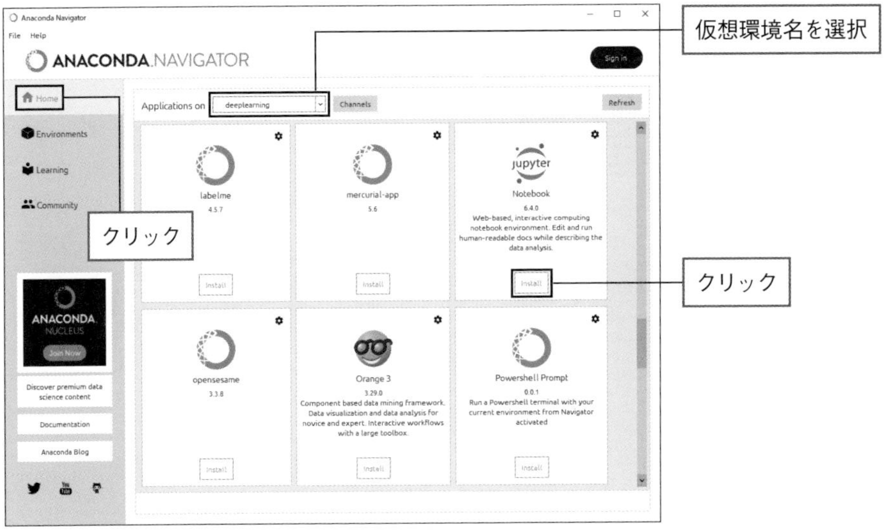

仮想環境名を選択

クリック

クリック

インストールが完了すると、[Install]ボタンが[Launch]ボタンに変わるので、これをクリックします。

▼Jupyter Notebookの起動

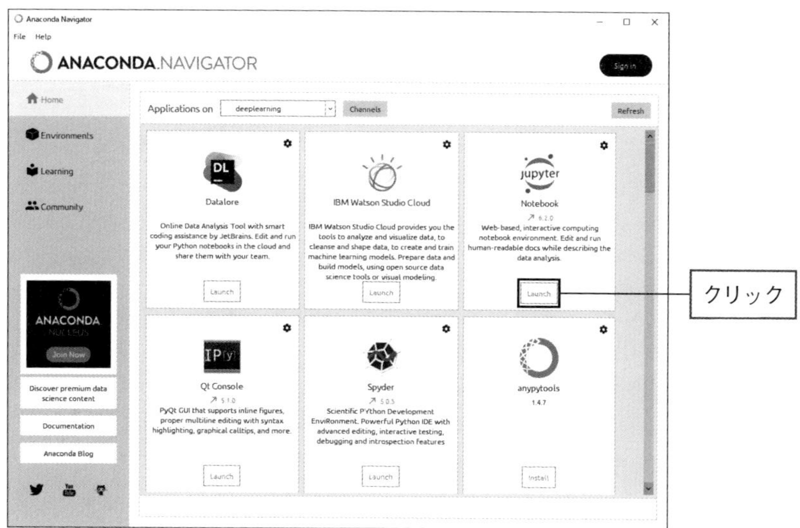

▼起動直後のJupyter Notebook

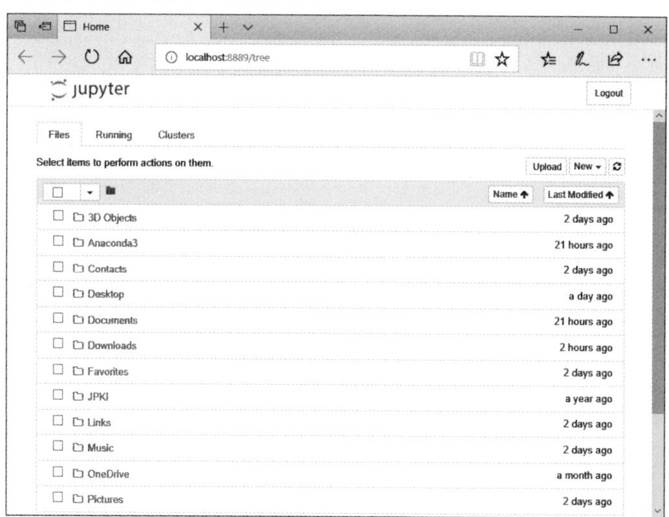

1.2.2 ノートブックを作成する

Jupyter Notebookでは、ソースコードをはじめ、プログラムの実行結果など、プログラムに関するすべての情報をノートブックで管理します。ノートブックの画面は、ソースコードを入力する「セル」と呼ばれる部分と、その実行結果を表示する部分から構成されます。セルは必要な数だけ作れるので、複数のセルにプログラムを小分けにして入力し、それぞれのセルで実行結果を確認しながら作業を進めるのが一般的な使い方です。

■ノートブックを保存するためのフォルダーを作成する

ノートブックを保存するためのフォルダーを作成しましょう。Jupyter Notebookの初期画面右上にある[New]ボタンをクリックして[Folder]を選択すると、ホームディレクトリの一覧の中に「Untitled Folder」という新規のフォルダーが作成されます。チェックボックスにチェックを入れると[Rename]ボタンが出現するので、これをクリックして任意の名前にします。

▼新規フォルダーの作成とフォルダー名の設定

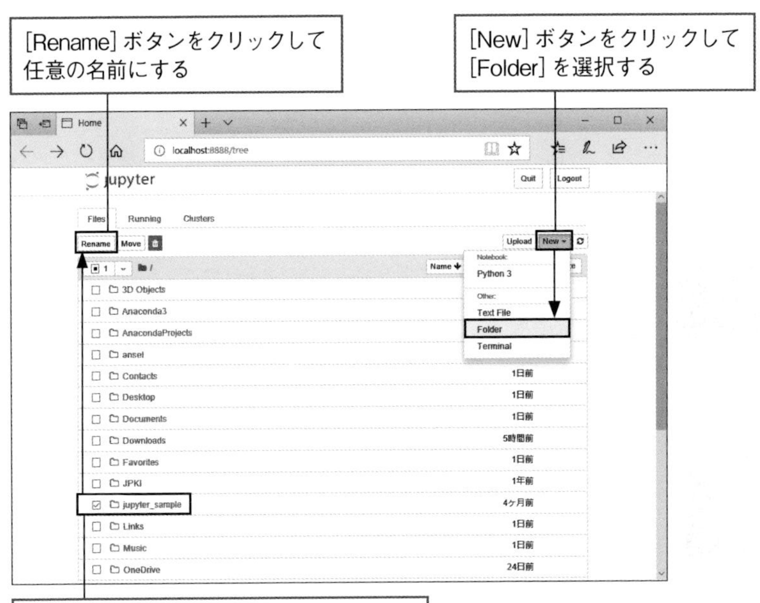

■ノートブックの作成

作成したフォルダー名をクリックすると、フォルダーが開いて内部が表示されます。[New]をクリックして[Python 3]を 選択すると、新規のノートブックが作成されます。

▼ノートブックの作成

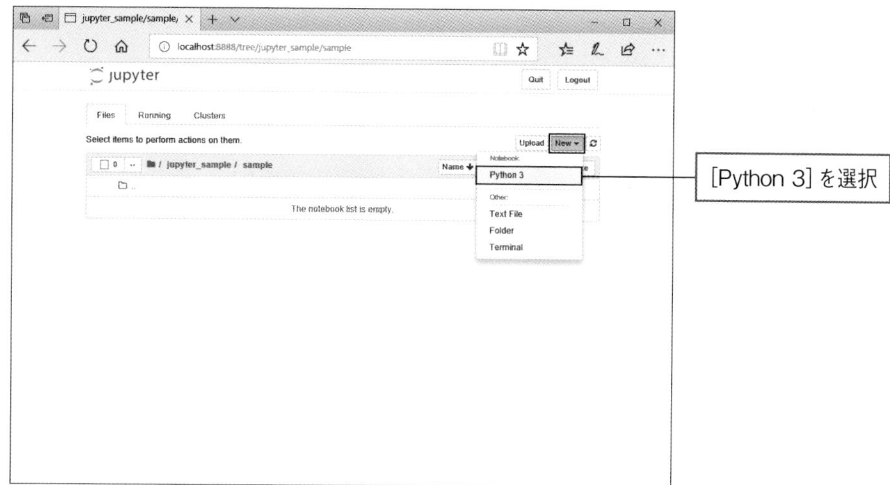

タイトルが「Untitled」になっていますので、これをクリックして任意の名前を入力し、[Rename]ボタンをクリックします。

▼ノートブックの作成と名前の設定

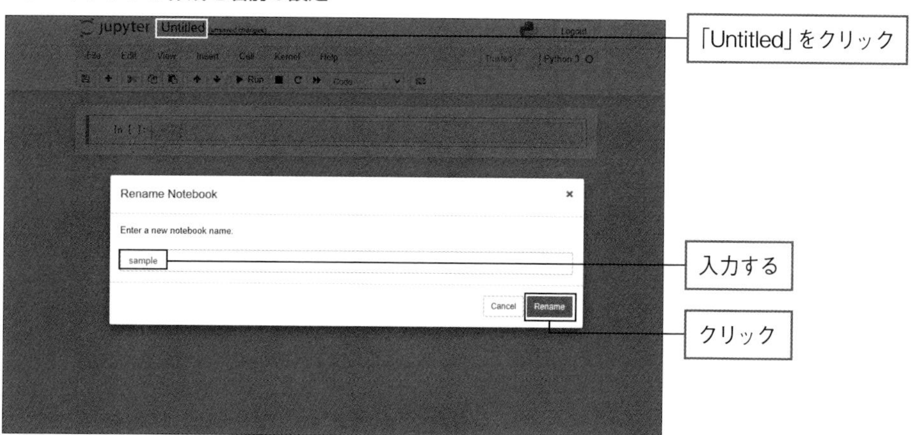

1.2.3 ソースコードを入力して実行する

Jupyter Notebookのノートブックを開くと、「In [ ]:」と表示されている箇所の右側に入力用の領域（セル）が表示されます。ここにソースコードを入力し、画面上部のツールバーにある［Run］ボタンをクリック、または[Shift]+[Enter]キー（Macは[shift]+[return]キー）を押すとプログラムが実行され、セルの下部にプログラムの実行結果が表示されます。

▼ソースコードの入力と実行

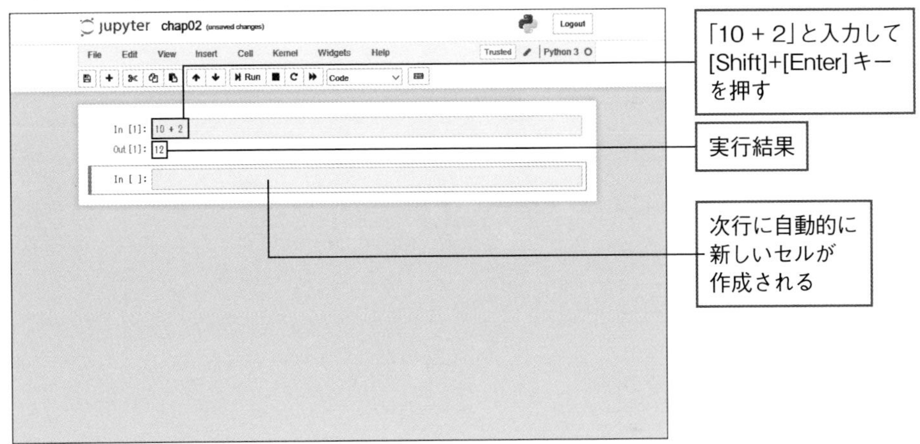

Jupyter Notebookのコマンド

セルに入力したソースコードは、実行後であっても何度でも書き直すことができます。ソースコードと実行結果、つまり画面に表示されている状態をそのまま保存するには、ツールバーのSaveボタンをクリックします。その他、主に使用する機能を以下にまとめておきます。

●セルの追加

［Insert］メニューの［Insert Cell Above］（現在のセルの上部に追加）、［Insert Cell Below］（現在のセルの下部に追加）を選択します。

●セルの削除

削除するセルにカーソルを置いた状態でツールバーのボタンをクリックし、表示されたメニューの中から［delete cells］を選択します。

●メモリのリセット

プログラムを実行してメモリに読み込まれたデータをすべてリセットする場合は、[Kernel]メニューの[Restart]を選択します。

●メモリのリセットと実行結果の消去

メモリに読み込まれたデータをすべてリセットし、さらに実行結果も消去する場合は、[Kernel]メニューの[Restart & Clear Output]を選択します。

●すべてのセルのソースコードをまとめて再実行する

すべてのセルのソースコードをまとめて再実行する場合は、[Kernel]メニューの[Restart & Run All]を選択します。

1.2.4 ノートブックを閉じる/開く

[ファイル]メニューの[Save and Checkpoint]を選択すると、ソースコード、プログラムの実行結果など、現在の画面に表示されている情報がまとめて保存されます。

▼ノートブックの保存

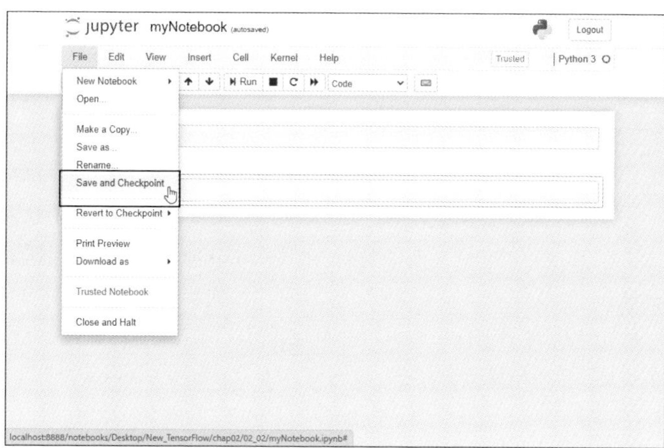

■ノートブックを閉じる

[File]メニューの[Close and Halt]を選択すると、ノートブックが閉じます。

▼ノートブックを閉じる

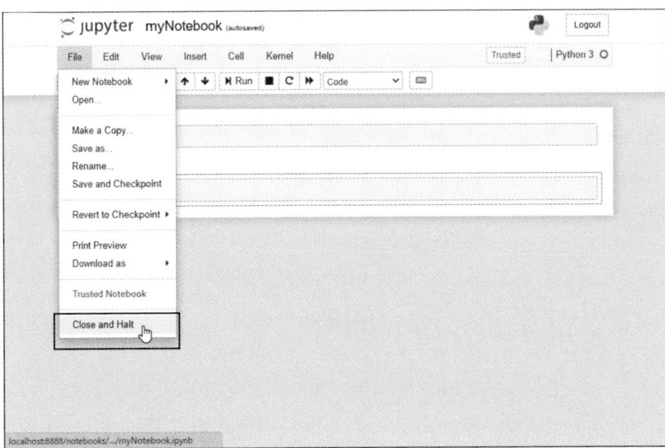

[Close and Halt]のように「Halt(停止)」となっているのは、ノートブックをシャットダウンすることを意味します。ブラウザーの[閉じる]ボタンを使ってウィンドウを閉じた場合、ノートブックのウィンドウは閉じるものの、ノートブック自体は実行中のまま放置されます。このため、ノートブックを閉じる際はメニューの[Close and Halt]を選択して閉じることをお勧めします。

■ノートブックを開く

保存済みのノートブックを開いてみましょう。Jupyter Notebookの「ホームディレクトリ」の一覧からノートブックが保存されているフォルダーを開き、拡張子が「.jpynb」のノートブックファイルをクリックします。

▼ノートブックを開く

1.2.5 Jupyter Notebookのメニューを攻略する

ノートブックのメニューについて見ていきます。

■ [File] メニュー

[File] メニューには、ノートブックの管理を行うための機能がまとめられています。

▼ [File] メニュー

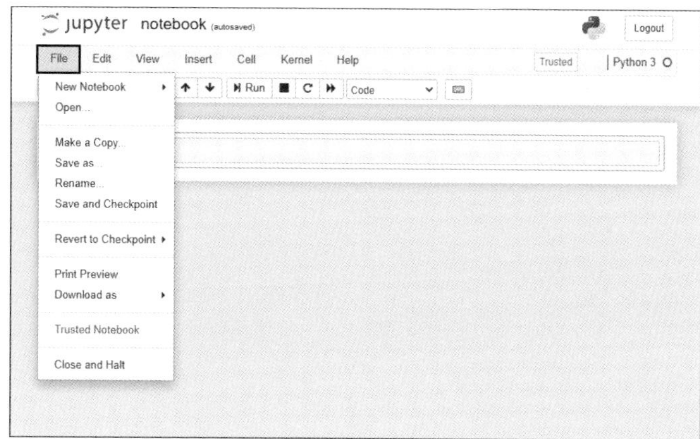

① [New Notebook]

新規のノートブックを作成します。

② [Open]

既存のノートブックを開きます。

③ [Make a Copy]

現在のノートブックをコピーして新規のノートブックを作成します。

④ [Save as...]

名前を付けて保存します。

⑤ [Rename]

現在のノートブック名を変更します。

⑥ [Save and Checkpoint]

ファイルを更新した日時の情報と共にノートブックを保存します。

⑦ [Revert to Checkpoint]

チェックポイントの日時を以前のもの（サブメニューに表示される）に戻します。

⑧ [Close and Halt]

ノートブックを閉じてシャットダウンします。

■ [Edit] メニュー

セルに関する操作を行う機能がまとめられています。

▼ [Edit] メニュー

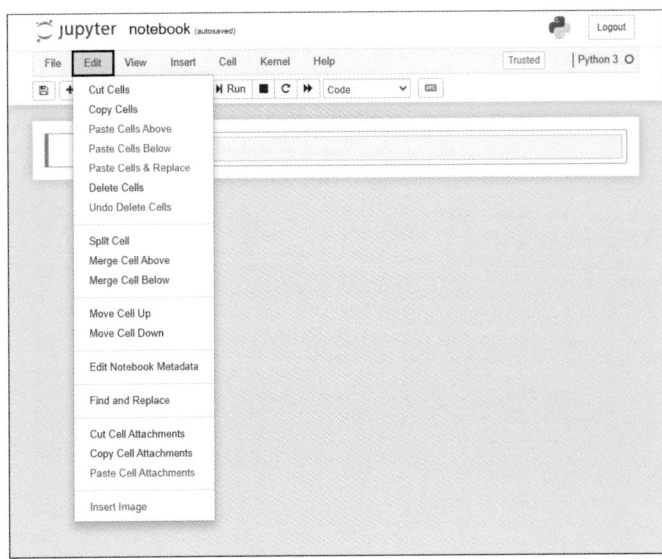

① [Cut Cells]

現在、カーソルが置かれているセルを切り取ります。

② [Copy Cells]

現在、カーソルが置かれているセルの内容をコピーします。

③ [Delete Cells]

現在、カーソルが置かれているセルを削除します。

④ [Merge Cell Above]、[Merge Cell Bellow]

現在、カーソルが置かれているセルと、その上方または下方のセルとを結合して1つにまとめます。

⑤ [Split Cell]

現在、カーソルが置かれた位置でセルを2つに分割します。

⑥ [Move Cell Up]、[Move Cell Down]

現在、カーソルが置かれているセルの位置を、上部または下部のセルの位置と入れ替えます。

[View] メニュー

Jupyter Notebookの操作画面やセルの機能の表示／非表示を切り替えるメニューがまとめられています。

▼ [View] メニュー

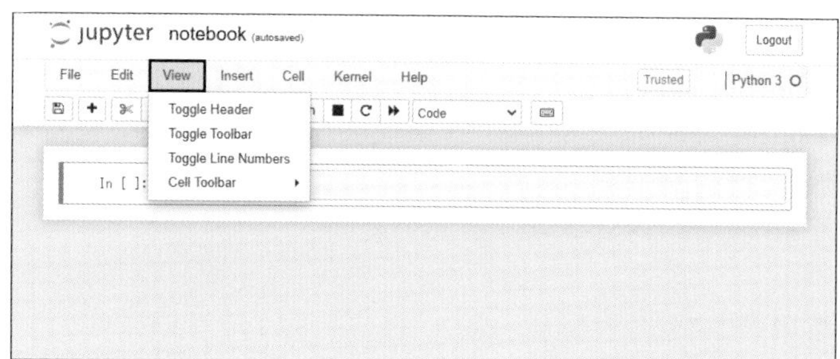

① [Toggle Line Numbers]

セルに行番号を表示します。

[Insert] メニュー

現在、カーソルが置かれているセルの上部または下部に新規のセルを挿入します。

▼ [Insert] メニュー

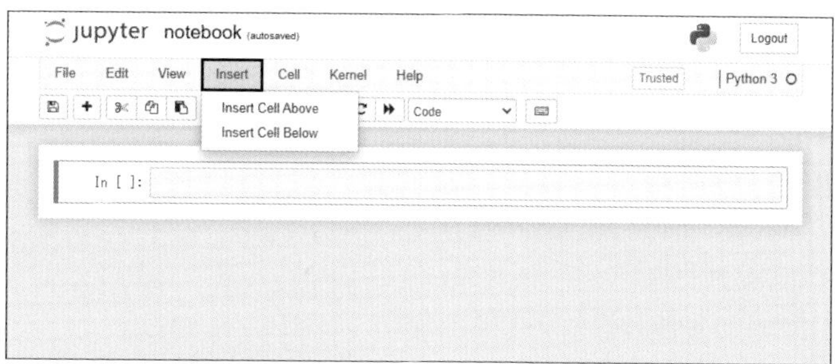

① [Insert Cell Above]

カーソルが置かれているセルの上部に新規のセルを挿入します。

② [Insert Cell Below]

カーソルが置かれているセルの下部に新規のセルを挿入します。

■[Cell] メニュー

セルに入力されたソースコードの実行に関する重要な機能がまとめられています。

▼ [Cell] メニュー

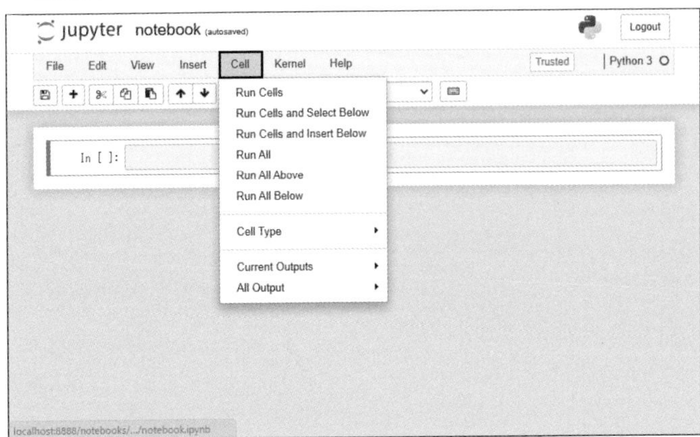

① [Run Cells]

セルのソースコードを実行します。

② [Run Cells and Select Below]

セルのソースコードを実行し、カーソルを次のセルに移動します。現在のセルの下部にセルがない場合は新規のセルが作成され、カーソルが移動します。

③ [Run Cells and Insert Below]

セルのソースコードを実行し、下部に新しいセルを追加してカーソルをそのセルに移動します。

④ [Run All]

すべてのセルのソースコードを実行します。

⑤ [Run All Above]、[Run All Below]

現在、カーソルが置かれているセルまでのすべてのセル、またはその下部にあるすべてのセルのソースコードを実行します。

⑥ [Current Outputs] ➡ [Clear]

現在、カーソルが置かれているセルの実行結果（Output）をクリアします。

⑦ [All Outputs] ➡ [Clear]

すべてのセルの実行結果をクリアします。

■[Kernel] メニュー

ノートブックの実行環境を操作する機能がまとめられています。

▼ [Kernel] メニュー

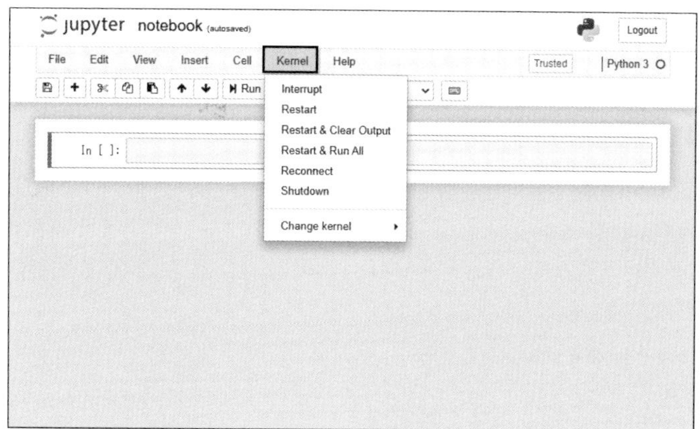

① [Restart]

実行中のカーネル(ノートブックの実行環境)を再起動します。

② [Restart & Clear Output]

実行中のカーネルを再起動し、現在表示されている出力(Output)をすべてクリアします。セルに入力されたプログラムを実行前の状態に戻すだけなので、セルのソースコードは実行されません。

③ [Restart & Run All]

実行中のカーネル(Pythonのシステム)を再起動し、すべてのセルのソースコードを実行します。すでに表示されている出力(Output)はすべて書き換えられます。

④ [Shutdown]

Pythonの実行環境をシャットダウンします。

1.3 Spyderを使う

Anacondaに含まれる、開発ツールの「Spyder」を仮想環境にインストールします。Spyderのウィンドウには、ソースコードの入力や編集を行うペインに加え、プログラムの実行結果や変数に格納されている値を表示するための複数のペインが表示されます。モジュール(Pythonのソースファイル)単位での開発に適したツールです。

1.3.1 Spyderを仮想環境にインストールする

Spyderは、Anaconda Navigatorの[Home]タブの[Applications on]で仮想環境名を選択し、Spyderの[Install]ボタンをクリックするとインストールできます([Install]ではなく[Launch]ボタンが表示されていることもあり、その場合はすぐに起動できます)。

▼仮想環境にSpyderをインストールする

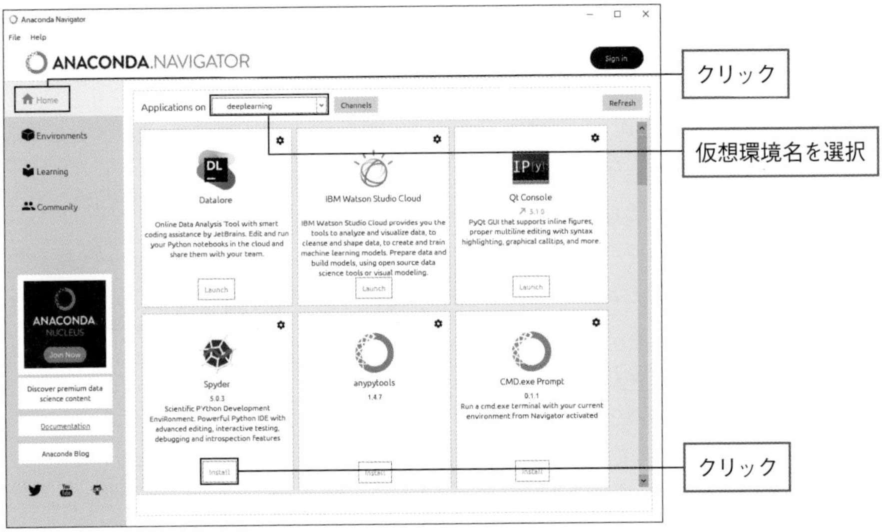

クリック

仮想環境名を選択

クリック

インストールが完了すると、ボタンの表示が[Launch]に切り替わります。これをクリックするとSpyderが起動します。

▼Spyderの起動

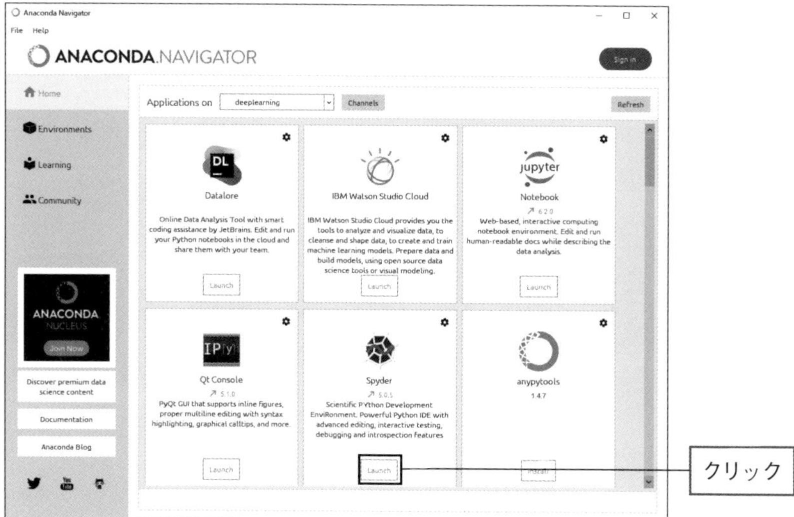

▼起動直後のSpyder

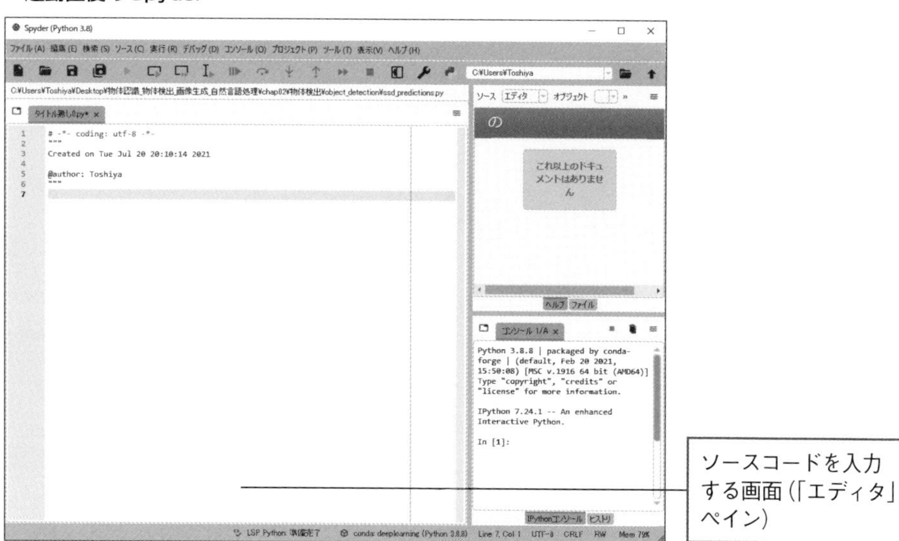

Spyderの画面が英語表記になっている場合は、[Tools]メニューの[Preferences]を選択し、[Application]画面の[Advanced settings]タブをクリックして[Langage]で[日本語]を選択します。[OK]ボタンをクリックしてダイアログの[Yes]をクリックして再起動すると、日本語化が行われます。

1.3.2 モジュールの保存

モジュール（ソースファイル）は、［ファイル］メニューの［保存］を選択することで保存できます。

▼ソースファイルの保存

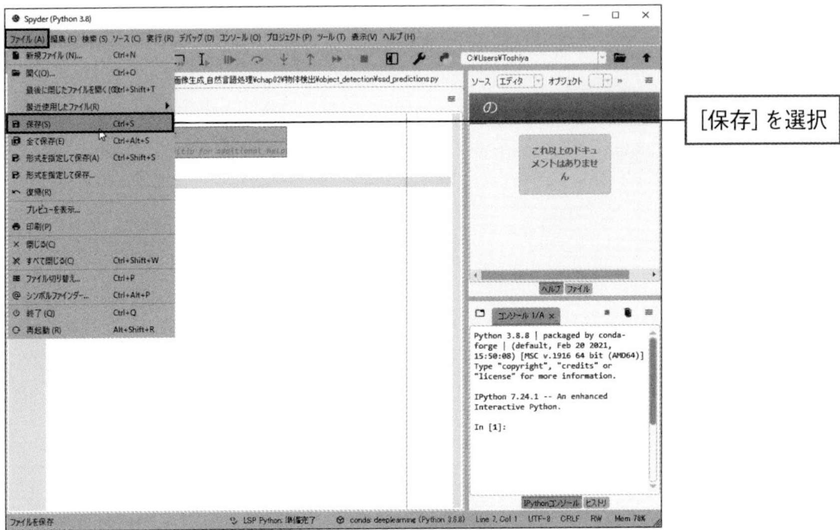

［ファイルを保存］ダイアログが表示されるので、ファイルの保存先を選択し、ファイル名を入力して［保存］ボタンをクリックします。

▼ソースファイルの保存

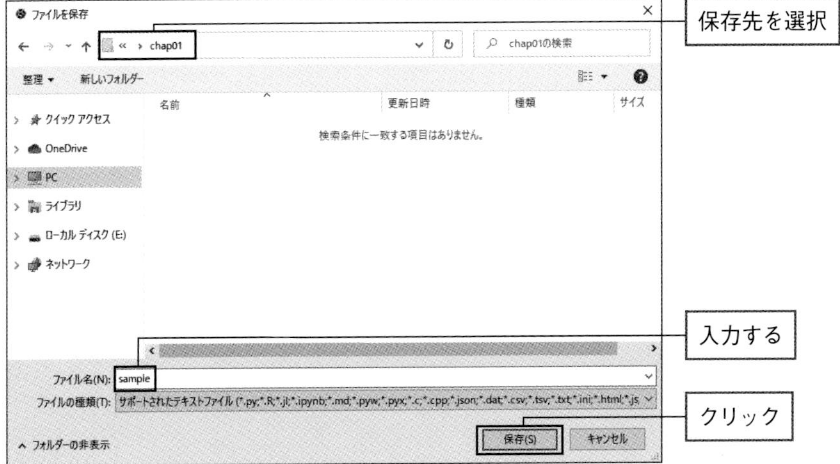

ソースファイルは、拡張子が「.py」のPython形式ファイルとして保存されます。

1.3.3 モジュールのプログラムを実行する

モジュールに入力したコードを実行するには、[実行]メニューの[実行]を選択(またはツールバー上の[ファイルを実行]ボタンをクリック)します。ソースコードが出力を伴うものであれば、画面右下の[コンソール]ペインに結果が出力されます。

▼プログラムの実行

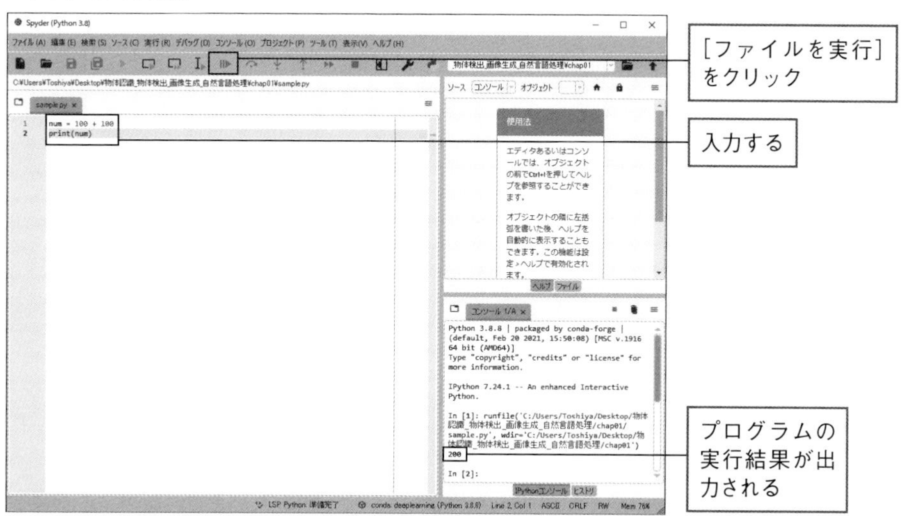

■実行中のプログラムの変数の値を確認する

実行中のプログラムの変数に値が格納されている場合は、その中身を確認することができます。[表示]メニューの[ペイン]➡[Variable Explorer]を選択すると、[Variable Explorer]ペインが表示され、変数名、変数の型、値が確認できます。

▼プログラムの実行結果

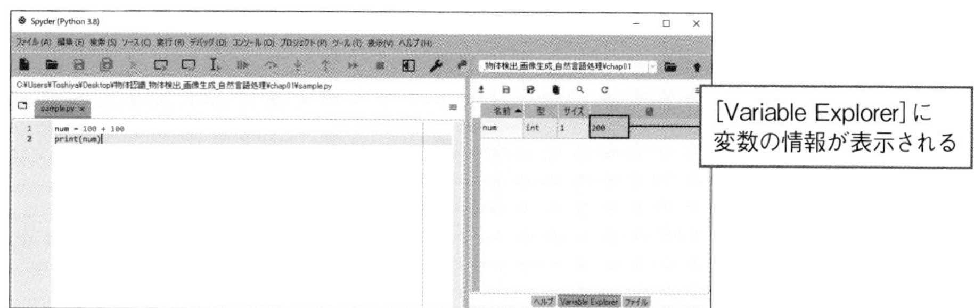

1.4 Google Colabを使う

Google Colaboratoryは、教育・研究機関への機械学習の普及を目的としたGoogleの研究プロジェクトです。現在、ブラウザーからPythonを記述、実行できるサービスとして、誰でも無料で利用できるColaboratory（略称：Colab）が公開されています。Colabには、Python本体はもちろん、NumPyやscikit-learn、TensorFlow、PyTorchをはじめとする機械学習用の最新バージョンのライブラリがあらかじめ用意されているので、個別にインストールすることなく、すぐに使えます。GPUやTPUが無料で利用できるのも大きなメリットです。

1.4.1 Colabノートブック

Colabでは、「Colabノートブック」と呼ばれる、Jupyter Notebookライクな環境で開発を行います。Colabのサイトにログインすれば、ノートブックを作成し、ソースコードの入力、プログラムの実行が行えます。

Colabを利用するメリットは、GPU（Tesla K80）が無料で使えることです。タイミングによってはTesla T4のような高速なGPUが割り当てられることもあります。

■Colabの利用可能時間

Colabの利用可能時間には制限がありますが、通常の使用では問題のない範囲です。

・利用可能なのはノートブックの起動から12時間

ノートブックを起動してから12時間が経過すると、実行中のランタイムがシャットダウンされます。「ランタイム」とは、ノートブックの実行環境のことで、バックグラウンドでPython仮想マシンが稼働し、メモリやストレージ、そしてCPU／GPU／TPUのいずれかが割り当てられます。Jupyter Notebookの「カーネル」と同じ意味です。

・ノートブックとのセッションが切れると90分後にカーネルがシャットダウン

ノートブックを開いていたブラウザーを閉じる、またはPCがスリープ状態になるなど、ノートブックとのセッションが切れると、そこから90分後にランタイムがシャットダウンされます。ただし、90分以内にブラウザー上のノートブックをアクティブな状態にしてセッションを回復すれば、そのまま12時間が経過するまで利用できます。

なお、ノートブックを開いたあとで閉じた場合、セッションは切れますが、カーネルは90分間は実行中のままですので、12時間タイマーはリセットされません。あくまで、一度カーネルが起動されたらそこから12時間、という制限ですので、タイマーをリセットしたい場合は、いったんカーネルをシャットダウンし、再度起動することになります。カーネルのシャットダウン／再起動はノートブックのメニューから簡単に行えます。

1.4.2 Googleドライブ上のColab専用のフォルダーにノートブックを作成する

Colabノートブックは、Google社が提供しているオンラインストレージサービス*「Googleドライブ」上に作成／保存されます。Googleドライブは、Googleアカウントを取得すれば無料で15GBまでのディスクスペースを利用することができます。

Colabのトップページ(https://colab.research.google.com/notebooks/intro.ipynb)からノートブックを作成することもできますが、この場合、デフォルトでGoogleドライブ上の「Colab NoteBooks」フォルダー内に作成／保存されます。

■Googleドライブにログインしてフォルダーを作成する

❶ブラウザーを開いて「https://drive.google.com」にアクセスします。
❷アカウントの情報を入力してログインします。

▼Googleドライブへのログイン

＊ドキュメントファイルや画像、動画などのファイルを、ネット回線を通じてサーバー(クラウド)にアップロードして保存するサービスのこと。Googleドライブは15GBまでを無料で利用でき、さらに容量を増やしたい場合は有料での利用となる。

One point　Googleアカウントの登録

Googleのアカウントを持っていない場合は、上記の画面の［別のアカウントを使用］をクリックして［アカウントを作成］のリンクをクリックすると、アカウントの作成画面に進みますので、必要事項を入力してアカウントを作成してください。

▼ログイン後のGoogleドライブの画面

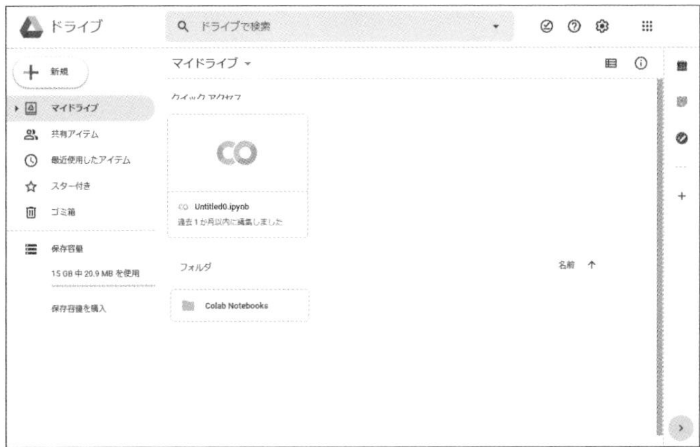

ログインすると、このような画面が表示されます。この例では、すでに使用中の画面なので、作成済みのファイルやフォルダーが表示されています。Colabノートブックを保存する専用のフォルダーを作成しましょう。

❶画面左上の［新規］ボタン（上図参照）をクリックします。
❷メニューがポップアップするので、［フォルダ］を選択します。

▼Googleドライブにフォルダーを作成する

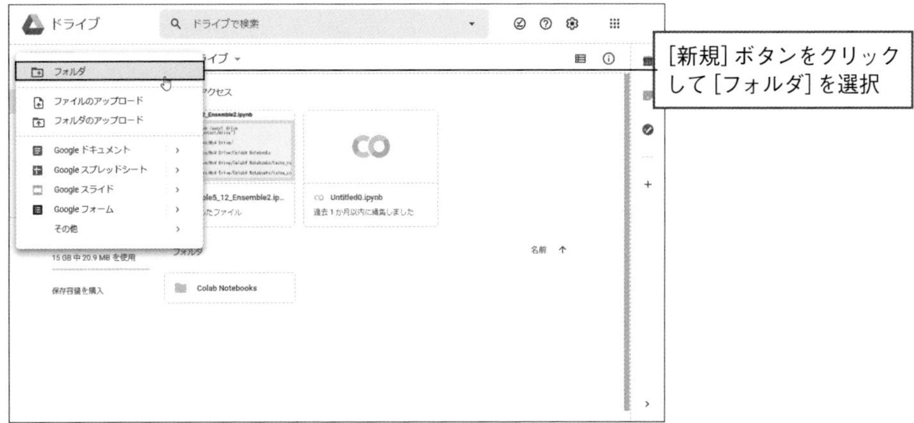

❸フォルダー名を入力して[作成]ボタンをクリックします。

▼フォルダー名の設定

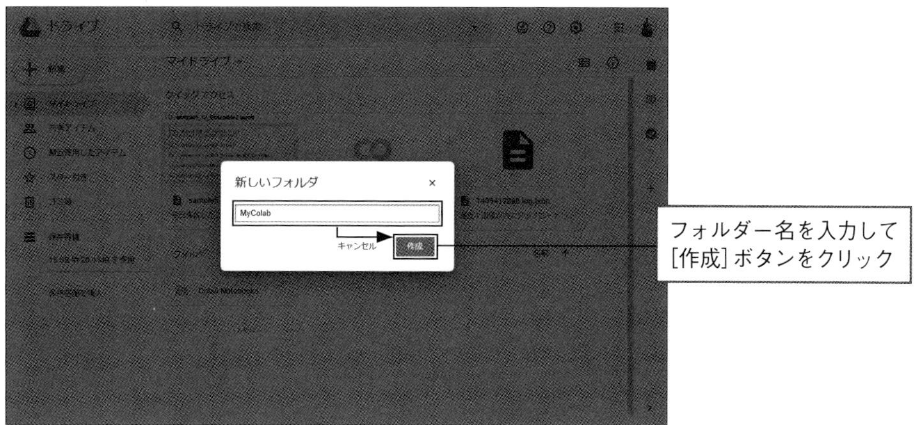

■ノートブックの作成

Colabノートブックを作成します。Googleドライブで[マイドライブ]を選択し、作成済みのフォルダーをダブルクリックしましょう。

▼ノートブックを作成するフォルダーを開く

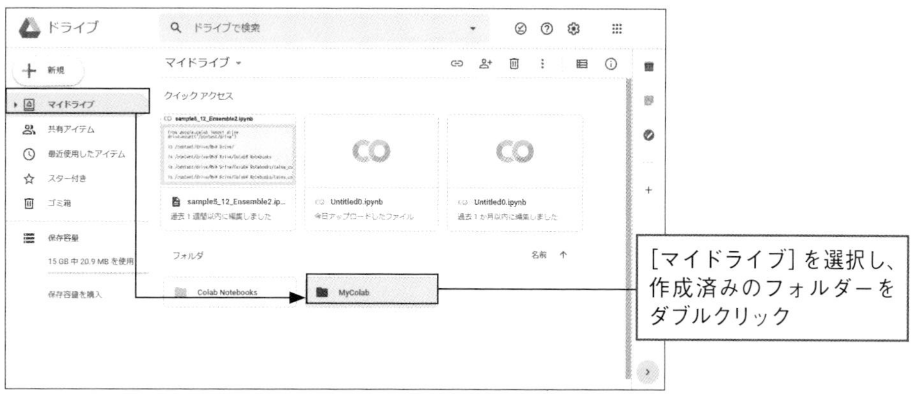

画面中央のファイル／フォルダーの表示領域を右クリックして[その他]➡[Google Colaboratory]を選択します。

▼Colabノートブックの作成

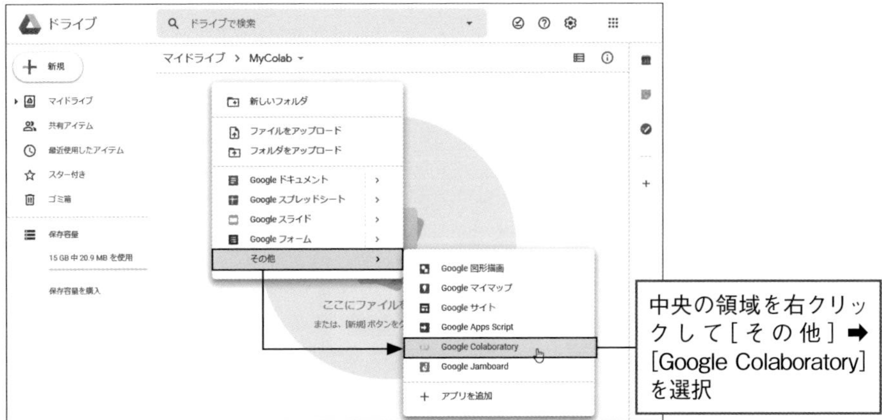

作成直後のノートブックは、デフォルトで「Untitled0.ipynb」というタイトルなので、タイトル部分をクリックして任意の名前に変更します。

▼任意のタイトルに変更する

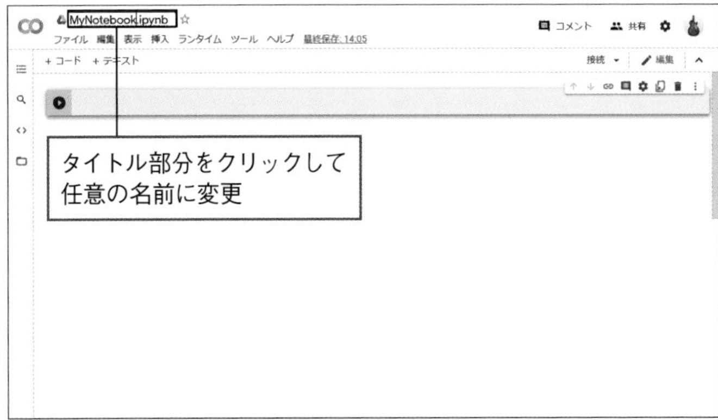

1.4.3 セルにコードを入力して実行する

Colabノートブックでは、Jupyter Notebookと同様にセル単位でコードを入力し、実行します。セルにソースコードを入力して、セルの左横にある実行ボタンをクリック、または[Ctrl]+[Enter]キーを押してみましょう。例として「10 + 2」と入力しました。

▼ソースコードを入力して実行する

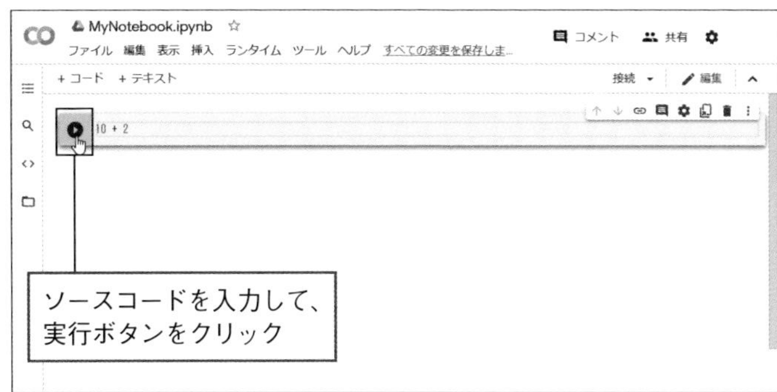

❶セルの下に実行結果が出力されます。続いて新規のセルを追加するには、[+コード]をクリックします。

▼セルのコードを実行した結果

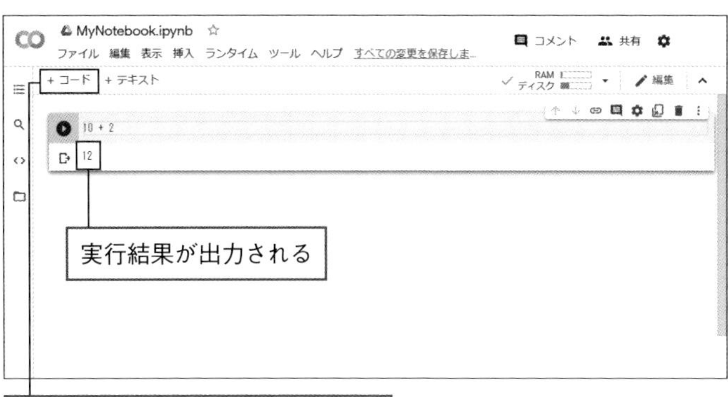

1.4.4 Colabノートブックの機能

Colabノートブックの機能はJupyter Notebookとほぼ同じですが、メニューの構成などが異なりますので、ひととおり確認しておきましょう。

■[ファイル]メニュー

新規のノートブックの作成、保存などの操作が行えます。なお、Jupyter Notebookの[File]メニューの[Close and Halt]に相当する項目はないので、ノートブックを閉じる操作は、ブラウザーの[閉じる]ボタンで行います。

▼[ファイル]メニュー

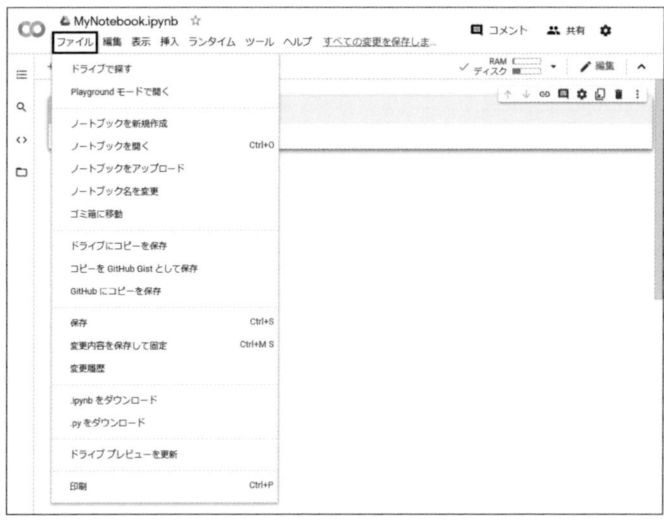

■[編集] メニュー

[編集] メニューでは、セルのコピー／貼り付け、セル内のコードの検索／置換、出力結果の消去などが行えます。また、[ノートブックの設定] を選択することで、GPU／TPUの設定が行えます。

▼[編集] メニュー

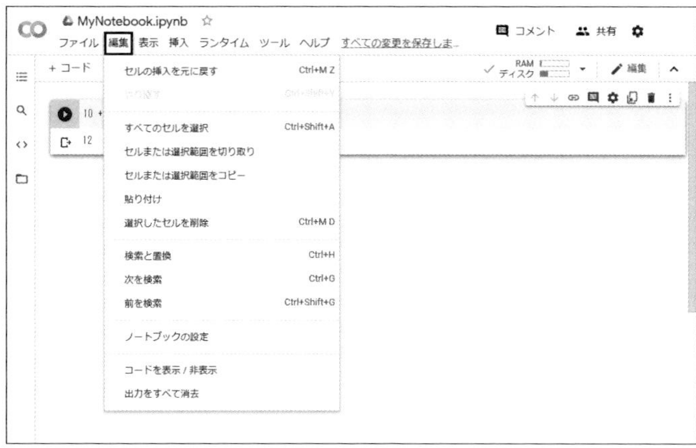

■[表示] メニュー

ノートブックのサイズ (MB) などの情報や実行履歴を確認できます。

▼[表示] メニュー

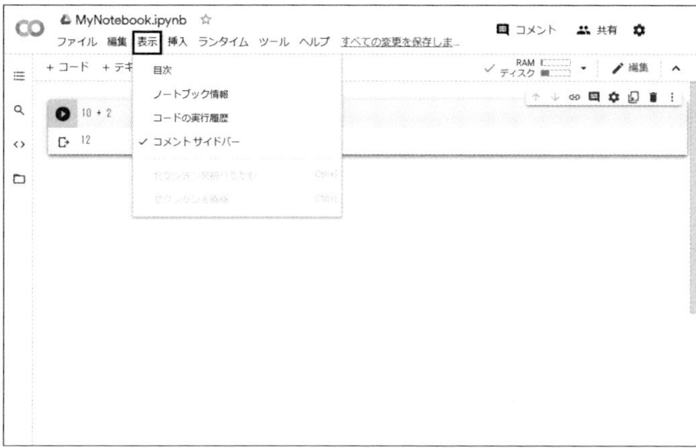

■[挿入]メニュー

コードセルやテキスト専用のセル(テキストセル)などの挿入が行えます。スクラッチコードセルは、セルとして保存する必要のないコードを簡易的に実行するためのセルです。

▼[挿入]メニュー

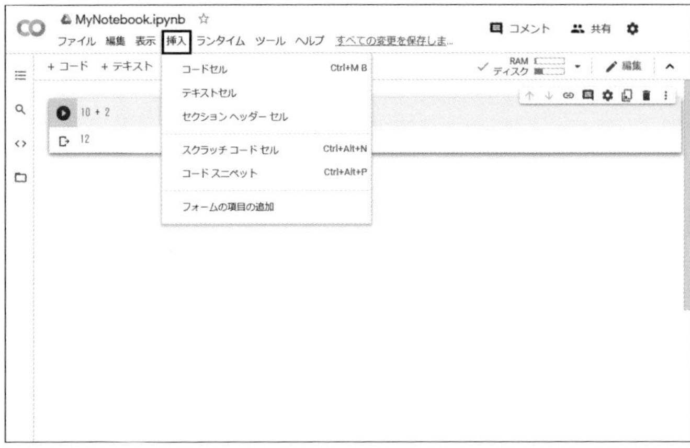

■[ランタイム]メニュー

コードセルの実行や中断などの処理が行えます。また、ランタイムの再起動やランタイムで使用するアクセラレーター(GPUまたはTPU)の設定が行えます。[セッションの管理]を選択すると、現在アクティブなセッションを切断することができます。GPUを使用している場合など、無駄に接続して使用可能時間を消費したくないときに使用します。

▼[ランタイム]メニュー

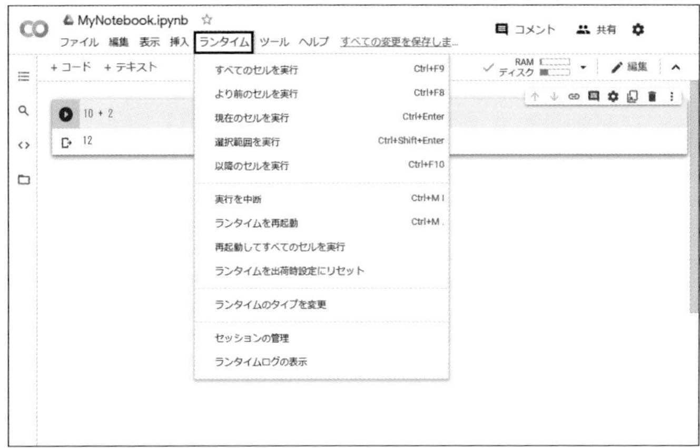

■[ツール] メニュー

ノートブックで使用できるコマンドの表示や、ショートカットキーの一覧表示／キー設定が行えます。また、ノートブックのテーマ（ライトまたはダーク）の設定やソースコードエディターの設定など、全般的な環境設定が行えます。

▼[ツール] メニュー

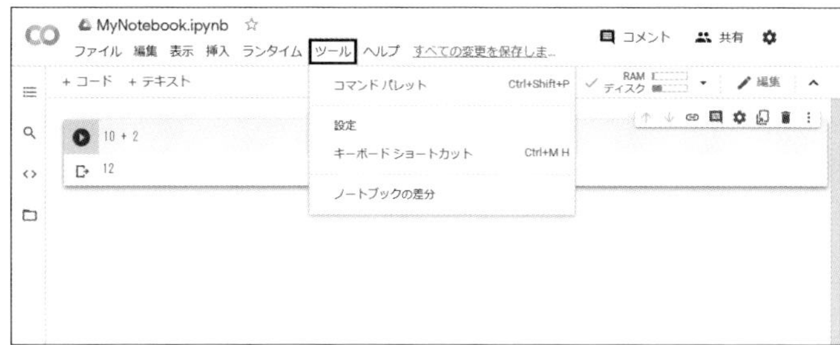

■GPUを有効にする

GPUまたはTPUの有効化は、[編集] メニューの [ノートブックの設置]、または [ランタイム] の [ランタイムのタイプを変更] を選択すると表示される [ノートブックの設定] ダイアログで行います。

▼[ノートブックの設定] ダイアログ

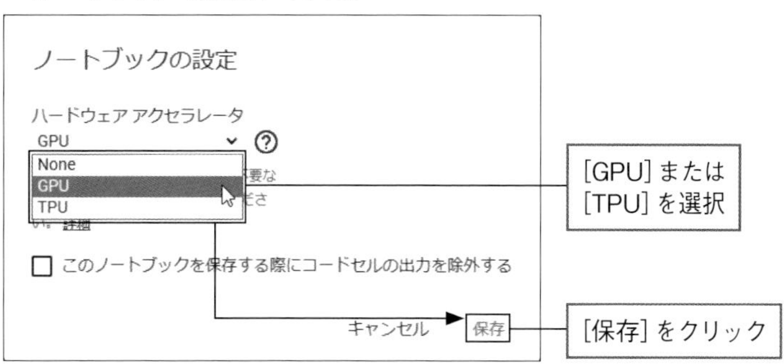

NOTE

2章 SSDによる物体検出

2.1 物体検出の概要

「物体検出」とは、1枚の画像の中に存在する物体に対して、物体の領域と物体名を推測する技術で、機械学習の1つの分野です。物体検出とよく似た分野である「物体認識」では、1枚の画像から1つの物体名を推測しますが、物体検出では、1枚の画像から1個以上の物体を見つけ出し、それぞれの物体名を言い当てるという点が大きく異なります。つまり、1枚の画像に複数の物体があればすべて見つけ出し、それぞれの物体を識別しようというのが、物体検出の目的です。

2.2.1 物体検出とは

次は、物体検出前と検出後の画像を並べたものです。

▼オリジナルの画像*

* Pixabay「girl-6398258_640.jpg」

▼物体検出の実施後

物体検出を実施すると、バイクの周りに枠が表示され、「motorbike: 1.00」というラベルが付いているのがわかります。一方、人物の周りにも枠が表示され、「person: 0.90」というラベルが付いています。

物体検出では、物体の周りに表示される枠を「バウンディングボックス」と呼び、これを使って画像中の物体を検出します。ラベルに表示されているmotorbikeやpersonは物体名で、その隣の数字は検出の確信度（最大1.0）です。確信度が1.0に近いほど、うまく検出できていることになります。

バウンディングボックスが適切に物体を特定できるように、物体検出では検出用のモデルを作成し、大量の画像に対して学習を行います。うまく学習ができれば、先の画像のような結果が得られます。

2.1.2 SSD (Single Shot MultiBox Detector)

本章では、論文「SSD: Single Shot MultiBox Detector*」で発表された物体検出の手法を紹介します。実装は「amdegroot/ssd.pytorch**」で公開されていますので、これを利用して実装を行うことにします。

---

* Wei Liu, Dragomir Anguelov, Dumitru Erhan, Christian Szegedy, Scott Reed, Cheng-Yang Fu, Alexander C. Berg (https://homl.info/ssd)

** Max deGroot, Ellis Brown; amdegroot/ssd.pytorch is licensed under the MIT License (https://github.com/amdegroot/ssd.pytorch)

SSDでは、物体検出のコンテストで使用された「PASCAL VOC 2012」というデータセットを利用して学習を行います。学習済みの重みも公開されていますが、本書では独自に学習を行うことにチャレンジしたいと思います。

2.1.3 SSDにおける物体検出の流れ

物体検出では、バウンディングボックスという概念が加わるため、一般的な物体認識に比べて、処理の手順が多く、それぞれの処理内容もかなり複雑です。ここでは、大まかな処理の流れを見ておきましょう。

■物体検出の学習時の処理

学習時の処理の流れを見ていきましょう。

①画像を300×300にリサイズして前処理を実施

②画像をSSDのネットワークに入力する

SSDモデルは、vgg、extras、loc、confの4つのネットワークで構成されます。

③デフォルトボックスを作成し、SSDモデルの出力とまとめて出力値とする

バウンディングボックスの候補にする8,732個のデフォルトボックスを作成し、loc、confの出力と（タプルに）まとめて出力値とします。

・locの出力は、(バッチサイズ, 8732, 4)となっていて、デフォルトボックスごとにオフセット値[Δcx, Δcy, Δw, Δh]が格納されています。
・confの出力は(バッチサイズ, 8732, 21)となっていて、デフォルトボックスごとに検出の信頼度が格納されています。

④損失関数による損失値の測定

以下の処理を行って、デフォルトボックスのオフセット値の損失と確信度の損失をそれぞれ求めます。

・locの出力（デフォルトボックスのオフセット値）に対する教師データを作成
・confの出力（確信度）に対し、正解ラベルを格納した教師データを作成
・物体を検出したデフォルトボックスと検出しなかった（背景として扱う）デフォルトボックスに分ける
・locの出力（デフォルトボックスのオフセット値）の損失を求める
・confの出力（確信度）の損失を求める

⑤誤差逆伝播（バックプロパゲーション）による重みの更新

④で取得したloc、confの出力に対する損失を用いて誤差逆伝播を行い、SSDモデルのすべてのネットワークの重みを更新します。

ポイントになる部分だけを挙げましたが、これで1枚の画像における1回の学習が完了します。

■物体検出の推論時の処理

次は、物体検出における推論時の処理です。

①画像を300×300にリサイズする

②画像をSSDのネットワークに入力する

画像を学習済みのSSDモデルに入力し、locネットワークの出力とconfネットワークの出力を取得します。

・locの出力は、(バッチサイズ, 8732, 4)となっていて、デフォルトボックスごとにオフセット値[Δcx, Δcy, Δw, Δh]が格納されています。
・confの出力は(バッチサイズ, 8732, 21)となっていて、デフォルトボックスごとに検出の信頼度が格納されています。

③推論のための処理

推論時には、②で取得した8,732個のデフォルトボックスの情報が、以下の処理によって、1物体につき1個の割合で絞り込まれます。

・デフォルトボックスはサイズも形も様々なので、同じ物体を検出するものがいくつも出てきます。そこで、確信度の上位200個のデフォルトボックスを抽出します。
・抽出した200個をバウンディングボックスに変換（オフセット情報を座標情報に変換）したあと、同じ物体を検出したバウンディングボックスを集めて最も確信度が高いものだけを残し、その他は削除します。

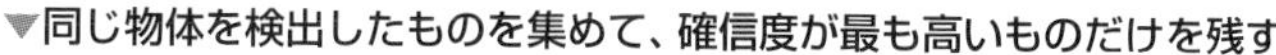

▼同じ物体を検出したものを集めて、確信度が最も高いものだけを残す

これをすべてのバウンディングボックスについて行うことで、最終的に1物体につき1個のバウンディングボックスだけを残します。

▼1物体につき確信度が最も高いものだけを残す

2.1.4 プログラミングの流れ

SSDによる物体検出では、データセットの用意から、モデルの生成、学習時の処理や推論時の処理まで、多岐にわたるプログラミングを行います。どのような順番で何をプログラミングするのかを確認しておくことにしましょう。

■データセットに関わるプログラミング

物体検出を行うSSDモデルの学習は、SSD300というデータセットを利用して行います。データセットのダウンロードに加え、データの前処理やバッチデータの用意など、データセットに関わるすべてのことを、SSDモデルを作成する前に済ませておきます。

- **SSD300データセットの用意**

  SSD300をダウンロードし、イメージとアノテーションデータ（バウンディングボックスと物体名の正解情報）のファイルパスをリストにするGetAnnotationDataクラスを作成します。

- **データの前処理**

  学習時には、データに加工処理（イメージの拡大や左右反転、明るさやコントラストの調整など）を行うためのユーティリティ（支援）クラス群を作成し、これらの処理を一括して適用するDataTransformクラスを作成します。

- **ミニバッチの生成**

  ミニバッチを動的に生成するPreprocessVOC2012クラスを作成します。

SSDモデル

SSDモデルで学習および推論を行うためのクラスや関数を作成します。

●SSDモデル内部のネットワーク

SSDモデルを構成するvggネットワーク、extrasネットワーク、locネットワーク、confネットワークを生成する関数を作成します。デフォルトボックスを生成するDBoxクラスも作成します。

●順伝播(forward propagation)

SSDモデルの生成と順伝播処理はSSDクラスでまとめて行うことにして、その他、順伝播時に必要な処理を行う関数を作成します。

- decode()関数

  デフォルトボックスのオフセット情報をバウンディングボックスの座標情報に変換します。
- nonmaximum_suppress()関数

  1物体につき1個のバウンディングボックスだけを残す、Non-Maximum Suppressionの処理を行う関数です。
- Detectクラス

  推論時に特化した処理を行うクラスです。SSDモデルの出力から信頼度が高い200個のデフォルトボックスを抽出し、これらをバウンディングボックスに変換後、Non-Maximum Suppressionの処理によって、1物体につき1個のバウンディングボックスだけを残す処理を行います。
- SSDクラス

  vgg、extras、loc、confの各ネットワークを生成し、入力から出力までの順伝播の処理を行います。学習時には、locの出力値、confの出力値とデフォルトボックスのオフセット情報がまとめて出力されます。推論時には、物体を検出したバウンディングボックスの情報のみが出力されます。

●損失の計算

損失の計算を行うMultiBoxLossクラスと、損失の計算に必要な処理を行う関数を作成します。

- point_form()関数

  デフォルトボックスのオフセット情報をバウンディングボックス形式の座標情報に変換する処理を行います。

- **intersect()関数**

  2個のボックスが重なる部分の面積を求めます。

- **jaccard()関数**

  2個のボックス間のジャッカード係数（IoU）を計算します。

- **match()関数**

  以下の処理を行って、正解のバウンディングボックス（BBox）に類似したデフォルトボックス（DBox）を抽出し、それぞれのオフセット情報の教師データ、正解ラベルの教師データを作成します。

  ・正解のBBoxとすべてのDBoxとの組み合わせについてIoU値を求める
  ・BBoxに最も類似したDBoxを抽出
  ・DBoxに最も類似したBBoxを抽出
  ・best_truth_idxにリストアップされたBBoxをbest_prior_idxの結果と一致させる
  ・DBoxがマッチするBBoxの座標情報を抽出
  ・DBoxの正解ラベルを作成
  ・IoUが0.5より小さいDBoxの正解ラベルを背景（0）にする
  ・デフォルトボックスのオフセット情報を作る
  ・教師データの登録

- **encode()関数**

  デフォルトボックスのオフセット情報を作る関数です。

- **MultiBoxLossクラス**

  SSDモデルの損失を計算するクラスです。

■学習と学習後における推論

VOC2012データセットや、これまでに作成したPythonのモジュールをGoogleドライブにアップロードし、Google Coraboratoryのノートブックを利用してSSDモデルの学習を行います。一般的なCPUを搭載したPCだと負荷がかかりすぎて、学習を完了することが難しいためです。GoogleドライブもCoraboratoryも無料で利用できます。

2.2 データセットの用意と前処理

SSDの学習では、「VOC2012」というデータセットを利用します。本節では、データセットをダウンロードし、SSDでデータセットを使うための以下のクラスを作成します。

- **make_filepath_list() 関数**
  イメージとアノテーションのファイルパスをリスト化します。
- **GetBBoxAndLabel クラス**
  バウンディングボックスの座標と正解ラベルをリスト化するためのクラスです。
- **GetAnnotationData クラス**
  アノテーションデータをリスト化するためのクラスです。
- **データ拡張のためのクラス群**
  ・明るさの変化（RandomBrightness クラス）
  ・コントラスト、色相、彩度の変化（PhotometricDistort クラス）
  ・測光の歪み（RandomLightingNoise クラス）
  ・ランダムに拡大（RandomExpand クラス）
  ・左右反転（RandomMirror クラス）
- **RandomSampleCrop クラス**
  イメージの切り出しを行うためのクラスです。
- **DataTransform クラス**
  データの前処理を実施するクラスです。
- **PreprocessVOC2012 クラス**
  データの前処理をイテレートする仕組みを提供するクラスです。
- **DataLoader クラス**
  学習や検証の際にミニバッチを生成するための、PyTorchで定義されているクラスです。
- **multiobject_collate_fn() 関数**
  1枚のイメージに対して複数存在するアノテーションデータをすべて取り出すために、定義済みのcollate_fn()に代わる関数として作成します。

2.2.1 VOCデータセットの概要

物体検出に最適なデータセットに「VOCデータセット」がありますので、これを利用させてもらうことにしましょう。VOCデータセットは、

「The PASCAL Visual Object Classes Homepage」
（http://host.robots.ox.ac.uk/pascal/VOC/）

で公開されていて、誰でもダウンロードして利用できるようになっています。

VOCデータセットの正式名称は「PASCAL Visual Object Classes」で、「PASCAL」はEUの研究機関「Pattern Analysis Statistical Modelling and Computational Learning」の略称です。PASCALでは、2005年から2012年にかけて「Pascal VOC Challenges」という分析コンペを開催し、そのときに出題されたデータセットが、

・The VOC2012 Challenge
・The VOC2011 Challenge
・The VOC2010 Challenge
・The VOC2009 Challenge
・The VOC2008 Challenge
・The VOC2007 Challenge
・The VOC2006 Challenge
・The VOC2005 Challenge

の各ページで配布さています。この中で、The VOC2007 ChallengeとThe VOC2012 Challengeのデータが研究用途に広く利用されています。

■VOC2007

20クラスに分類されるトレーニング/検証/テスト用の9,963枚の画像があります。

▼クラスの内訳

カテゴリ	クラスの数	クラス
人	1	人
動物	6	鳥、猫、牛、犬、馬、羊
車両	7	飛行機、自転車、ボート、バス、車、バイク、電車
屋内	6	ボトル、椅子、ダイニングテーブル、鉢植え、ソファ、テレビ/モニター

■VOC2012

20クラスに分類されるトレーニング/検証用の11,540枚の画像があります。内訳は、訓練用が5,717枚、検証用が5,823枚です。クラスの内訳はVOC2007と同じです。

VOC2012とVOC2007で用いられるクラスの数はどちらも同じ20で、用意されている画像の枚数が若干、VOC2012の方が多くなっています。実際に分析する際は、20のクラスに背景(background)を足した計21クラスになります。この章では、VOC2012を利用することにします。

2.2.2 VOCデータセットとVGG16、SSD300の学習済み重みのダウンロード

VOC2012のデータセットのダウンロードを行いますが、物体検出を行うにあたり、

・SSD300モデルの学習済みの重み
・SSD300で使用されるVGG16モデルの学習済みの重み

が必要なので、ここでまとめてダウンロードしておくことにしましょう。

本章では、Jupyter Notebookで作成するノートブックやSpyderで作成するPythonモジュール(.py)などのすべてのファイル/フォルダーを、「object_detection」という名前のフォルダー以下にまとめて保存することにします。

まずはPCの任意の場所に「object_detection」フォルダーを作成しましょう。作成が済んだら、フォルダー以下にノートブック

download_vocdata_weights.ipynb

を作成しましょう。

■「data」フォルダーと「weights」フォルダーの作成

ノートブックに、「object_detection」フォルダー以下に次の2つのフォルダーを作成するコードを記述して実行します。

・「data」フォルダー
VOC2012のデータセットを保存します。
・「weights」フォルダー
SSD300モデルの学習済みの重み、VGG16モデルの学習済みの重みを保存します。

▼「data」フォルダーと「weights」フォルダーの作成(download_vocdata_weights.ipynb)

セル1

```
'''
1. データセット用フォルダー「data」と
   学習済みの重み用フォルダー「weights」の作成
'''
import os

# 「data」フォルダーを作成
data_dir = './data/'
if not os.path.exists(data_dir):
    os.mkdir(data_dir)
```

```
# 「weights」フォルダーを作成
weights_dir = './weights/'
if not os.path.exists(weights_dir):
    os.mkdir(weights_dir)
```

■VOC2012のダウンロードと解凍

VOC2012のデータセットをVisual Object Classes Challenge 2012のサイトからダウンロードし、ダウンロードされたtar形式の圧縮ファイルを解凍します。

▼VOC2012のダウンロードと解凍

セル2

```
%%time
'''
2. VOC2012のデータセットを
   Visual Object Classes Challenge 2012 (VOC2012)のサイトからダウンロード
'''
import urllib.request
import tarfile

url = 'http://host.robots.ox.ac.uk/pascal/VOC/voc2012/VOCtrainval_11-May-2012.tar'
# data_dirにファイル名を連結してファイルパスを作成
target_path = os.path.join(data_dir, 'VOCtrainval_11-May-2012.tar')

if not os.path.exists(target_path):
    # urlにアクセスしてファイルパスtarget_pathとしてダウンロード
    urllib.request.urlretrieve(url, target_path)
    # ダウンロードしたtar形式ファイルを読み込む
    tar = tarfile.TarFile(target_path)
    tar.extractall(data_dir) # tarファイルを解凍
    tar.close()              # tarファイルをクローズ
```

セル2 のコードを実行後、環境にもよりますが、50分くらいでダウンロードと解凍処理が完了し、「data」フォルダー以下にダウンロードデータと解凍されたVOC2012のデータセットが保存されます。

VGG16の学習済み重み、SSD300の学習済み重みのダウンロード

SSD300では、物体認識にVGG16モデルを使用します。学習済みの重みをamazonaws.comからダウンロードしましょう。

▼VGG16の学習済み重みをダウンロード

セル3
```
%%time
'''
3. SSDで使用するVGG16の学習済みの重みを
  「weights」フォルダーにダウンロード
'''
url = 'https://s3.amazonaws.com/amdegroot-models/vgg16_reducedfc.pth'
# weights_dirにファイル名を連結してファイルパスを作成
target_path = os.path.join(weights_dir, 'vgg16_reducedfc.pth')

if not os.path.exists(target_path):
    # urlにアクセスしてファイルパスtarget_pathとしてダウンロード
    urllib.request.urlretrieve(url, target_path)
```

セル3 のコードを実行後、数秒でダウンロードが完了し、「weights」フォルダー以下に「vgg16_reducedfc.pth」が保存されます。続いてSSD300の学習済み重みをダウンロードします。

▼SSD300の学習済み重みをダウンロード

セル4
```
%%time
'''
4. SSD300の学習済みの重みを
  「weights」フォルダーにダウンロード

'''
url = 'https://s3.amazonaws.com/amdegroot-models/ssd300_mAP_77.43_v2.pth'
# weights_dirにファイル名を連結してファイルパスを作成
target_path = os.path.join(weights_dir, 'ssd300_mAP_77.43_v2.pth')

if not os.path.exists(target_path):
    # urlにアクセスしてファイルパスtarget_pathとしてダウンロード
    urllib.request.urlretrieve(url, target_path)
```

2.2.3 アノテーションデータをリスト化する

VOCデータセットでは、イメージとアノテーションデータについて、

・「JPEGImages」フォルダーに訓練用と検証用のイメージをすべて格納
・「Annotations」フォルダーに訓練用と検証用のアノテーションデータをすべて格納

のように、訓練用と検証用のデータが1つのフォルダーにまとめられています。
一方、訓練用のファイル名は、

・「ImageSets」➡「Main」➡「train.txt」

に記載されていて、検証用のファイル名は、

・「ImageSets」➡「Main」➡「val.txt」

に記載されています。イメージはjpeg形式、アノテーションデータはxml形式なので、それぞれのファイル名は同じものが使われます。

■プログラムの実行はノートブック、クラスなどの定義はモジュールで

本章では、プログラムを実行する部分はノートブックにまとめ、クラスや関数の定義はPythonのモジュール(拡張子.py)にまとめることにします。

これまではローカルマシンのJupyter Notebookで作成したノートブックにソースコードを記述していましたが、これから作成する関数やクラスのコードは、Spyderを使用してPythonのモジュールに記述します。

データの前処理やモデルの学習、学習済みのモデルの検証など、プログラムを実行して結果を得ることについてはノートブックで行います。関数やクラスの定義はPythonモジュールにまとめておいて、ノートブック側でインポートして使うようにします。この章で扱っている物体検出の学習にはGPUが必須なので、学習を行う際はGoogle Colaboratoryを利用しますが、この場合においてもプログラムの実行はノートブック、関数やクラスの定義はPythonモジュールで、という使い方をします。

・ノートブック
関数やクラスを呼び出してプログラムを動作させるときに使用します。
・Spyderで作成するPythonのモジュール
独自に定義する関数やクラスのコードを記述します。

■イメージとアノテーションのファイルパスをリスト化する(make_filepath_list()関数)

VOC2012データセットは、

・jpeg形式のイメージ
・xml形式のアノテーションファイル

で構成されます。アノテーションファイルには、

・バウンディングボックスの座標
・正解ラベル

が記載されています。1枚のイメージには複数の物体が存在することがあるので、バウンディングボックスと正解ラベルは物体の数だけ存在することになります。

これらのデータを物体検出の分析にかけることを考えた場合、イメージとアノテーションファイルの一覧を作成しておくことが必要です。実際に検出を行うときはもちろん、分析精度を上げるためのデータ加工処理において、イメージとアノテーションファイルを読み書きすることが必須だからです。

そこで、訓練用のイメージとアノテーションのファイルパスをリスト型の変数

・tr_imgpaths
・tr_annopaths

にまとめることにします。検証用のイメージとアノテーションのファイルパスは、

・val_imgpaths
・val_annopaths

にまとめます。ここで注意点したいのは、すべてのイメージは「JPEGImages」フォルダーにまとめて保存され、アノテーションファイルは「Annotations」にまとめて保存されていることです。それぞれ1つのフォルダーに格納されていて、訓練用と検証用には分けられていません。そこで、「ImageSets」➡「Main」以下の

・train.txt
・val.txt

を利用して訓練データと検証データを分類することにします。train.txtには訓練用のファイル名(拡張子を除く)が1行ずつ記載され、val.txtには検証用のファイル名(拡張子を除く)が1行ずつ記載されています。例えばtrain.txtの1行目には

```
2008_000008
```

と記載されています。これは、イメージの「2008_000008.jpg」に対応するアノテーションファイルは「2008_000008.xml」であることを示しています。拡張子は付いていませんので、リスト化する段階で付けるようにしましょう。

tr_imgpathsの場合は、

```
['./data/VOCdevkit/VOC2012/JPEGImages/2008_000008.jpg',
 './data/VOCdevkit/VOC2012/JPEGImages/2008_000015.jpg',
 ......
]
```

のようなリストにして、tr_annopathsの場合は、

```
['./data/VOCdevkit/VOC2012/Annotations/2008_000008.xml',
 './data/VOCdevkit/VOC2012/Annotations/2008_000015.xml',
 ......
]
```

のようなリストにします。それぞれファイル名の前に「JPEGImages」「Annotations」へのパスが付いていますが、これはノートブックからの相対パスを表しています。

これらの処理はmake_filepath_list()という関数を作ってまとめることにしましょう。Spyderを起動して、「object_detection」フォルダー以下に「voc.py」という名前のモジュールを作成してください。作成が済んだら、次のようにmake_filepath_list()の定義コードを入力しましょう。なお、voc.pyには、これからVOC2012データセットの読み込みや前処理などを行う関数やクラスを定義しますが、混乱を避けるため、各コードブロックの先頭にはコメントと一緒に通し番号を振ることにします。また、インポート文はモジュールの冒頭にまとめて書くのが一般的ですが、使用する箇所が確認しやすいように、関数やクラスの定義ごとにインポートすることにします。

▼make_filepath_list()関数の定義（voc.py）

```
'''
1. 訓練、検証のイメージとアノテーションのファイルパスのリストを作成する関数

'''
import os.path as osp

def make_filepath_list(rootpath):
    '''データのパスを格納したリストを作成する

    Parameters:
      rootpath(str): データフォルダーのルートパス
```

```
    Returns:
      train_img_list : 訓練用イメージのパスリスト
      train_anno_list: 訓練用アノテーションのパスリスト
      val_img_list   : 検証用イメージのパスリスト
      val_anno_list  : 検証用アノテーションのパスリスト
    '''
    # 画像ファイルとアノテーションファイルへのパスのテンプレートを作成
    imgpath_template = osp.join(rootpath, 'JPEGImages', '%s.jpg')
    annopath_template = osp.join(rootpath, 'Annotations', '%s.xml')

    # 訓練と検証、それぞれのファイルのID（ファイル名）を取得する
    train_id_names = osp.join(rootpath + 'ImageSets/Main/train.txt')
    val_id_names = osp.join(rootpath + 'ImageSets/Main/val.txt')

    # 訓練データの画像ファイルとアノテーションファイルへのパスを保存するリスト
    train_img_list = list()
    train_anno_list = list()

    for line in open(train_id_names):
        file_id = line.strip()  # 空白スペースと改行を除去
        # %sをファイルIDに置き換えて画像のパスを作る
        img_path = (imgpath_template % file_id)
        # %sをファイルIDに置き換えてアノテーションのパスを作る
        anno_path = (annopath_template % file_id)
        train_img_list.append(img_path)   # train_img_listに追加
        train_anno_list.append(anno_path) # train_anno_listに追加

    # 検証データの画像ファイルとアノテーションファイルへのパスリストを作成
    val_img_list = list()
    val_anno_list = list()

    for line in open(val_id_names):
        file_id = line.strip()                      # 空白スペースと改行を除去
        img_path = (imgpath_template % file_id)     # 画像のパス
        anno_path = (annopath_template % file_id)   # アノテーションのパス
        val_img_list.append(img_path)               # リストに追加
        val_anno_list.append(anno_path)             # リストに追加

    return train_img_list, train_anno_list, val_img_list, val_anno_list
```

make_filepath_list()の動作をチェックしてみましょう。「object_detection」フォルダー以下に新規のノートブック「Test_voc2012_dataLoader.ipynb」を作成してください。データセットの読み込みなどの動作チェックはこのノートブックで行います。作成が済みましたら1番目のセルに、「voc.py」のmake_filepath_list()関数のインポート文を記述します。続いて、訓練用、検証用のすべてのイメージとアノテーションファイルのパスを取得し、それぞれ先頭のファイルパスを出力するコードを入力しましょう。

▼ make_filepath_list()の動作確認(Test_voc2012_dataLoader.ipynb)

セル1

```
from voc import make_filepath_list

# 「JPEGImages」「Annotations」の親フォルダーの相対パス
rootpath = './data/VOCdevkit/VOC2012/'
# ファイルパスのリストを作成
tr_img, tr_anno, ¥
    val_img, val_anno = make_filepath_list(rootpath)

# 各リストの先頭要素を出力
print(tr_img[0])
print(tr_anno[0])
print(val_img[0])
print(val_anno[0])
```

▼セル実行後の出力

```
./data/VOCdevkit/VOC2012/JPEGImages¥2008_000008.jpg
./data/VOCdevkit/VOC2012/Annotations¥2008_000008.xml
./data/VOCdevkit/VOC2012/JPEGImages¥2008_000002.jpg
./data/VOCdevkit/VOC2012/Annotations¥2008_000002.xml
```

■バウンディングボックスの座標と正解ラベルをリスト化するクラスの定義（GetBBoxAndLabelクラス）

VOCのイメージには、複数の物体が写っていて、その物体の数だけバウンディングボックスが存在します。「2008_000003.jpg」のアノテーションファイル「2008_000003.xml」の場合は、次のように記述されています。

▼「2008_000003.jpg」のアノテーションファイル「2008_000003.xml」

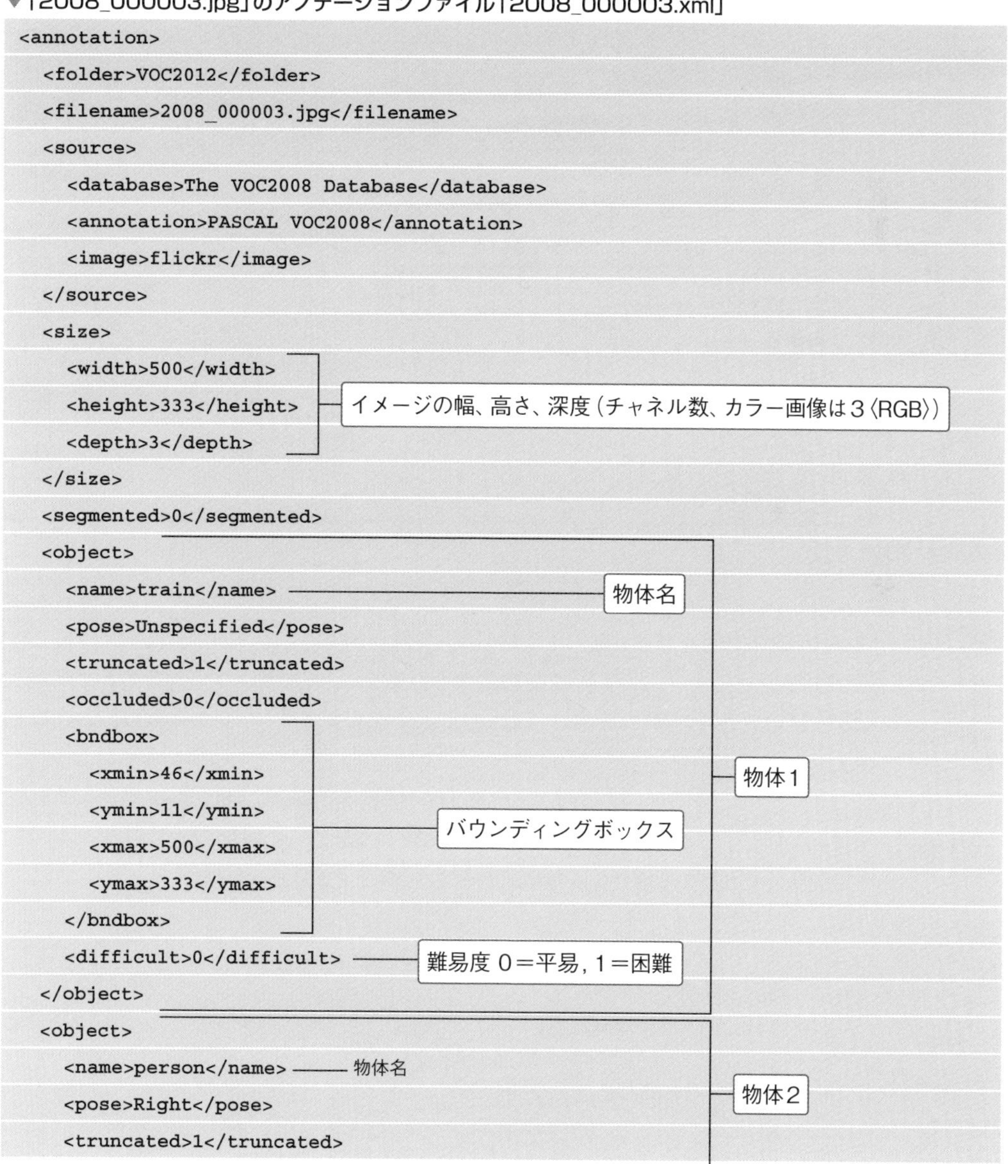

```
<annotation>
  <folder>VOC2012</folder>
  <filename>2008_000003.jpg</filename>
  <source>
    <database>The VOC2008 Database</database>
    <annotation>PASCAL VOC2008</annotation>
    <image>flickr</image>
  </source>
  <size>
    <width>500</width>
    <height>333</height>
    <depth>3</depth>
  </size>
  <segmented>0</segmented>
  <object>
    <name>train</name>
    <pose>Unspecified</pose>
    <truncated>1</truncated>
    <occluded>0</occluded>
    <bndbox>
      <xmin>46</xmin>
      <ymin>11</ymin>
      <xmax>500</xmax>
      <ymax>333</ymax>
    </bndbox>
    <difficult>0</difficult>
  </object>
  <object>
    <name>person</name>
    <pose>Right</pose>
    <truncated>1</truncated>
```

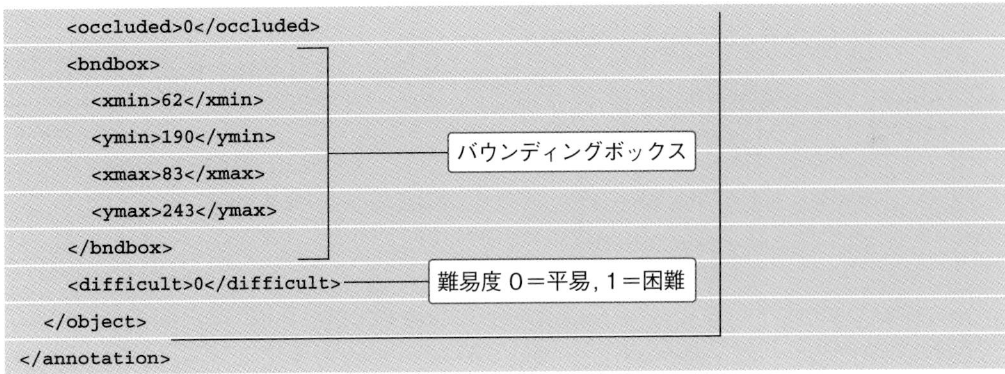

```
      <occluded>0</occluded>
      <bndbox>
        <xmin>62</xmin>
        <ymin>190</ymin>
        <xmax>83</xmax>
        <ymax>243</ymax>
      </bndbox>
      <difficult>0</difficult>
    </object>
</annotation>
```


アノテーションファイルには、イメージの中の物体ごとに以下の情報が<object>タグの要素としてまとめられています。

▼<object>タグの要素にまとめられているアノテーションデータ

- <name>タグ
  物体名
- <bndbox>タグ
  バウンディングボックスの座標（x最小値, y最小値, x最大値, y最大値）
- <difficult>タグ
  検出の難易度（0＝平易, 1＝困難）

<object>タグはイメージの中の物体数だけ存在し、それぞれに上記のアノテーションデータがまとめられています。物体名はすなわち正解ラベルですので、学習（訓練）や検証時に必要ですし、バウンディングボックスの情報も必要です。特にバウンディングボックスの座標はデータの前処理の際に、イメージの加工に合わせて変更するのが物体検出における大きなポイントです。

そこで、アノテーションファイルの<object>以下、<name>、<bndbox>のデータを抜き出して、次のような構造のリストに1イメージごとにまとめることにします。1枚のイメージに複数の物体が存在する場合にも対応できるよう、多重（2次元）のリストとしています。

▼1イメージあたりのアノテーションデータのリスト

```
[[xmin, ymin, xmax, ymax, index],
 [xmin, ymin, xmax, ymax, index], ...]
```

●バウンディングボックスの座標

バウンディングボックスは、x軸とy軸の最小値で左上隅を示し、x軸とy軸の最大値で右下隅を示すことで、四角形の領域が表されるようになっています。

▼バウンディングボックス

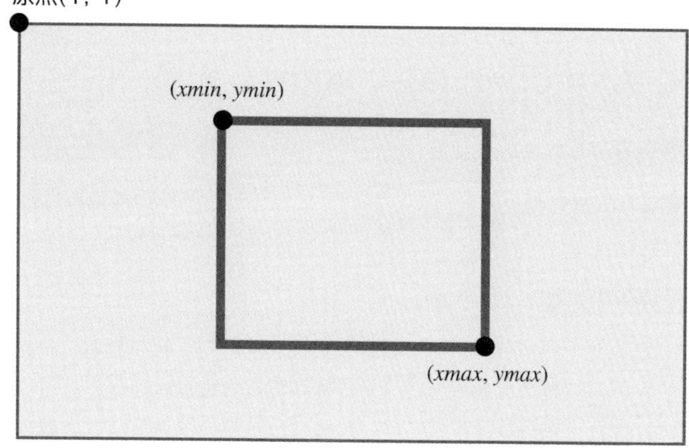

図のように原点が(1, 1)なので、xmin、ymin、xmax、ymaxから1を引くことで原点の位置を(0, 0)にします。そのうえで、分析にかけられるように各値を正規化する処理を行います。正規化は、xminとxmaxをそれぞれイメージの幅で割り、yminとymaxをそれぞれイメージの高さで割ることで行います。

●正解ラベルのインデックス化

イメージ内の物体の正解ラベルは、

'aeroplane', 'bicycle', 'bird', 'boat', 'bottle',
'bus', 'car', 'cat', 'chair', 'cow',
'diningtable', 'dog', 'horse', 'motorbike',
'person', 'pottedplant', 'sheep', 'sofa', 'train',
'tvmonitor'

の順番になっています。20クラスのマルチクラス分類ですが、これに背景を加えた21クラスになります。物体認識のようなマルチクラス分類では、正解ラベルの並びに準じたインデックス値（0, 1, 2, 3, ...）を使うのが常套(じょうとう)手段です。VOC2012のクラス名（正解ラベル）の数20に背景を加えた21個のクラス名を格納したリストを取得し、クラス名からインデックスへの変換を事前に行うようにします。

先頭の'aeroplane'から順に0から始まるインデックスを割り当てると、trainのインデックスは18、personのインデックスは14です。

アノテーションデータのリスト[xmin, ymin, xmax, ymax, index]のindexは正解ラベルを数値化したインデックスですので、ここに正解ラベルのインデックスを格納するようにします。

●バウンディングボックスの原点を(0, 0)にする

バウンディングボックスの原点は、x = 1, y = 1の(1, 1)に設定されているため、x軸の最小・最大値、高さを表すy軸の最小・最大値からそれぞれ1を引き算して、原点を(0, 0)にする処理が必要になります。先の「2008_000003.xml」の2つの物体のアノテーションデータは、

```
[[ 45, 10, 499, 332, 18], [61, 189, 82, 242, 14]
```

のように修正します。

●正規化の処理

バウンディングボックスの原点を(0, 0)に修正したあと、x、yの座標をそのままリストにしてもよいのですが、解析にかける際は「正規化」を行うのが常套手段です。正規化とは、データに特定の計算を行うことで、すべてのデータを0～1.0の範囲に収めることを指します。こうすることで、データ間のスケールの違いを吸収し、偏りをなくそうという試みです。VOCのバウンディングボックスはイメージの幅を表すx軸の最小・最大値、高さを表すy軸の最小・最大値で示されますが、幅が高さより大きければ、幅がとり得る値の範囲が大きくなり、高さが幅より大きければ高さがとり得る値の範囲が大きくなります。これをそのまま計算すると、重みに関係なく幅と高さのどちらかが計算結果に与える影響が大きくなる(=重要視される)という結果になってしまうので、正規化の処理を行って偏りをなくすというわけです。

正規化には標準偏差を用いる「標準化」という処理もありますが、ここでは

・幅を表すx軸の最小・最大値をイメージの幅で割り算する
・高さを表すy軸の最小・最大値をイメージの高さで割り算する

ことで、正規化の処理を行うことにしましょう。先のアノテーションデータの場合は、

```
[[ 45/500, 10/333, 499/500, 332/333, 18], [61/500, 189/333, 82/500, 242/333, 14]
```

のように計算して正規化します。

●アノテーションデータをリスト化するGetBBoxAndLabelクラスの定義

アノテーションデータをリストにまとめて、バウンディングボックスの原点の変更、正規化を行う処理を行うGetBBoxAndLabelクラスを定義しましょう。

・検出困難な物体の除外

アノテーションの<difficult>タグが1の物体については検出が困難なので、リストには加えないことにします。アノテーションデータを抽出するforループ内で<difficult>の要素を取得し、

```
difficult = int(obj.find('difficult').text)
if difficult == 1:
    continue
```

のようにすることで、処理をスキップするようにします。

・__init__()と__call__()

今回は処理の内容が少々込み入っていますので、GetBBoxAndLabelクラスを定義し、初期化処理を__init__()、実際にリスト化する処理を__call__()にそれぞれまとめることにしましょう。

・__init__()

VOCのクラス名(str)を格納したリストをインスタンス変数classesに代入します。

・__call__()

1枚の画像のアノテーションデータをリスト化して多重リストにまとめます。

・ソースコードの入力

Spyderで「voc.py」に次のように入力しましょう。

▼GetBBoxAndLabelクラスの定義(voc.py)

```
'''
2. バウンディングボックスの座標と正解ラベルをリスト化するクラス

'''
import xml.etree.ElementTree as ElementTree # XMLを処理するライブラリ
import numpy as np # NumPy

class GetBBoxAndLabel(object):
    '''
    1枚の画像のアノテーション
    (BBoxの座標,ラベルのインデックス)をNumPy配列で返す

    Attributes:
```

```
    classes(list): VOCのクラス名(str)を格納したリスト
  '''
  def __init__(self, classes):
      '''インスタンス変数にクラスのリストを格納する

      Parameters:
        classes(list): VOCのクラス名(str)を格納したリスト
      '''
      self.classes = classes

  def __call__(self, xml_path, width, height):
      '''インスタンスから実行されるメソッド

      1枚の画像のアノテーションデータをリスト化して多重リストにまとめる
      バウンディングボックスの各座標は画像サイズで割り算して正規化する

      Parameters:
        xml_path(str): xmlファイルのパス
        width(int): イメージの幅(正規化に必要)
        height(int): イメージの高さ(正規化に必要)

      Returns(ndarray):
        [[xmin, ymin, xmax, ymax, ラベルのインデックス], ... ]
        要素数は画像内に存在するobjectの数と同じ
      '''
      # 画像内のすべての物体のアノテーションを格納するリスト
      annotation = []

      # アノテーションのxmlファイルを読み込む
      xml = ElementTree.parse(xml_path).getroot()

      # イメージの中の物体(object)の数だけループする
      for obj in xml.iter('object'):
          # --アノテーションで検知がdifficultのものは除外--
          # difficultの値(0または1)をtextで取得してint型に変換
          # difficult==1の物体は処理せずにforの先頭に戻る
          difficult = int(obj.find('difficult').text)
          if difficult == 1:
              continue

```

```
        # 1つの物体に対するアノテーションを格納するリスト
        bndbox = []

        # <name>の要素(物体名)名を抽出
        # 小文字に変換後、両端の空白削除
        name = obj.find('name').text.lower().strip()
        # <bndbox>を取得
        bbox = obj.find('bndbox')

        # アノテーションの xmin, ymin, xmax, ymaxを取得し、0～1に規格化
        grid = ['xmin', 'ymin', 'xmax', 'ymax']

        for gr in (grid):
            # バウンディングボックスの座標<xmin><ymin><xmax><ymax>を取得
            # VOCは原点が(1,1)なので1を引き算して
            # 各オフセットの原点を(0, 0)の状態にする
            axis_value = int(bbox.find(gr).text) - 1
            # バウンディングボックスの座標を正規化
            if gr == 'xmin' or gr == 'xmax':
                # xmin、xmaxの値をイメージの幅で割り算
                axis_value /= width
            else:
                # ymin、ymaxの値はイメージの高さで割り算
                axis_value /= height
            # 'xmin' 'ymin' 'xmax' 'ymax'の値を順にbndboxに追加
            bndbox.append(axis_value)

        # 物体名のインデックスを取得
        label_idx = self.classes.index(name)
        # bndboxにインデックスを追加して物体のアノテーションリストを完成
        bndbox.append(label_idx)

        # すべてのアノテーションリストをannotationに格納
        annotation += [bndbox]
    # 多重リスト[xmin, ymin, xmax, ymax, 正解ラベルのインデックス], ...]
    # を2次元のNumPy配列(ndarray)に変換
    return np.array(annotation)
```

GetBBoxAndLabelクラスの動作確認をします。VOC2012の正解ラベルのリストをGetBBoxAndLabel()の引数にしてオブジェクトを生成し、__call__()メソッドを呼び出してアノテーションデータのリストを取得し、これを出力してみます。

ノートブック「Test_voc2012_dataLoader.ipynb」の2番目のセルに次のコードを入力して実行しましょう。

▼GetBBoxAndLabelクラスの動作確認 (Test_voc2012_dataLoader.ipynb)

セル2

```
import cv2                            # OpenCV2のインポート
from voc import GetBBoxAndLabel # GetBBoxAndLabelクラス

# VOC2012の正解ラベルのリスト
voc_labels = [
    'aeroplane', 'bicycle', 'bird', 'boat', 'bottle',
    'bus', 'car', 'cat', 'chair', 'cow',
    'diningtable', 'dog', 'horse', 'motorbike',
    'person', 'pottedplant', 'sheep', 'sofa', 'train',
    'tvmonitor']

# 正解ラベルを引数にしてGetBBoxAndLabelを生成
annotation = GetBBoxAndLabel(voc_labels)

# 検証データの2番目のイメージを読み込む
index = 1
img_path = val_img[index]
# OpenCV2でイメージのデータ
# (高さのピクセル数, 幅のピクセル数, BGR(3))のndarrayを取得
img = cv2.imread(img_path)
# ndarrayの要素数を数えて、イメージの高さと幅のみを取得
height, width, _ = img.shape

# 2番目のイメージのアノテーションをリストにする
annotation(val_anno[index], # XMLファイルのパス
           width,  # イメージの幅
           height) # イメージの高さ
```

▼セル実行後の出力

```
array([[ 0.09      ,  0.03003003,  0.998     ,  0.996997  , 18.        ],
       [ 0.122     ,  0.56756757,  0.164     ,  0.72672673, 14.        ]])
```

検証用の2番目のイメージには、2つの物体が存在するので、アノテーションのリストが2個含まれています。バウンディングボックスの座標を示す数値は正規化された0～1.0の範囲の値になっているのが確認できますね。

2.2.4 イメージとアノテーションを前処理する

VOC2012データセットの前処理を行うクラス群を作成します。SSD300は入力するイメージのサイズが300×300ピクセルなので、すべてのイメージをリサイズする必要があるからです。また、SSDの論文「SSD: Single Shot MultiBox Detector」では、所定のデータ拡張処理を行うと物体検出の精度を比較するための指標mAP（Mean Average Precision）が8.8％向上するとされていますので、訓練データと検証データについてデータ拡張の処理を行うことにしましょう。

データ拡張とは、バッチごとに取り出したデータをランダムに加工することで、様々なパターンのデータを作り出すことです。学習のたびにランダムに加工が行われるので、結果的に実際のデータ数よりも多くの数のデータを学習することになり、分析精度が向上するとされています。

▼訓練データの前処理（データ拡張含む）

- ピクセルデータをint型からfloat型に変換する
- アノテーションデータの正規化を元の状態に戻す
- 輝度（明るさ）、彩度、色相、コントラストをランダムに変化させ、歪みを加える
- イメージをランダムに拡大する
- イメージの特定の部分をランダムに切り出す
- イメージをランダムに反転させる
- アノテーションデータを0～1.0の範囲に正規化する
- イメージのサイズをinput_size（300×300）にリサイズする
- ピクセルデータ（RGB値）から平均値を引き算する

▼検証データの前処理

- ピクセルデータをint型からfloat型に変換する
- イメージのサイズをinput_size（300×300）にリサイズする
- ピクセルデータ（RGB値）から平均値を引き算する

訓練データについては、拡張処理としてイメージのコントラスト、色調、彩度の変化、拡大、反転、領域の切り出しを行い、検証データについては、ピクセルデータのfloat型への変換、リサイズ、平均値の引き算のみを行います。

PyTorchにはデータの拡張処理を行う機能が搭載されていますが、物体認識（画像分類）用のものなので、バウンディングボックスを含むデータの加工には対応していません。

「SSD: Single Shot MultiBox Object Detector, in PyTorch」*の「ssd.pytorch/utils/augmentations.py」**にバウンディングボックスを含む物体検出用のデータを加工するコードがありますので、これを実装することにします。

COLUMN PyTorchとTorchvisionのインストール

PyTorchを次の手順で仮想環境上にインストールしておきましょう。

①Anaconda Navigatorの［Environments］タブをクリックし、仮想環境名を選択します。

②上部のメニューで［Not installed］を選択し、検索欄に「pytorch」と入力します。

③検索結果の一覧に表示された「pytorch」のチェックボックスにチェックを入れて［Apply］ボタンをクリックします。

④インストールされるライブラリがダイアログに表示されるので、このままの状態で［Apply］ボタンをクリックします。

この章では扱いませんが、Torchvisionのインストール方法も紹介しておきます。Torchvisionは、仮想環境のターミナルからcondaコマンドでインストールします。

①Anaconda Navigatorの［Environments］タブをクリックし、仮想環境名の右横の▶をクリックして［Open Terminal］を選択します。

②ターミナルが起動するので、

```
conda install pytorch torchvision -c pytorch
```

と入力して[Enter]キーを押します。

* GitHub：amdegroot/ssd.pytorch
** https://github.com/amdegroot/ssd.pytorch/blob/master/utils/augmentations.py

■データ拡張の内容

「SSD: Single Shot MultiBox Detector」で紹介されているデータ拡張処理の内容について見ていきましょう。

●明るさの変化（RandomBrightnessクラス）

次は、輝度（明るさ）をランダムに変化させるRandomBrightnessクラスの__call__()です。このメソッドは確率0.5で、[-delta, delta]からランダムに選択された数値をイメージのピクセル値に追加します。deltaのデフォルト値は32です。

▼RandomBrightnessクラスの__call__()

```
def __call__(self, image, boxes=None, labels=None):
    if random.randint(2):
        delta = random.uniform(-self.delta, self.delta)
        image += delta
    return image, boxes, labels
```

▼明るさの変化*

* Pixabay「edsel-ranger-392745_640.jpg」

●コントラスト、色相、彩度の変化（PhotometricDistortクラス）

PhotometricDistortクラスは、明るさを適用したあと、ランダムなコントラスト、色相、彩度を適用します。コントラスト➡色相➡彩度の順で適用するか、色相➡彩度➡コントラストの順で適用するかの2つのパターンがあります。パターンの選択は確率0.5で行われます。

▼コントラスト、色相、彩度

```
self.pd = [
            RandomContrast(),
            ConvertColor(transform='HSV'),
            RandomSaturation(),
            RandomHue(),
            ConvertColor(current='HSV', transform='BGR'),
            RandomContrast()
        ]

 im, boxes, labels = self.rand_brightness(im, boxes, labels)
        if random.randint(2):
            distort = Compose(self.pd[:-1])
        else:
            distort = Compose(self.pd[1:])
        im, boxes, labels = distort(im, boxes, labels)
```

コントラストはカラーモデルのRGBに適用され、色相と彩度はHSVに適用されることに注意してください。このため、各処理を適用する前に、適切なカラーモデルにしておく必要があります。

コントラスト、色相、彩度の適用は、明るさと同様の方法で行われます。各歪みは、上限と下限の間でランダムに歪みオフセットを選択することにより、確率0.5で適用されます。次は、彩度を適用するためのコードです。

▼彩度を変化させる

```
 def __call__(self, image, boxes=None, labels=None):
        if random.randint(2):
            image[:, :, 1] *= random.uniform(self.lower, self.upper)

        return image, boxes, labels
```

▼コントラスト、色相、彩度の適用

●測光の歪み（RandomLightingNoiseクラス）

RandomLightingNoiseクラスは、測光（光の強さを測ること）に歪みを加えます。歪みにはカラーチャネルの交換が含まれ、確率0.5で適用されます。RandomLightingNoiseの__init()__には、次のカラーチャネルの交換パターンが定義されています。

▼RandomLightingNoiseで定義されているカラーチャネルの交換パターン

```
self.perms = ((0, 1, 2), (0, 2, 1),
              (1, 0, 2), (1, 2, 0),
              (2, 0, 1), (2, 1, 0))
```

実際に適用されるカラーチャネルの交換は、これらの配列の中からランダムに選択されます。

▼カラーチャネルの交換

●ランダムに拡大（Expandクラス）

イメージのサイズ変更は、測光歪みと同様に確率0.5で適用されます。イメージの拡大に合わせてバウンディングボックスも変形させるのがポイントです。以下、処理の流れを説明します。

- Step1

▼Step1のコード

```
ratio = random.uniform(1, 4)
```

- Step2

ランダムな上部、左側の位置を選択し、拡大されたキャンバスを作成して、色味の平均値で塗りつぶします。次に、元の画像の左上隅を拡大されたキャンバス上に配置します。

▼Step2のコード

```
left = random.uniform(0, width*ratio - width)
top = random.uniform(0, height*ratio - height)

expand_image = np.zeros((int(height*ratio),
                         int(width*ratio), depth),
                         dtype=image.dtype)
expand_image[:, :, :] = self.mean
expand_image[int(top):int(top + height),
             int(left):int(left + width)] = image
image = expand_image
```

- Step3

バウンディングボックスの座標を拡張フレームの座標で変換します。

▼Step3のコード

```
boxes = boxes.copy()
boxes[:, :2] += (int(left), int(top))
boxes[:, 2:] += (int(left), int(top))
```

▼キャンバスの拡大

配置ポイントの左上の位置は、拡張されたキャンバス内に元のイメージが収まるようにランダムに選択されます。
left = random.uniform(0, width*ratio - width)
は、元の画像が収まるのに十分なスペースを残すための処理です。

バウンディングボックスは、拡張フレームの座標系で変換されます。

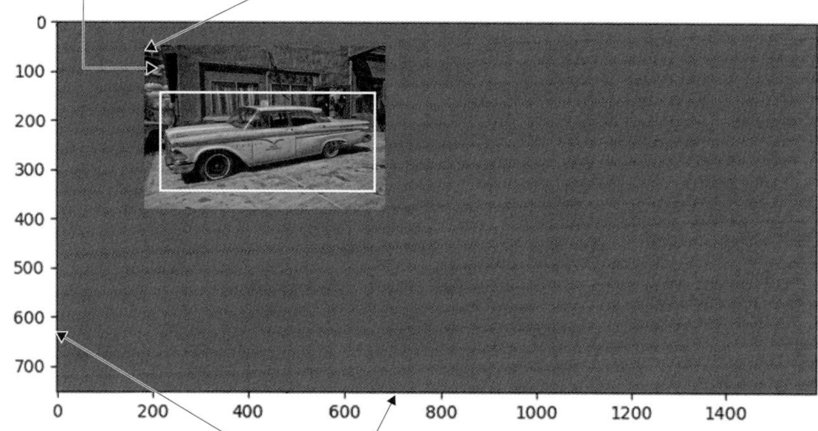

拡張キャンバスの幅と高さは、元の画像の幅と高さにランダムに選択された拡張率を掛けて計算されます(アスペクト比は維持されます)。

●左右反転（RandomMirrorクラス）

RandomMirrorクラスは、ランダムにイメージの左右を反転させます。

▼左右反転*

＊ pixabay「meeting-1245776_640.jpg」

●データ拡張のクラス群を定義する

データ拡張に関わる処理を行うクラスは、「SSD: Single Shot MultiBox Object Detector, in PyTorch」*の「ssd.pytorch/utils/augmentations.py」**で定義されているものを実装します。Spyderで「object_detection」フォルダー以下にPythonのモジュール「augmentations.py」を作成しましょう。このモジュールに、以下の16のクラスを定義します。

▼「augmentations.py」で定義する16のクラス

クラス	説明
Compose	データの拡張処理を構成する処理を行うクラス。
ConvertFromInts	ピクセルデータのint型をfloat32に変換する処理を行うクラス。
ToAbsoluteCoords	アノテーションデータの正規化を元の状態に戻す処理を行うクラス。
RandomBrightness	輝度（明るさ）をランダムに変化させる処理を行うクラス。
RandomContrast	コントラストをランダムに変化させる処理を行うクラス。
ConvertColor	カラー画像の表現方法であるBGRとHSVを相互に変換する処理を行うクラス。彩度を変化させるRandomSaturationクラスや色相を変化させるRandomHueクラスを適用する際は、カラーがHSVで表現されていることが必要なので、その際に使用します。
RandomSaturation	彩度をランダムに変化させる処理を行うクラス。
RandomHue	色相をランダムに変化させる処理を行うクラス。
RandomLightingNoise	測光に歪みを加える処理を行うクラス。
SwapChannels	色チャネルの並び順を変える処理を行うクラス。
PhotometricDistort	輝度（明るさ）、彩度、色相、コントラストを変化させ、歪みを加える処理を行うクラス。
Expand	イメージをランダムに拡大する処理を行うクラス。
RandomMirror	イメージの左右をランダムに反転する処理を行うクラス。
ToPercentCoords	アノテーションデータを0〜1.0の範囲に正規化する処理を行うクラス。
Resize	イメージのサイズをinput_sizeにリサイズする処理を行うクラス。
SubtractMeans	色情報（RGB値）から平均値を引き算する処理を行うクラス。

Spyderを使用して、「augmentations.py」に以下のコードを入力しましょう。

* GitHub：amdegroot/ssd.pytorch

** https://github.com/amdegroot/ssd.pytorch/blob/master/utils/augmentations.py

▼データの拡張処理を行うクラス群の定義（augmentations.py）

```
'''
1. データの拡張処理を行うクラス
'''
import cv2
import numpy as np
from numpy import random

class Compose(object):
    def __init__(self, transforms):
        '''
        Args:
            transforms (List[Transform]): 変換処理のリスト
        Example:
            >>> augmentations.Compose([
            >>>     transforms.CenterCrop(10),
            >>>     transforms.ToTensor(),
            >>> ])

            '''
        self.transforms = transforms

    def __call__(self, img, boxes=None, labels=None):
        for t in self.transforms:
            img, boxes, labels = t(img, boxes, labels)
        return img, boxes, labels

'''
2. ピクセルデータのint型をfloat32に変換するクラス
'''
class ConvertFromInts(object):
    def __call__(self, image, boxes=None, labels=None):
        return image.astype(np.float32), boxes, labels


'''
3. アノテーションデータの正規化を元の状態に戻すクラス
'''
class ToAbsoluteCoords(object):
    def __call__(self, image, boxes=None, labels=None):
```

```
        height, width, channels = image.shape
        boxes[:, 0] *= width
        boxes[:, 2] *= width
        boxes[:, 1] *= height
        boxes[:, 3] *= height

        return image, boxes, labels

'''
4. 輝度(明るさ)をランダムに変化させるクラス
'''
class RandomBrightness(object):
    def __init__(self, delta=32):
        assert delta >= 0.0
        assert delta <= 255.0
        self.delta = delta

    def __call__(self, image, boxes=None, labels=None):
        if random.randint(2):
            delta = random.uniform(-self.delta, self.delta)
            image += delta
        return image, boxes, labels

'''
5. コントラストをランダムに変化させるクラス
'''
class RandomContrast(object):
    def __init__(self, lower=0.5, upper=1.5):
        self.lower = lower
        self.upper = upper
        assert self.upper >= self.lower, 'contrast upper must be >= lower.'
        assert self.lower >= 0, 'contrast lower must be non-negative.'

    # expects float image
    def __call__(self, image, boxes=None, labels=None):
        if random.randint(2):
            alpha = random.uniform(self.lower, self.upper)
            image *= alpha
        return image, boxes, labels
```

```
'''
6. BGRとHSVを相互変換するクラス
'''
class ConvertColor(object):
    def __init__(self, current='BGR', transform='HSV'):
        self.transform = transform
        self.current = current

    def __call__(self, image, boxes=None, labels=None):
        if self.current == 'BGR' and self.transform == 'HSV':
            image = cv2.cvtColor(image, cv2.COLOR_BGR2HSV)
        elif self.current == 'HSV' and self.transform == 'BGR':
            image = cv2.cvtColor(image, cv2.COLOR_HSV2BGR)
        else:
            raise NotImplementedError
        return image, boxes, labels

'''
7. 彩度をランダムに変化させるクラス
'''
class RandomSaturation(object):
    def __init__(self, lower=0.5, upper=1.5):
        self.lower = lower
        self.upper = upper
        assert self.upper >= self.lower, 'contrast upper must be >= lower.'
        assert self.lower >= 0, 'contrast lower must be non-negative.'

    def __call__(self, image, boxes=None, labels=None):
        if random.randint(2):
            image[:, :, 1] *= random.uniform(self.lower, self.upper)

        return image, boxes, labels

'''
8. ランダムに色相を変化させるクラス
'''
class RandomHue(object):
    def __init__(self, delta=18.0):
        assert delta >= 0.0 and delta <= 360.0
        self.delta = delta
```

```
    def __call__(self, image, boxes=None, labels=None):
        if random.randint(2):
            image[:, :, 0] += random.uniform(-self.delta, self.delta)
            image[:, :, 0][image[:, :, 0] > 360.0] -= 360.0
            image[:, :, 0][image[:, :, 0] < 0.0] += 360.0
        return image, boxes, labels

'''
9. 測光に歪みを加えるクラス
'''
class RandomLightingNoise(object):
    def __init__(self):
        self.perms = ((0, 1, 2), (0, 2, 1),
                      (1, 0, 2), (1, 2, 0),
                      (2, 0, 1), (2, 1, 0))

    def __call__(self, image, boxes=None, labels=None):
        if random.randint(2):
            swap = self.perms[random.randint(len(self.perms))]
            shuffle = SwapChannels(swap)  # shuffle channels
            image = shuffle(image)
        return image, boxes, labels

'''
10. 色チャネルの並び順を変えるクラス
'''
class SwapChannels(object):
    def __init__(self, swaps):
        '''
        Args:
            swaps (int triple): final order of channels
                eg: (2, 1, 0)
        '''
        self.swaps = swaps

    def __call__(self, image):
        '''
        Args:
            image (Tensor): image tensor to be transformed
```

```
        Return:
            a tensor with channels swapped according to swap
        '''
        # if torch.is_tensor(image):
        #     image = image.data.cpu().numpy()
        # else:
        #     image = np.array(image)
        image = image[:, :, self.swaps]
        return image

'''
11. 輝度(明るさ)、彩度、色相、コントラストを変化させ、歪みを加えるクラス
'''
class PhotometricDistort(object):
    def __init__(self):
        self.pd = [
            # コントラスト(BGRに適用)
            RandomContrast(),
            # カラーモデルをHSVにコンバート
            ConvertColor(transform='HSV'),
            # 彩度の変化(HSVに適用)
            RandomSaturation(),
            # 色相の変化(HSVに適用)
            RandomHue(),
            # カラーモデルをHSVからBGRにコンバート
            ConvertColor(current='HSV', transform='BGR'),
            # コントラストの変化(BGRに適用)
            RandomContrast()
        ]
        # 輝度
        self.rand_brightness = RandomBrightness()
        # 測光の歪み
        self.rand_light_noise = RandomLightingNoise()

    def __call__(self, image, boxes, labels):
        im = image.copy()
        # 明るさの変化
        im, boxes, labels = self.rand_brightness(im, boxes, labels)
        # 彩度、色相、コントラストの適用は上限と下限の間でランダムに
        # 歪みオフセットを選択することにより、確率0.5で適用
```

```
        if random.randint(2):
            distort = Compose(self.pd[:-1])
        else:
            distort = Compose(self.pd[1:])
        # 彩度、色相、コントラストの適用
        im, boxes, labels = distort(im, boxes, labels)
        return self.rand_light_noise(im, boxes, labels)

'''
12. イメージをランダムに拡大するクラス
'''
class Expand(object):
    def __init__(self, mean):
        self.mean = mean

    def __call__(self, image, boxes, labels):
        if random.randint(2):
            return image, boxes, labels

        height, width, depth = image.shape
        ratio = random.uniform(1, 4)
        left = random.uniform(0, width*ratio - width)
        top = random.uniform(0, height*ratio - height)

        expand_image = np.zeros(
            (int(height*ratio), int(width*ratio), depth),
            dtype=image.dtype)
        expand_image[:, :, :] = self.mean
        expand_image[int(top):int(top + height),
                     int(left):int(left + width)] = image
        image = expand_image

        boxes = boxes.copy()
        boxes[:, :2] += (int(left), int(top))
        boxes[:, 2:] += (int(left), int(top))

        return image, boxes, labels

'''
13. イメージの左右をランダムに反転するクラス
```

```
'''
class RandomMirror(object):
    def __call__(self, image, boxes, classes):
        _, width, _ = image.shape
        if random.randint(2):
            image = image[:, ::-1]
            boxes = boxes.copy()
            boxes[:, 0::2] = width - boxes[:, 2::-2]
        return image, boxes, classes

'''
14. アノテーションデータを0～1.0の範囲に正規化するクラス
'''
class ToPercentCoords(object):
    def __call__(self, image, boxes=None, labels=None):
        height, width, channels = image.shape
        boxes[:, 0] /= width
        boxes[:, 2] /= width
        boxes[:, 1] /= height
        boxes[:, 3] /= height

        return image, boxes, labels

'''
15. イメージのサイズをinput_sizeにリサイズするクラス
'''
class Resize(object):
    def __init__(self, size=300):
        self.size = size

    def __call__(self, image, boxes=None, labels=None):
        image = cv2.resize(image,
                           (self.size, self.size))
        return image, boxes, labels

'''
16. 色情報(RGB値)から平均値を引き算するクラス
'''
class SubtractMeans(object):
    def __init__(self, mean):
```

```
        self.mean = np.array(mean, dtype=np.float32)

    def __call__(self, image, boxes=None, labels=None):
        image = image.astype(np.float32)
        image -= self.mean
        return image.astype(np.float32), boxes, labels
```

■イメージの切り出し

データの拡張処理として、イメージの一部を切り出します。処理のポイントは、Expandで生成されたイメージから一部を切り取り、切り取ったイメージには少なくとも1つのバウンディングボックスが含められるようにすることです。

●バウンディングボックスを含むようにイメージをトリミングする

RandomSampleCropクラスでは、次の手順でイメージのトリミング（切り出し）が行われます。

・Step1

事前定義されたオーバーラップリストから最小、最大オーバーラップをランダムに選択します。ここでのオーバーラップという用語は、オリジナルのバウンディングボックスと切り出された領域に存在するバウンディングボックスの類似性を表す「ジャッカード係数（IoU）」の基準にする値のことを指しています。

▼Step1のコード

```
self.sample_options = (
    # 元の入力イメージ全体を使用
    None,
    # sample a patch s.t. MIN jaccard w/ obj in .1,.3,.4,.7,.9
    (0.1, None),
    (0.3, None),
    (0.7, None),
    (0.9, None),
    # パッチをランダムにサンプリングする
    (None, None),
)
```

※以下、イメージの切り出しが成功するか、指定されたステップ数になるまでStep2～Step6の範囲をループします。

• Step2

切り取る幅、高さをランダムに選択します。切り取るサイズのアスペクト比（縦サイズと横サイズの比率）が所定の範囲内にあることを確認し、ランダムな左上の位置を決定します。

▼Step2のコード

```
w = random.uniform(0.3 * width, width)
h = random.uniform(0.3 * height, height)

# アスペクト比 constraint b/t .5 & 2
if h / w < 0.5 or h / w > 2:
    continue

left = random.uniform(width - w)
top = random.uniform(height - h)
```

• Step3

トリミング（切り出し）する領域にバウンディングボックスが存在するかを調べます。overlap ＞ minの場合、切り取る領域にバウンディングボックスが存在すると判断し、トリミングが適正であると判定します。overlap <minの場合、バウンディングホックスと物体の領域が存在しないと判断し、forループの先頭に戻って再度、トリミングを行います。

▼Step3のコード

```
overlap = jaccard_numpy(boxes, rect)

# バウンディングボックスを含まない場合は再試行
if overlap.min() < min_iou and max_iou < overlap.max():
    continue
```

変数overlapには、オリジナルのバウンディングボックスと、イメージから切り出す領域との類似性を表す「ジャッカード係数」（または「IoU：Intersection over Union」）が格納されます。

ジャッカード係数は、次のような2つの領域AとBが重なる部分A∩B（∩は2つの集合の共通部分を示す）の面積を、AとBを結合した面積A∪B（∪は2つの集合の和を示す）で割った値で、0.0から1.0の範囲の値をとります。係数が1であればAとBが完全に重なっていることを意味し、0であればAとBに交わる部分がないことを意味します。

▼ジャッカード係数(IoU)

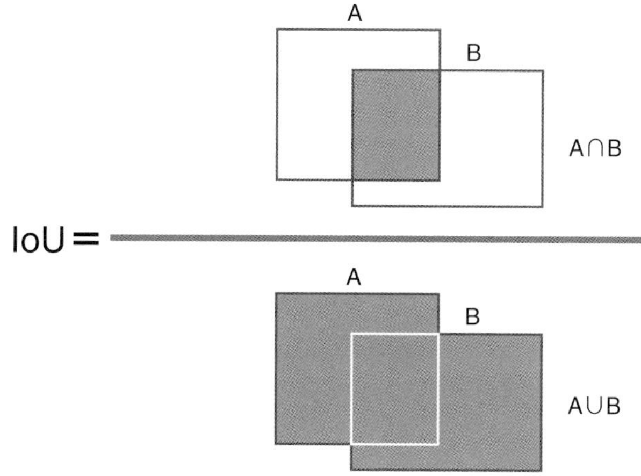

・Step4

決定された領域を切り取ります。

・Step5

バウンディングボックスの中心を見つけます。切り取った領域にバウンディングボックスの中心が存在しない場合は、そのボックスを削除します。結果、バウンディングボックスが残っていない場合は、forの先頭に戻って最初からやり直します。

・Step6

最後に、バウンディングボックスのコーナーの座標を調整します。

●トリミングの例を見る

トリミングの例を見てみましょう。データの拡張処理を行うとき、RandomSampleCrop()は、確率0.5で適用されるExpand()のあとに続きます。以下の画像では、バウンディングボックスが黒の枠で表示され、トリミングされる領域が白の枠で表示されています。これらの画像の中には、周囲に拡張キャンバスがあるものとないものがあります。

・例1

Expandで生成されたイメージは使用されません。1つのバウンディングボックスのみが切り出されます。

▼Expandで生成されたイメージが使用されないパターン*

・例2

Expandで生成されたイメージが使用されるパターンです。最終的なトリミングには元の画像の一部とキャンバスの一部が含まれます。

▼Expandで生成されたイメージが使用されるパターン**

* Pixabay「new-york-2087998_640.jpg」
** Pixabay「lamb-2146961_640.jpg」

• 例3

トリミングされる黒の枠の中心がバウンディングボックスの外側にあるので、不採用になります。再度、トリミングが試みられます。

▼不採用となるトリミングの例*

●イメージの切り出しを行うRandomSampleCropクラスの定義

イメージの切り出しを行うRandomSampleCropクラスと2つの関数を定義します。

▼「augmentations.py」で定義する関数とクラス

intersect()	2セットのBBoxの重なる部分を検出する関数。jaccard_numpy()関数から呼び出されます。
jaccard_numpy()	2セットのBBoxの類似度を示すジャッカード係数を計算する関数。RandomSampleCropクラスから呼び出されます。
RandomSampleCrop	イメージの特定の部分をランダムに切り出す処理を行うクラス。イメージの切り出しに合わせてバウンディングボックスも変形させます。

Spyderで「augmentations.py」に、以下のコードを追加しましょう。

▼intersect()、jaccard_numpy()、RandomSampleCropクラスの定義(augmentations.py)

```
'''
17. 2セットのBBoxの重なる部分を検出する

'''
def intersect(box_a, box_b):
```

* Pixabay「family-room-670281_640.jpg」

```
    max_xy = np.minimum(box_a[:, 2:], box_b[2:])
    min_xy = np.maximum(box_a[:, :2], box_b[:2])
    inter = np.clip((max_xy - min_xy), a_min=0, a_max=np.inf)
    return inter[:, 0] * inter[:, 1]

'''
18. 2セットのBBoxの類似度を示すジャッカード係数を計算する
'''
def jaccard_numpy(box_a, box_b):
    '''
    E.g.:
        A ∩ B / A ∪ B = A ∩ B / (area(A) + area(B) - A ∩ B)
    Args:
        box_a: Multiple bounding boxes, Shape: [num_boxes,4]
        box_b: Single bounding box, Shape: [4]
    Return:
        jaccard overlap: Shape: [box_a.shape[0], box_a.shape[1]]
    '''
    inter = intersect(box_a, box_b)
    area_a = ((box_a[:, 2]-box_a[:, 0]) *
              (box_a[:, 3]-box_a[:, 1]))  # [A,B]
    area_b = ((box_b[2]-box_b[0]) *
              (box_b[3]-box_b[1]))  # [A,B]
    union = area_a + area_b - inter
    return inter / union  # [A,B]

'''
19. イメージの特定の領域をランダムに切り出すクラス
'''
class RandomSampleCrop(object):
    '''
    イメージの切り出しに合わせてバウンディングボックスも変形させる

    Arguments:
        img (Image): トレーニング中に入力されるイメージ
        boxes (Tensor): オリジナルのバウンディングボックス
        labels (Tensor): バウンディングボックスのラベル
        mode (float tuple): 2セットのBBoxの類似度を示すジャッカード係数
    Return:
        (img, boxes, classes)
            img (Image): トリミングされたイメージ
```

```
            boxes (Tensor): 調整後のバウンディングボックス
            labels (Tensor): バウンディングボックスのラベル
    '''
    def __init__(self):
        self.sample_options = (
            # 元の入力イメージ全体を使用
            None,
            # sample a patch s.t. MIN jaccard w/ obj in .1,.3,.4,.7,.9
            (0.1, None),
            (0.3, None),
            (0.7, None),
            (0.9, None),
            # パッチをランダムにサンプリングする
            (None, None),
        )
        # オリジナルの実装ではタプルの要素のサイズが異なるため警告が出ます
        # 警告を回避するためにobject型のndarrayに変換するようにしました
        self.sample_options = np.array(self.sample_options, dtype=object)

    def __call__(self, image, boxes=None, labels=None):
        height, width, _ = image.shape
        while True:
            # ランダムにモードを選択
            mode = random.choice(self.sample_options)
            if mode is None:
                return image, boxes, labels

            min_iou, max_iou = mode
            if min_iou is None:
                min_iou = float('-inf')
            if max_iou is None:
                max_iou = float('inf')

            # トレースの最大値(50)
            for _ in range(50):
                current_image = image

                w = random.uniform(0.3 * width, width)
                h = random.uniform(0.3 * height, height)

                # アスペクト比 constraint b/t .5 & 2
```

```
            if h / w < 0.5 or h / w > 2:
                continue

            left = random.uniform(width - w)
            top = random.uniform(height - h)

            # イメージからトリミングする領域を作る
            # x1,y1,x2,y2を整数(int)に変換
            rect = np.array([int(left), int(top), int(left+w), int(top+h)])

            # calculate IoU (jaccard overlap) b/t the cropped and gt boxes
            # オリジナルのBBoxとトリミング領域の
            # IoU(ジャッカードオーバーラップ)を計算
            overlap = jaccard_numpy(boxes, rect)

            # is min and max overlap constraint satisfied? if not try again
            # 最小および最大のオーバーラップ制約が満たされていなければ再試行
            if overlap.min() < min_iou and max_iou < overlap.max():
                continue

            # cut the crop from the image
            # イメージから切り抜く
            current_image = current_image[rect[1]:rect[3], rect[0]:rect[2],
                                          :]

            # keep overlap with gt box IF center in sampled patch
            # gt boxとサンプリングされたパッチのセンターを合わせる
            centers = (boxes[:, :2] + boxes[:, 2:]) / 2.0

            # mask in all gt boxes that above and to the left of centers
            # 左上側にあるすべてのgtボックスをマスクする
            m1 = (rect[0] < centers[:, 0]) * (rect[1] < centers[:, 1])

            # mask in all gt boxes that under and to the right of centers
            # 右下側にあるすべてのgtボックスをマスクする
            m2 = (rect[2] > centers[:, 0]) * (rect[3] > centers[:, 1])

            # mask in that both m1 and m2 are true
            mask = m1 * m2

            # have any valid boxes? try again if not
```

```
                # 有効なボックスがなければ再試行
                if not mask.any():
                    continue

                # take only matching gt boxes
                # gtボックスを取得
                current_boxes = boxes[mask, :].copy()

                # take only matching gt labels
                # ラベルを取得
                current_labels = labels[mask]

                # should we use the box left and top corner or the crop's
                # ボックスの左上隅を使用する
                current_boxes[:, :2] = np.maximum(current_boxes[:, :2],
                                                  rect[:2])
                # adjust to crop (by substracting crop's left,top)
                # トリミングされた状態に合わせる
                current_boxes[:, :2] -= rect[:2]

                current_boxes[:, 2:] = np.minimum(current_boxes[:, 2:],
                                                  rect[2:])
                # adjust to crop (by substracting crop's left,top)
                current_boxes[:, 2:] -= rect[:2]

                return current_image, current_boxes, current_labels
```

■データの前処理を行うDataTransformクラスの定義

これまでに定義したデータの前処理クラスを実行し、訓練データの前処理と検証データの前処理を行うDataTransformクラスをモジュール「voc.py」で定義します。make_filepath_list()、GetBBoxAndLabelクラスの定義コードに続く3番目の定義コードとして、次のように入力しましょう。

▼DataTransformクラスの定義(voc.py)

```
'''
3. イメージとアノテーションの前処理を行うDataTransformクラス

'''
# augumentations.pyからデータの前処理をするクラスをインポート
```

```
from augmentations import Compose, ConvertFromInts, ToAbsoluteCoords, ¥
                         PhotometricDistort, Expand, RandomSampleCrop, ¥
                         RandomMirror, ToPercentCoords, Resize, SubtractMeans

class DataTransform(object):
    '''データの前処理クラス

    イメージのサイズを300x300にリサイズ
    訓練時は拡張処理を行う

    Attributes:
      data_transform(dict): 前処理メソッドを格納した辞書
    '''
    def __init__(self, input_size, color_mean):
        '''データの前処理を設定

        訓練時(train)と検証時(val)で異なる処理を行う

        Parameters:
          input_size(int): イメージをリサイズするときの大きさ
          color_mean(B, G, R): 色チャネルB,G,Rそれぞれの平均値
        '''
        self.transform = {
            'train': Compose([
                ConvertFromInts(),     # ピクセルデータのintをfloat32に変換
                ToAbsoluteCoords(),    # アノテーションの正規化を元の状態に戻す
                PhotometricDistort(), # コントラスト、色相、輝度の変化、歪み
                Expand(color_mean),    # イメージを拡大
                RandomSampleCrop(),    # イメージからランダムに切り出す
                RandomMirror(),        # ランダムにイメージを反転させる
                ToPercentCoords(), # アノテーションデータを0~1.0の範囲に正規化
                Resize(input_size),# イメージのサイズをinput_sizeにリサイズ
                SubtractMeans(color_mean)# ピクセルデータ(RGB)から平均値を引き算
            ]),
            'val': Compose([
                ConvertFromInts(),  # ピクセルデータのintをfloat32に変換
                Resize(input_size), # イメージのサイズをinput_sizeにリサイズ
                SubtractMeans(color_mean)# ピクセルデータ(RGB)から平均値を引き算
            ])
        }
```

```
    def __call__(self, img, phase, boxes, labels):
        '''データの前処理を実施
           DataTransformのインスタンスから実行される

        Parameters:
          img(Image): イメージ
          phase(str): 'train'または'val'
          boxes(Tensor): BBoxの座標(xmin,ymin,xmax,ymax)
          labels (Tensor): 正解ラベルのインデックス
        '''
        return self.transform[phase](img, boxes, labels)
```

●DataTransformクラスの動作確認

DataTransformクラスを呼び出して、前処理を行ってみましょう。OpenCV2のimread()関数でイメージを[高さ, 幅, [G], [B], [R]]の形状の多重リストとして読み込みます。imread()では第3要素のRGB値が[G], [B], [R]の並びになることに注意してください。

前処理クラスDataTransformのオブジェクトは、input_size=300とVOC2012データセットのRGBの各値の平均値color_meanを引数にして生成します。VOCデータセットのRGBの各値の平均値は、(R)123、(G)117、(B)104ですが、これをOpenCVのBGRの並び順に合わせて(104, 117, 123)のタプルにしています。

訓練データの前処理は、

```
img_transformed, boxes, labels = transform(
    img, phase, bbox_label[:, :4], bbox_label[:, 4])
```

のようにして実行します。imgにはOpenCV2のimread()関数で読み込んだイメージ、phaseには、前処理のモードを設定する'train'または'val'のテキストが格納されます。

bbox_labelには、GetBBoxAndLabelクラスで取得したデータから取り出した、特定のイメージの

[[xmin, ymin, xmax, ymax, 正解ラベルのインデックス], ...]

が格納されています。先のtransform()の第3引数は、bbox_label[:, :4]としてバウンディングボックスの座標

[xmin, ymin, xmax, ymax]

を指定します。

第4引数のbbox_label[:, 4]は、正解ラベルのインデックスを指定します。

処理後のイメージは、

```
plt.imshow(cv2.cvtColor(img_transformed, cv2.COLOR_BGR2RGB))
```

のようにしてプロットします。imshow()の引数は、OpenCV2のcvtColor()関数の戻り値です。cvtColor()関数の第1引数に前処理後のイメージ、第2引数はBGRからRGBへ変換するための定数COLOR_BGR2RGBを設定していることに注意してください。

次の例では、訓練データの19番目に位置するイメージについて、訓練用の前処理と検証用の前処理を行い、それぞれ処理後のイメージを出力します。

▼訓練用の前処理と検証用の前処理を行い、それぞれ処理後のイメージを出力

セル3

```
# OpenCV2のインポート
import cv2
# voc.pyからDataTransformをインポート
from voc import DataTransform
# Matplotlibをインポート
import matplotlib.pyplot as plt
%matplotlib inline

# 動作確認用イメージの高さ,幅,チャネル数を取得
# 19番目のインデックスを指定してイメージのパスを取得
img_filepath = tr_img[19]
# OpenCV2でイメージを[高さ,幅,[G,B,R]]のリストに読み込む
img = cv2.imread(img_filepath)
# 配列要素を数えて、高さ,幅のみを変数に格納
height, width, _ = img.shape

# 正解ラベルを引数にしてGetBBoxAndLabelを生成
gbl = GetBBoxAndLabel(voc_labels)
# 19番目のBBoxの多重リストを取得
# [[xmin, ymin, xmax, ymax, 正解ラベルのインデックス], ...]
bbox_label = gbl(tr_anno[19],   # XMLファイル
                 width, height) # 幅、高さ

# オリジナルのイメージを表示
plt.imshow(cv2.cvtColor(img, cv2.COLOR_BGR2RGB))
plt.show()
```

```
# VOCデータセットのRGBの各値の平均値は(R)123, (G)117, (B)104
# これをOpenCVのBGRの並び順に合わせる
color_mean = (104, 117, 123)
input_size = 300  # 画像の入力サイズは300×300
# 前処理オブジェクトを生成
transform = DataTransform(input_size, color_mean)

# 訓練時の拡張処理後のイメージを表示
# 訓練モード
phase = 'train'
# 訓練時の前処理を実施
img_transformed, boxes, labels = transform(
    img,
    phase,              # 訓練モード
    bbox_label[:, :4],  # bbox_label[:, :4]はBBoxの座標
    bbox_label[:, 4])   # bbox_label[:, 4]はラベルのインデックス
# 処理後のイメージを出力
plt.imshow(cv2.cvtColor(img_transformed, cv2.COLOR_BGR2RGB))
plt.show()

# 検証時のイメージを表示
# 検証用のモード
phase = 'val'
# 検証時の前処理を実施
img_transformed, boxes, labels = transform(
    img,
    phase,              # 検証モード
    bbox_label[:, :4],  # bbox_label[:, :4]はBBoxの座標
    bbox_label[:, 4])   # bbox_label[:, 4]はラベルのインデックス
# 処理後のイメージを出力
plt.imshow(cv2.cvtColor(img_transformed, cv2.COLOR_BGR2RGB))
plt.show()
```

▼セル実行後の出力

```
(1つ目の出力：処理前のイメージ)
(2つ目の出力：訓練用の前処理後のイメージ)
(3つ目の出力：検証用の前処理後のイメージ)
```

出力される画像につきましては、本書のダウンロード用サンプルプログラムでご確認ください。

訓練用の前処理では、コントラスト、色相、輝度の変化、歪みを加えたあと、イメージから特定の領域が切り出され、ランダムに左右反転処理が行われてリサイズされます。検証用の前処理では、イメージのリサイズとピクセルデータ（RGB値）からの平均値の引き算のみが行われます。

■データの前処理をイテレートする仕組みを提供する PreprocessVOC2012クラス

データの前処理を行うDataTransformクラスの__call__()メソッドは、1つのデータを前処理するので、学習や検証を行う際は、データセットのデータの数だけ繰り返し実行する必要があります。そこで、DataTransformクラスを前処理オブジェクトとして受け取り、データセットの数だけイテレート（繰り返し処理）する仕組みを提供するクラスとして、PreprocessVOC2012を作成します。

●PyTorchのDataset

PyTorchでは、サンプルを要求されたときに、これを返す処理を次の2種類のデータセットで行います。

• map-style Dataset

インデックス（または整数のキー）を渡して、それに対応するデータを返すDatasetです。torch.utils.data.Datasetのサブクラスとして実装します。この場合、キーに対応するサンプルを返す__getitem__()、データセットのサンプル数を返す__len__()を実装する必要があります。

▼torch.utils.data.Datasetクラス

- Datasetを表す抽象クラスです。
- インデックス（または整数のキー）からデータサンプルへのマッピングを表すデータセットは、Datasetをサブクラス化する必要があります。
- すべてのサブクラスは__getitem__()をオーバーライドして、特定のキーとデータのフェッチ（取り出し）をサポートすることが必須です。
- データセットのサンプル数を返す__len__()の実装も必要です。

• iterable-style Dataset

データを逐次返すイテラブル（反復処理可能）なDatasetです。torch.utils.data.IterableDatasetのサブクラスとして実装します。この場合、__iter__() が実装されている必要があります。

▼torch.utils.data.IterableDatasetクラス

・反復可能なデータセットを提供します。
・反復可能なデータサンプルを表すデータセットは、IterableDatasetをサブクラス化する必要があります。
・反復可能な形式のデータセットは、データがストリームから取得される場合に役立ちます。
・すべてのサブクラスは__iter__()をオーバーライドする必要があります。これにより、データセット内のサンプルのイテレーターが返されます。

●map-style Datasetをtorch.utils.data.Datasetのサブクラスとして実装

Datasetクラスを継承したPreprocessVOC2012クラスを作成して、次のメソッドを実装します。

• __init__()

・イメージのファイルパスを格納したリストをインスタンス変数に格納
・アノテーションのファイルパスを格納したリストをインスタンス変数に格納
・前処理のモード'train'または'test'をインスタンス変数に格納
・前処理クラスDataTransformのオブジェクトをインスタンス変数に格納
・バウンディングボックスの座標と正解ラベルのリストをインスタンス変数に格納

• __len__()

Datasetの__len__()をオーバーライドします。データセットのイメージのファイルパスリストの長さを返します。訓練データまたは検証データのイメージの数を調べるときに利用します。

• __getitem__()

Datasetの__getitem__()をオーバーライドします。訓練または検証データのイメージのインデックスをパラメーターで受け取り、後述のpull_item()にイメージのインデックスを渡して前処理します。戻り値として、

・処理後のイメージ（Tensorオブジェクト）
・バウンディングボックスとラベルインデックスの2次元配列（ndarray）

をそれぞれ返します。__getitem__()の呼び出しは、データセットのイメージの数だけ行われます。

• pull_item()

__getitem__()から呼び出されます。訓練または検証データのイメージのインデックスをパラメーターで受け取り、

- img(Tensor) ：前処理後のイメージ(3, 高さのピクセル数, 幅のピクセル数)
- boxlbl(ndarray) ：バウンディングボックスの座標とラベルの2次元配列（複数の物体あり）
- height(int) ：イメージの高さ
- width(int) ：イメージの幅

を戻り値として返します。

●PreprocessVOC2012クラスの作成

Pythonモジュール「voc.py」に4番目の定義コードとしてPreprocessVOC2012クラスのコードを入力しましょう。

▼PreprocessVOC2012クラスの定義（voc.py）

```
'''
4. データセットの数だけ繰り返し呼ばれる前処理オブジェクトを生成
   __getitem__()は1データにつき前処理後のイメージ、BBoxとラベルの配列を返す

'''
import torch
import torch.utils.data as data
import cv2

class PreprocessVOC2012(data.Dataset):
    ''' PyTorchのDatasetクラスを継承
        DataTransformでVOC2012データセットを前処理して以下のデータを返す

       ・前処理後のイメージ[R,G,B](Tensor)
       ・BBoxとラベル(ndarray)
       ・イメージの高さ、幅(int)

       Datasetは、__getitem__()と__len__()の実装が必要
    '''
    def __init__(self,
                 img_list, anno_list, phase, transform, get_bbox_label):
```

```
        '''
        Parameters:
          img_list(list): イメージのファイルパスを格納したリスト
          anno_list(list): アノテーションのファイルパスを格納したリスト
          phase(str): 'train'または'test'で訓練か検証かを指定
          transform(object): 前処理クラスDataTransform
          bbox_label(object): BBox座標と正解ラベルを取得するGetBBoxAndLabel
        '''
        self.img_list = img_list                # イメージのファイルパスリスト
        self.anno_list = anno_list              # アノテーションのファイルパスリスト
        self.phase = phase                      # trainまたはval
        self.transform = transform              # DataTransformオブジェクト
        self.get_bbox_label = get_bbox_label # GetBBoxAndLabelオブジェクト

    def __len__(self):
        '''イメージの数を返す
        '''
        return len(self.img_list)

    def __getitem__(self, index):
        '''データの数だけイテレート(反復処理)される
           前処理後のイメージ、BBox座標とラベルの2次元配列を取得する

        Parameter:
          index(int): 訓練または検証用イメージのインデックス

        Returns:
          im(Tensor):
            前処理後のイメージを格納した3階テンソル
            (3, 高さのピクセル数, 幅のピクセル数)) 3はRGB
          bl(ndarray):
            BBoxとラベルの2次元配列
        '''
        # pull_item()にイメージのインデックスを渡して前処理
        # 処理後のイメージデータとBBoxとラベルの2次元配列を返す
        im, bl, _, _ = self.pull_item(index)
        return im, bl

    def pull_item(self, index):
        '''前処理後のテンソル形式のイメージデータ、アノテーション、
```

```
        イメージの高さ、幅を取得する

    Parameter:
      index(int): 訓練または検証用イメージのインデックス

    Returns:
      img(Tensor): 前処理後のイメージ(3, 高さのピクセル数, 幅のピクセル数)
      boxlbl(ndarray): BBoxとラベルの2次元配列(複数の物体があるので)
      height(int): イメージの高さ
      width(int): イメージの幅
    '''
    # イメージの高さ、幅、チャネル数を取得
    img_path = self.img_list[index] # indexでイメージのパスを取得
    img = cv2.imread(img_path)      # OpenCV2でイメージの[高さ,幅,[B,G,R]]を取得
    height, width, _ = img.shape    # 配列要素数を数えて高さ,幅のみを取得

    # アノテーションデータのリストを取得
    # インデックスを指定してアノテーションファイル(xml)のパスを取得
    anno_file_path = self.anno_list[index]
    # アノテーションファイルからBBoxの座標、正解ラベルのリストを取得
    bbox_label = self.get_bbox_label(anno_file_path, # XMLのパス
                                     width,          # イメージ幅
                                     height)         # イメージ高さ

    # DataTransformで前処理を実施
    img, boxes, labels = self.transform(
        img,                # OpenCV2で読み込んだイメージデータ
        self.phase,         # 'train'または'val'
        bbox_label[:, :4], # BBoxの座標
        bbox_label[:, 4])  # 正解ラベルのインデックス

    # img(ndarray)の形状は(高さのピクセル数, 幅のピクセル数, 3)
    # 3はBGRの並びなのでこれをRGBの順に変更
    # (3, 高さのピクセル数, 幅のピクセル数)の形状の3階テンソルにする
    img = torch.from_numpy(
        img[:, :, (2, 1, 0)]).permute(2, 0, 1)

    # [label,label, ...]を[[label],[label], ...]のように次元拡張して
    # [[xmin,ymin,xmax,ymax], ...]と水平方向に連結し、
    # [[xmin,ymin,xmax,ymax,label], ...]の形状にする
```

```
        boxlbl = np.hstack(
            (boxes, np.expand_dims(labels, axis=1)))

        # 前処理後のイメージ[R,G,B]、BBoxとラベルのndarray、
        # イメージの高さ、幅を返す
        return img, boxlbl, height, width
```


●PreprocessVOC2012クラスの動作確認

PreprocessVOC2012クラスの動作確認を行います。これまでに使用しているノートブック「Test_voc2012_dataLoader.ipynb」の4番目のセルに以下のように入力して、実行してみましょう。

▼PreprocessVOC2012クラスの動作確認(Test_voc2012_dataLoader.ipynb)

セル4

```
# voc.pyからPreprocessVOC2012をインポート
from voc import PreprocessVOC2012

# VOCデータセットのRGBの各値の平均値
# (R)123, (G)117, (B)104
color_mean = (104, 117, 123)  # BGRの並び順にする
input_size = 300              # 画像のinputサイズを300×300にする

tr_data = PreprocessVOC2012(
    tr_img,                                          # イメージのパスリスト
    tr_anno,                                         # アノテーションのパスリスト
    phase='train',                                   # 訓練モード
    transform=DataTransform(input_size, color_mean), # 前処理
    get_bbox_label=GetBBoxAndLabel(voc_labels))      # BBoxとラベル取得

val_data = PreprocessVOC2012(
    val_img,                                         # イメージのパスリスト
    val_anno,                                        # アノテーションのパスリスト
    phase='val',                                     # 検証モード
    transform=DataTransform(input_size, color_mean), # 前処理
    get_bbox_label=GetBBoxAndLabel(voc_labels))      # BBoxとラベル取得

# 訓練用のインデックス1のイメージを前処理して出力
batch = tr_data.__getitem__(1)
print(len(batch))      # batch(tuple)のサイズ: 2
```

```
print(batch[0].shape)  # batchの第1要素の形状：(3, 300, 300)
print(batch[1].shape)  # batchの第2要素の形状：(2, 5)
print(batch)           # batchを出力
```

▼セルの実行結果

```
2
torch.Size([3, 300, 300])
(2, 5)
(tensor([[[   0.9417,    6.1650,   11.1283,  ...,  -22.9083,  -13.2200,
            -9.4033],
          [   6.4367,    9.6600,   13.8283,  ...,  -21.4433,  -18.6500,
           -18.2033],
          [  10.8833,   13.5500,   16.7000,  ...,  -20.9917,  -24.5250,
           -25.1917],
          ...,
          [ -23.9500,  -14.9000,   -1.7583,  ..., -108.6083, -111.0000,
          -117.8083],
          [ -28.2817,  -20.1750,   -5.5633,  ..., -104.9933, -111.8350,
          -119.0000],
          [ -20.4767,  -21.0000,  -12.6333,  ..., -107.1683, -115.7800,
          -117.1100]],
          ...,
          .........途中省略.........
          ...,
         [[  45.2750,   55.1650,   62.1283,  ...,   12.8500,   22.0550,
            27.8167],
          [  50.8800,   58.3300,   64.4983,  ...,   15.8350,   21.5150,
            22.7967],
          [  56.0667,   60.5500,   65.1500,  ...,   15.6417,   14.8250,
            14.7083],
          ...,
          [  36.7167,   43.1000,   56.2417,  ...,  -94.7583,  -96.0000,
          -101.9000],
          [  32.3850,   37.8250,   52.4367,  ...,  -92.1617,  -96.0000,
          -101.8867],
          [  40.1900,   37.0000,   45.3667,  ...,  -94.5017,  -99.7800,
           -99.1467]]]),
 array([[ 0.09      , 0.03003003,  0.998     ,  0.996997  , 18.        ],
       [ 0.122     , 0.56756757,  0.164     ,  0.72672673, 14.        ]]))
```

訓練データと検証データのそれぞれのPreprocessVOC2012オブジェクトを生成し、訓練データについて__getitem__(1)を実行して、インデックス1のデータについて前処理してみました。返されたのは要素数が2のタプルです。

タプルの第1要素は、前処理後のイメージを格納した(3, 300, 300)の形状の3階テンソルです。一方、タプルの第2要素は、バウンディングボックスの座標と正解ラベルのインデックスを格納した(2, 5)の形状の2次元配列(ndarray)です。

2.2.5 ミニバッチを生成するDataLoader

ディープラーニングでは大量のデータを学習することから、「ミニバッチ法」と呼ばれる手法を使うのが一般的です。すべてのデータを一度に学習するのではなく、20～100程度のセット(ミニバッチ)に分割して学習を行うことで、

・メモリの使用量を節約できる
・データセットのデータをランダムな順番で学習するので局所解に捕まるのを防止できる

というメリットが期待できるのです。1つ目のメモリ節約は、ミニバッチごとに学習するので理解できますが、2つ目の局所解とは何のことでしょう。

ディープラーニングでは、モデルの出力と正解値との誤差が小さくなるように学習を進めていくのですが、状況によっては誤差の「見かけ上の最小値(局所解)」に向かって学習が進むことがあります。抽象的な言い方になりますが、この見かけ上の最小値に向かう流れから脱出できるように、毎回同じ順番ではなく、ランダムに順番を入れ替えてミニバッチ単位で学習するのが、ミニバッチ法の目的です。

■DataLoaderでミニバッチを生成する

PyTorchのDataLoaderは、データセットからミニバッチを取り出す仕組みを提供します。

●torch.utils.data.DataLoader

書式	DataLoader(dataset, batch_size=1, shuffle=False, sampler=None, batch_sampler=None, num_workers=0, collate_fn=None, pin_memory=False, drop_last=False, timeout=0, ...)	
パラメーター	dataset	データのロード元のデータセット。
	batch_size	(int、オプション)バッチごとのサンプル数。デフォルトは1。
	shuffle	(bool、オプション)エポックごとにデータをシャッフルしてからバッチを取り出します。デフォルトはFalse(シャッフルしない)。
	sampler	(SamplerまたはIterable、オプション)データセットからサンプルを抽出するときの処理をtorch.utils.data.Sampler(サブクラス含む)で定義します。指定する場合は、shuffleがFalseである必要があります。
	batch_sampler	(SamplerまたはIterable 、オプション)samplerと同様にデータセットからサンプルを抽出するときの処理をtorch.utils.data.Sampler(サブクラス含む)で定義します。samplerとは異なり、バッチデータのインデックスを返します。
	num_workers	(int、オプション)データのロードに使用するサブプロセスの数。0の場合は、データがメインプロセスでロードされることを意味します。デフォルトは0。
	collate_fn	(オプション)マップスタイルのデータセットからのバッチをロードする場合に使用されます。デフォルトでサンプルのリストをマージ(複数のものを1つにすること)して、Tensorのミニバッチを形成します。
	pin_memory	(bool、オプション)Trueの場合、データローダーはテンソルを返す前にCUDA(GPUを使用するためのプラットフォーム)固定メモリにコピーします。デフォルトはFalseです。
	drop_last	(bool、オプション)Trueの場合は、データセットのサイズがバッチサイズで割り切れないとき、余ったデータをドロップ(破棄)します。Falseの場合は、データセットのサイズがバッチサイズで割り切れないとき、最後のバッチのサイズが小さくなります。デフォルトはFalseです。
	timeout	(数値、オプション)正の値で、バッチを収集するときのタイムアウト値を設定します。デフォルトは0。

●collate_fn()をカスタマイズしたmultiobject_collate_fn()の作成

DataLoaderでは、データセットから順次、ミニバッチを取り出す処理を行いますが、今回のデータセットが1枚のイメージ(Tensorオブジェクト)に対して、複数のアノテーションデータが、[[xmin, ymin, xmax, ymax, label], ...]の2次元配列になっています。1枚のイメージには1つ以上の物体があり、2次元配列は(物体数, 5)のように、イメージごとに物体の数に応じて要素数が異なります。

そうすると、DataLoaderでデフォルトで使用されるcollate_fn()では対応できないので、1枚のイメージに複数存在するアノテーションデータをすべて取り出す仕組みにすることが必要になります。そこで、複数のアノテーションデータに対応したmultiobject_collate_fn()関数を作成して、これをDataLoaderからcollate_fn()の代わりに呼び出すようにします。

「voc.py」をSpyderで開いて、5番目の定義コードとしてmultiobject_collate_fn()関数のコードを入力しましょう。

▼multiobject_collate_fn()関数の定義（voc.py）

```
'''
5. ミニバッチを作る関数

'''
def multiobject_collate_fn(batch):
    '''Pytorchのcollate_fn()をカスタマイズ

    イメージとイメージに対応するアノテーション(複数あり)を
    ミニバッチの数だけ生成する機能を実装

    Parameters:
      batch(tuple):
        PreprocessVOC2012の__getitem__()で返される要素数2のタプル
        (処理後のイメージ(Tensorのlist), BBox座標とラベルの2次元ndarray)

    Returns:
      imgs(Tensor):
        前処理後のイメージ(RGB)をミニバッチの数だけ格納した4階テンソル
        形状は(ミニバッチのサイズ, 3, 300, 300)
      targets(list):
        [[xmin,ymin,xmax,ymax,label], ...]の2階テンソル([物体数, 5])
        を格納したリスト、要素数はミニバッチの数
    '''
    imgs = []      # ミニバッチのイメージデータ(テンソル)を保持
    targets = [] # ミニバッチのBBox座標とラベルの2次元配列を保持

    # ミニバッチの前処理後のイメージをimgsに追加
    # ミニバッチのBBox座標とラベルの2次元配列をtargetsに追加
    for sample in batch:
        # sample[0] はイメージデータ[R,G,B](torch.Size([3, 300, 300]))
        imgs.append(sample[0])
        # sample[1] はBBox座標とラベルの2次元配列
```

```
        # これをTensorにしてリストtargetsに追加
        targets.append(torch.FloatTensor(sample[1]))

    # リストimgsの要素torch.Size([3, 300, 300])の0次元を拡張して
    # (ミニバッチのサイズ, 3, 300, 300)の4階テンソルにする
    imgs = torch.stack(imgs, dim=0)

    # targetsは[[xmin,ymin,xmax,ymax,label], ...]の2階テンソル
    # すなわち[物体数, 5]の2階テンソルをミニバッチの数だけ格納したリスト
    # リストの中身は[[物体数, 5],[物体数, 5],...]となる
    return imgs, targets
```

●DataLoaderでミニバッチを生成してみる

PyTorchのDataLoaderを使ってミニバッチの生成をシミュレーションしてみましょう。DataLoaderオブジェクトを生成する際に、collate_fnオプションにmultiobject_collate_fn()関数を指定することに注意してください。

これまでにチェック用に使用しているノートブック「Test_voc2012_dataLoader.ipynb」の5番目のセルに次のように入力して、実行してみましょう。

▼データーローダーでミニバッチを生成してみる(Test_voc2012_dataLoader.ipynb)

セル5

```
import torch.utils.data as data
# voc.pyからmultiobject_collate_fnをインポート
from voc import multiobject_collate_fn

# ミニバッチのサイズ
batch_size = 4

# 訓練データのミニバッチ
tr_batch = data.DataLoader(
    tr_data,                    # 訓練用イメージのファイルパスリスト
    batch_size=batch_size,      # ミニバッチのサイズ
    shuffle=True,               # シャッフルして抽出
    collate_fn=multiobject_collate_fn) # ミニバッチ生成関数

# 検証データのミニバッチ
val_batch = data.DataLoader(
    val_data,                               # 検証用イメージのファイルパスリスト
    batch_size=batch_size,                  # ミニバッチのサイズ
    shuffle=False,                          # 抽出時はシャッフルしない
```

```
    collate_fn=multiobject_collate_fn) # ミニバッチ生成関数

# 'train''val'をキーにして辞書(dict)にまとめる
dataloaders_dict = {'train': tr_batch, 'val': val_batch}

# 動作の確認
print('訓練データのサイズ:', tr_data.__len__())    # 訓練データのサイズ
print('検証データのサイズ:', val_data.__len__())  # 検証データのサイズ
print('訓練データのミニバッチの個数:', len(dataloaders_dict['train']))
print('検証データのミニバッチの個数:', len(dataloaders_dict['val']))

# 訓練用のDataLoaderをイテレーターに変換
batch_iterator = iter(dataloaders_dict['train'])
# 訓練用の1番目のミニバッチを取り出す
images, targets = next(batch_iterator)
print('ミニバッチのイメージの形状:', images.size()) # (4, 3, 300, 300)
print('ミニバッチのtargetsのサイズ:',len(targets))  # 4
print('targets[1]の形状:', targets[1].size())  # (3, 5)、1は物体数
```

▼セル実行後の出力

```
訓練データのサイズ: 5717
検証データのサイズ: 5823
訓練データのミニバッチの個数: 1430
検証データのミニバッチの個数: 1456
ミニバッチのイメージの形状: torch.Size([4, 3, 300, 300])
ミニバッチのtargetsのサイズ: 4
targets[1]の形状: torch.Size([3, 5])
```

訓練データのサイズは5,717で、サイズ4に分割すると1,430個のミニバッチが生成されます。これは、5717／4 = 1429.25から1,430個のミニバッチが用意されることを意味します。1,430番目のミニバッチのサイズは、4で割り切れなかった余りのデータ数になります。

DataLoaderオブジェクトはiter()でイテレーターに変換すると、next()でミニバッチを1個ずつ取り出すことができます。訓練用のデータセットから1番目のミニバッチを取り出し、イメージデータが格納されているTensorオブジェクトの形状、アノテーションデータ（バウンディングボックスの座標と正解ラベル）が格納されている2次元配列の形状を出力しました。どちらもミニバッチのサイズ4のぶんだけイメージデータとアノテーションデータが格納されています。アノテーションデータについては、イメージの物体の数だけデータが存在することが確認できます。

2.3 SSDモデルの実装

SSDモデルをPyTorchで作成します。

2.3.1 畳み込みニューラルネットワーク(CNN)

SSDモデルで使用される畳み込みニューラルネットワーク(CNN：Convolutional Neural Network)について説明します。

■2次元フィルターで画像の特徴を検出する

ニューラルネットワーク(多層パーセプトロン)で、ディープラーニング用のデータセット「MNIST」を学習する例を見てみましょう。MNISTに収録されている手書き数字の画像(グレースケール)は、28×28ピクセルの2次元のデータです。通常はこの2次元のデータを1次元の配列(要素数784)に変換してから入力し、学習を行います。

▼2次元の画像データを1次元の配列に変換してから入力

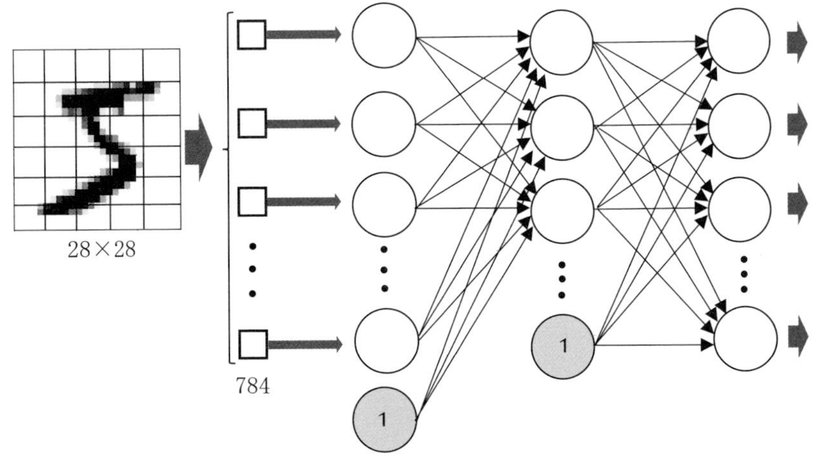

ただし、この方法だと、28×28の2次元配列を784の1次元配列に変換しているので、この段階で2次元の情報が失われています。もし、画像のピクセル値が1つずれたとしても、後続のデータを同じように1ピクセルずらせば学習できますが、元の画像とは異なるものを学習することになってしまいます。このような問題を解決するには、元の2次元空間の情報を取り込むことが必要になります。

▼1個のニューロンに2次元空間の情報を学習させる「畳み込み演算」

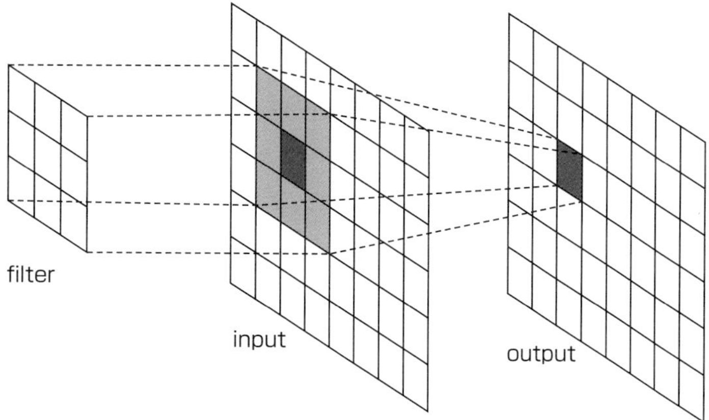

●フィルターの仕組み

2次元空間の情報を取り出す方法として、「フィルター」という処理があります。ここでのフィルターとは、画像に対して特定の演算を加えることで画像を加工するものを指します。2次元の画像に対するフィルターなので、フィルター自体も2次元の配列で表されます。例えば、上下方向のエッジ(色の境界のうち、上下に走る線)を検出するフィルターをテンソルとして表すと(3行 3列)の行列になります。

▼上下方向のエッジを検出する3×3のフィルター

0	1	1
0	1	1
0	1	1

フィルターを用意したら、画像の左上隅に重ね合わせて、画像の値とフィルターとの積の和を求め、元の画像の中心に書き込みます。この作業を、フィルターをスライド(ストライド)させながら画像全体に対して行っていきます。これを「畳み込み演算(Convolution)」と呼びます。

▼畳み込み演算による処理

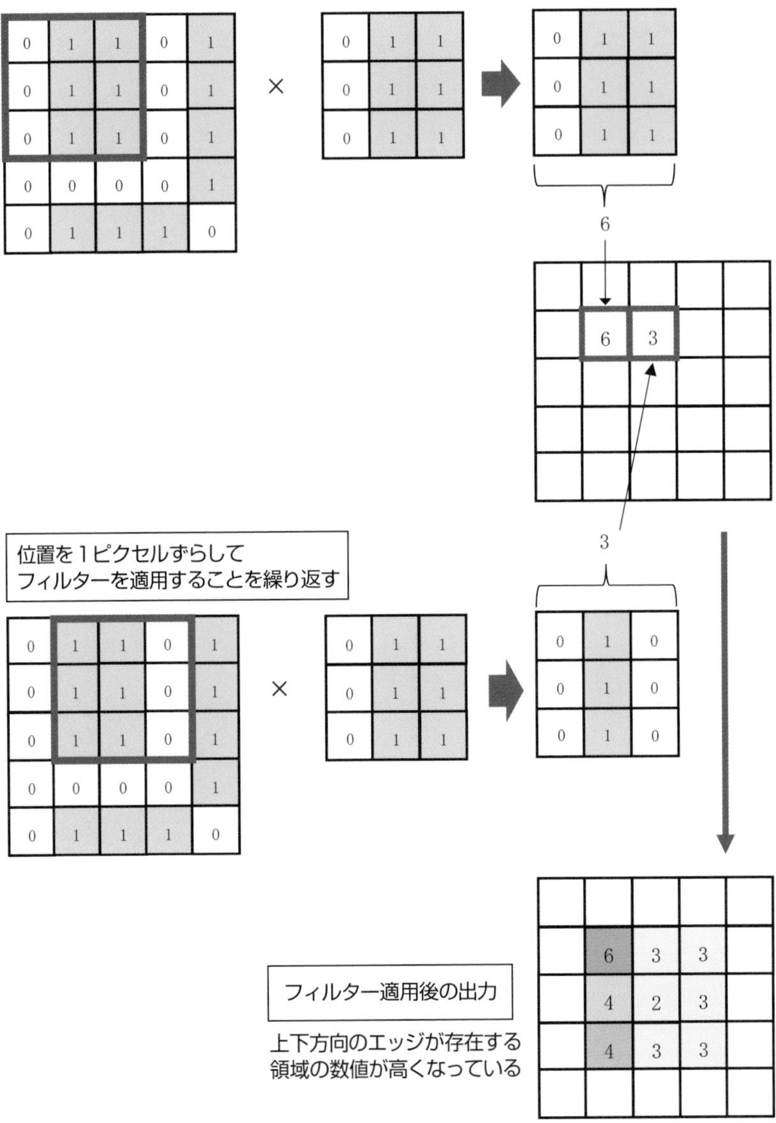

フィルターを適用した結果、上下方向のエッジが存在する領域が検出され、エッジが強く出ている領域の数値が高くなっています。ここでは上下方向のエッジを検出しましたが、フィルターの構造を次のようにすることで、左右方向のエッジを検出することができます。

▼横のエッジを検出する3×3のフィルター

1	1	1
1	1	1
0	0	0

2次元の入力データを$u(x, y)$、フィルターを$h(i, j)$として、畳み込み演算で得られる値を$\acute{u}(x, y)$とすると、畳み込み演算は次の式で表されます。

▼畳み込み演算の式

$$\acute{u}(x,y) = \sum_{i} \sum_{j} h(i,j)u(x+i,y+j)$$

重みとバイアスを考慮すると次の式になります。入力データを$u(x, y)$、m, nをフィルターのサイズとし、畳み込み演算で得られる値を$\acute{u}^{(k)}_{x,y}$としています。kはフィルター（カーネル）の番号を示します。

▼畳み込み演算の式

$$\acute{u}^{(k)}_{x,y} = \sum_{i=0}^{m-1} \sum_{j=0}^{n-1} w^{(k)}_{i,j} h(i,j)u(x+i,y+j) + b^{(k)}$$

フィルターのサイズは、中心を決めることができるように奇数の幅であることが必要です。3×3だけでなく、5×5や7×7のサイズにすることもできます。

■サイズ減した画像をゼロパディングで元のサイズに戻す

畳み込み演算後の画像のサイズについて考えてみましょう。入力データの幅をw、高さをhとすると、幅がfw、高さがfhのフィルターを適用すると、

出力の幅$=w-fw+1$
出力の高さ$=w-fh+1$

のように、元の画像よりも小さくなります。このため、複数のフィルターを連続して適用すると、出力される画像がどんどん小さくなります。このような、フィルター適用による画像のサイズ減を防止するのが「ゼロパディング」という手法です。ゼロパディングでは、あらかじめ元の画像の周りをゼロで埋めてからフィルターを適用します。こうすることで、出力される画像は元の画像のサイズと同じになるうえに、何もしないときと比べて、画像の端の情報がよく反映されるようになるというメリットもあります。

▼フィルターを適用すると元の画像よりも小さいサイズになる

0	1	1	0	1
0	1	1	0	1
0	1	1	0	1
0	0	0	0	1
0	1	1	1	0

×

0	1	1
0	1	1
0	1	1

➡

	6	3	3	
	4	2	3	
	4	3	3	

▼画像の周りを0でパディング（埋め込み）する

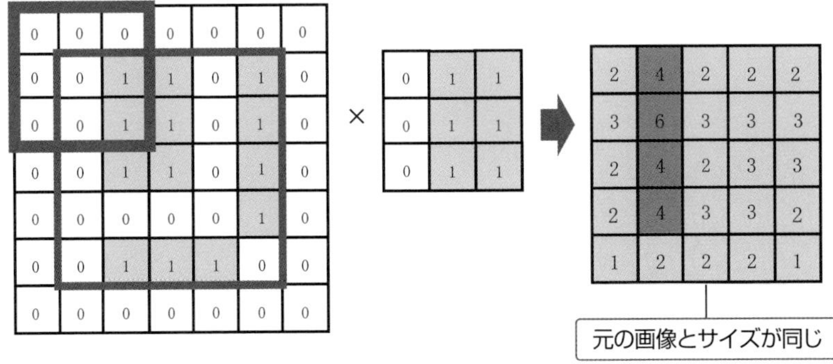

フィルターのサイズが3×3のときは幅1のパディング、5×5の場合は幅2のパディングを行うのが基本です。

■プーリングで歪みやズレによる影響を回避する

プーリングの手法には、「最大プーリング」や「平均プーリング」などの手法がありますが、中でも最大プーリングがシンプルで、最も効率的な処理とされています。最大プーリングは、2×2や3×3などの領域を決め、その領域の最大値を出力とします。これを領域のサイズだけずらし（ストライド）、同じように最大値を出力していきます。

▼2×2の最大プーリングを行う

0	0	0	0	0	0
0	0	1	0	1	0
0	0	1	0	1	0
0	0	1	0	1	0
0	0	0	0	1	0
0	1	1	1	0	0

➡

0	1	1
0	1	1
1	1	1

出力される画像は
サイズが小さくなる

上の図では6×6=36の画像に2×2のプーリングを適用しています。2×2のウィンドウが重ならないように、横または縦方向に2ピクセルずつ移動していて、この場合は「ストライドが2」となります。この結果、出力は元の画像の4分の1のサイズになっています。サイズが4分の1になったということは、そのぶんだけ情報が失われたことになります。では、この画像を1ピクセル右にスライドして2×2の最大プーリングを適用してみましょう。

▼元の画像を１ピクセル右にスライドして2×2の最大プーリングを行う

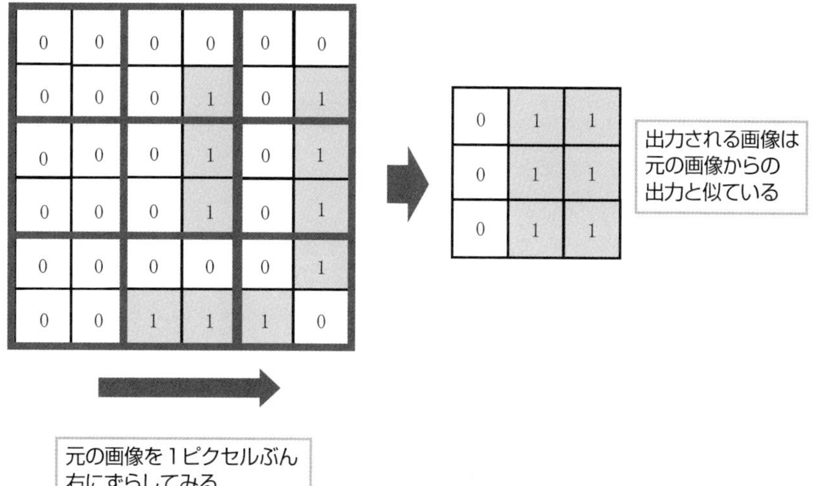

1ピクセル右にずらした画像からの出力は、スライドする前の画像の出力と形が似ています。これが最大プーリングのポイントです。人間の目で見て同じような形をしていても、少しのズレがあるとネットワークには全く別の形として認識されます。しかし、プーリングを適用すると、多少のズレであれば吸収してくれることが期待できます。

このようにプーリングは、入力画像の小さな歪みやズレ、変形による影響を受けにくくするというメリットがあります。プーリング層の出力は、2×2の領域からの最大値だけなので、出力される画像は4分の1のサイズになります。しかし、このことによって多少のズレは吸収されてしまうのです。

2.3.2 SSDモデルの構造

物体検出のポイントは、「いかにしてバウンディングボックスを検出するか」です。適切なバウンディングボックス（BBox）が検出できれば、画像認識の手法で物体を識別するのは容易です。

■SSDモデルの出力

SSDモデルは、8,732個のデフォルトボックスを用いて、バウンディングボックスの検出を行います。具体的には、各デフォルトボックスについてオフセット値（ボックスの四隅の座標を示す4つの数値(x最小値，y最小値，x最大値，y最大値)）を推定し、そこから導かれるバウンディングボックス内に写っている物体が何であるかを、21種類の正解ラベルに対する確信度として算出する処理を行います。

そうするとSSDモデルの出力は、8,732個のデフォルトボックスそれぞれのオフセット値と21種類の正解ラベルの確信度ですので、

8,732 × (4+21)=218,300

の計算から、218,300個の数値になります。デフォルトボックスの8,732という数の根拠については、SSDモデルの解説のところで説明します。

■SSDモデルの全体像

SSDモデルは、次の4つのネットワークを組み合わせた複合型のモデルです。

・vgg（VGG16がベース）
・extras
・loc
・conf

▼SSDモデルの概要図

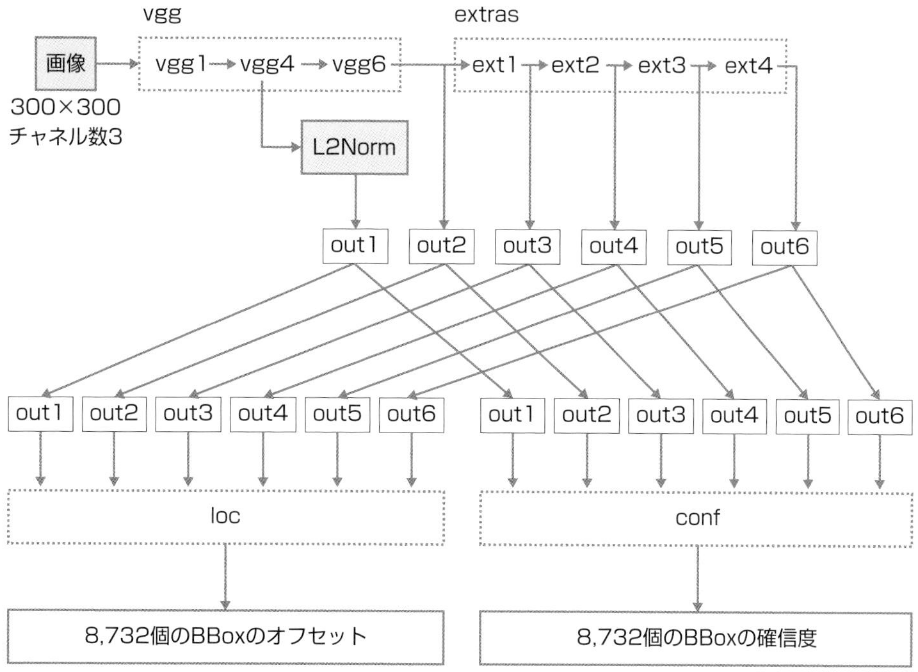

この図は、SSDモデルを構成する4つのネットワーク（vgg、extras、loc、conf）の関係を表したものです。画像データ（300行, 300列）を格納した3階テンソル（チャネル数3, 300, 300）はまず、vggへ入力されます。vggの4つ目のブロックまでに計10回の畳み込みを受けたデータは、L2Norm層で正規化の処理が行われたあと、特徴量マップout1として出力されます。「特徴量マップ（Feature map）」とは、畳み込み演算によって得られたテンソルのことです。畳み込み層によって抽出された特徴的な量が格納されることから、このような呼び方がされます。out1の特徴量マップの形状は、（38行, 38列）です。これがチャネル数の512の数だけ出力されます。

vggの処理をすべて通過した特徴量マップはout2として出力されます。一方、畳み込みを行うextrasに入力されたvggからの出力は、1つ目のブロックext1からout3として出力されます。さらにext2まで畳み込みを受けたout4、ext3まで畳み込みを受けたout5、ext4まで畳み込みを受けたout6が出力されます。

以上で得られた特徴量マップout1〜out6はloc、confにそれぞれ入力され、locからは8,732個のデフォルトボックスのオフセット値（テンソルの形状は（1, 8732, 4））が出力され、confからは8,732個のデフォルトボックスそれぞれの正解ラベルの確信度を示す値（テンソルの形状は（1, 8732, 21））が出力されます。

・特徴量マップの形状

out1の特徴量マップの形状は、

・out1の特徴量マップの形状：(38, 38) ×512チャネル

となります。一方、vggのすべての処理を通過した最終出力（6つ目のブロックvgg6の出力）out2の特徴量マップの形状は、

・out2の特徴量マップの形状：(19, 19) ×1024チャネル

となります。extrasには、vggの最終出力が入力され、ext1ブロック、ext2ブロック、ext3ブロック、ext4ブロックから、それぞれout3、out4、out5、out6として出力されます。

・out3の特徴量マップの形状：(10, 10) ×512チャネル
・out4の特徴量マップの形状：(5, 5) ×256チャネル
・out5の特徴量マップの形状：(3, 3) ×256チャネル
・out6の特徴量マップの形状：(1, 1) ×256チャネル

・デフォルトボックスの数は8,732

ここで、先ほども出てきたデフォルトボックスの8,732という数値について説明します。1つの特徴量につき、1個のデフォルトボックスを用意すると、out1の特徴量マップは(38, 38)なので、デフォルトボックスの数は38×38＝1,444になります。out1～out6についてまとめると、次の数だけデフォルトボックスが用意されることになります。

・out1のデフォルトボックスの数：38×38＝1,444
・out2のデフォルトボックスの数：19×19＝361
・out3のデフォルトボックスの数：10×10＝100
・out4のデフォルトボックスの数：5×5＝25
・out5のデフォルトボックスの数：3×3＝9
・out6のデフォルトボックスの数：1×1＝1

以上、合計1,940個のデフォルトボックスが用意されることになります。ただし、SSDモデルでは、特徴量に対してアスペクト比（縦横比）が異なる複数のデフォルトボックスが用意されます。out1、out5、out6には4個、out2、out3、out4にはそれぞれ6個です。

out5について見てみましょう。out5の特徴量マップは(3, 3)ですので、中央の特徴量について見た場合、小さな正方形、大きな正方形、縦長の長方形、横長の長方形の4種類のデフォルトボックスが用意されます。

▼out5は中央の特徴量についてアスペクト比が異なる4種類のデフォルトボックスを用意

特徴量	特徴量	特徴量
特徴量	特徴量	特徴量
特徴量	特徴量	特徴量

特徴量	特徴量	特徴量
特徴量	特徴量	特徴量
特徴量	特徴量	特徴量

ここでは中央に位置する領域について見てみましたが、端に位置する領域に対してはデフォルトボックスが特徴量マップ全体からはみ出してしまう場合があります。このような場合は、デフォルトボックスのはみ出した部分が削られます。

out1～out6については、それぞれ特徴量の数も畳み込みを実施した回数も異なります。最も特徴量が多いout1 (38×38) が10回の畳み込みを実施しているのに対し、特徴量が最も少ないout6 (1×1) は23回の畳み込みを実施しています。つまり、小さな物体を検出するout1の畳み込みの回数は、大きな物体を検出するout6に比べて少ないです。このことから、小さな物体の検出精度は大きな物体の検出精度より低くなる傾向があると考えられます。

ここでデフォルトボックスの総数を求めてみましょう。1つの特徴量につき複数のデフォルトボックスが用意されるので、

・out1のデフォルトボックスの数：38×38×4＝5,776
・out2のデフォルトボックスの数：19×19×6＝2,166
・out3のデフォルトボックスの数：10×10×6＝600
・out4のデフォルトボックスの数：5×5×6＝150
・out5のデフォルトボックスの数：3×3×4＝36
・out6のデフォルトボックスの数：1×1×4＝4

となり、デフォルトボックスの数は合計8,732個になります。

One point　デフォルトボックスのオフセット値はどこで使う？

8,732個のデフォルトボックスは、DBoxというクラスで(xの中心座標，yの中心座標，幅，高さ)というかたちで作成します。これを一体どこで使うのかというと、使用するのは損失を計算するMultiBoxLossクラスのforward()メソッド内です。locの出力に対する教師データとしてデフォルトボックスの情報をセットします。

学習においてlocが出力するデフォルトボックスのオフセット値と教師データの損失を計算し、これを使って誤差逆伝播を行うことで重みを最適化します。

2.3.3 vggネットワークの実装

SSDモデルを構成するvgg、extras、loc、confの各ネットワークは、それぞれ専用の関数を作成し、構築する処理をまとめます。最初に、VGG16をベースにしたvggを実装するmake_vgg()を定義します。

■vggネットワークの構造

vggネットワークは、次のようにConvolution（畳み込み）層とプーリング層がセットになった5つのブロックと、Convolution層のみで構成された1つのブロックで構成されます。

▼vggネットワーク

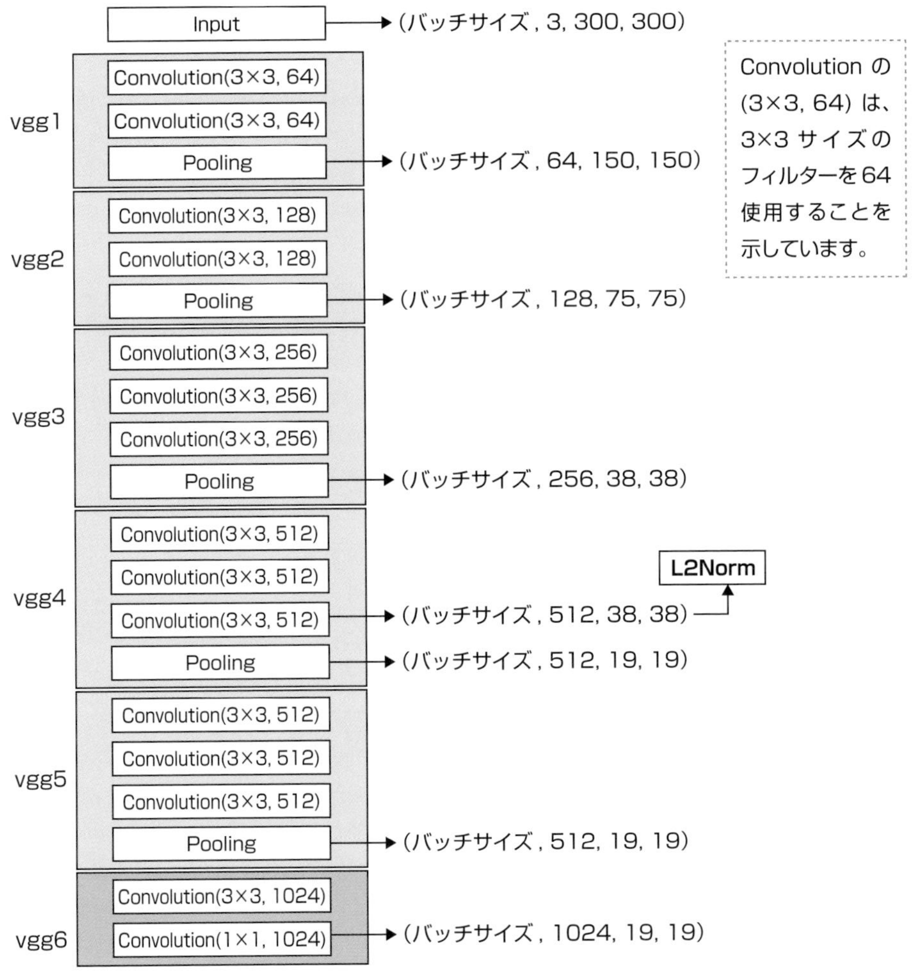

Input → (バッチサイズ, 3, 300, 300)

vgg1
Convolution(3×3, 64)
Convolution(3×3, 64)
Pooling → (バッチサイズ, 64, 150, 150)

vgg2
Convolution(3×3, 128)
Convolution(3×3, 128)
Pooling → (バッチサイズ, 128, 75, 75)

vgg3
Convolution(3×3, 256)
Convolution(3×3, 256)
Convolution(3×3, 256)
Pooling → (バッチサイズ, 256, 38, 38)

vgg4
Convolution(3×3, 512)
Convolution(3×3, 512)
Convolution(3×3, 512) → (バッチサイズ, 512, 38, 38) → L2Norm
Pooling → (バッチサイズ, 512, 19, 19)

vgg5
Convolution(3×3, 512)
Convolution(3×3, 512)
Convolution(3×3, 512)
Pooling → (バッチサイズ, 512, 19, 19)

vgg6
Convolution(3×3, 1024)
Convolution(1×1, 1024) → (バッチサイズ, 1024, 19, 19)

Convolution の(3×3, 64)は、3×3 サイズのフィルターを64使用することを示しています。

vggネットワークのブロックごとにvgg1～vgg6と表記していますが、これはVGG16で用いられているものではなく、本書独自の表記であることに注意してください。

●vggネットワークの1ブロック目（vgg1）

vggネットワークの1ブロック目vgg1は、2層の畳み込み層とプーリング層で構成されます。

▼入力データ

入力データの形状	1画像あたり(3, 300, 300)の3階テンソルを出力。処理の際はバッチサイズによって出力の形状は、(バッチサイズ, 3, 300, 300)の4階テンソルとなる。

▼入力される3階テンソル

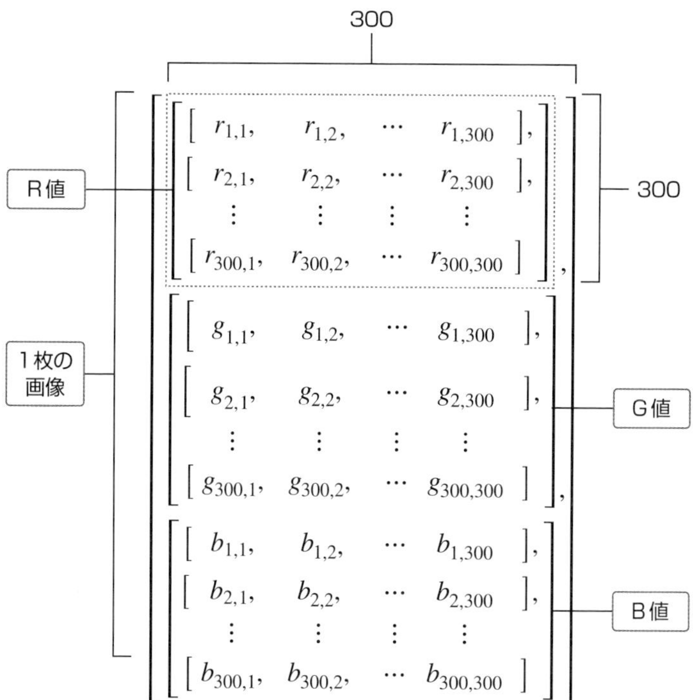

▼vgg1の畳み込み層1

フィルターの数（ユニット数）	64
フィルターのサイズ	3×3
パディングのサイズ	1
活性化関数	ReLU
出力	1枚の画像(300, 300)に対してフィルターの数64ユニット（チャネル）の値を出力。バッチサイズによって出力の形状は、(バッチサイズ, 64, 300, 300)となります。

▼vgg1の畳み込み層1の処理

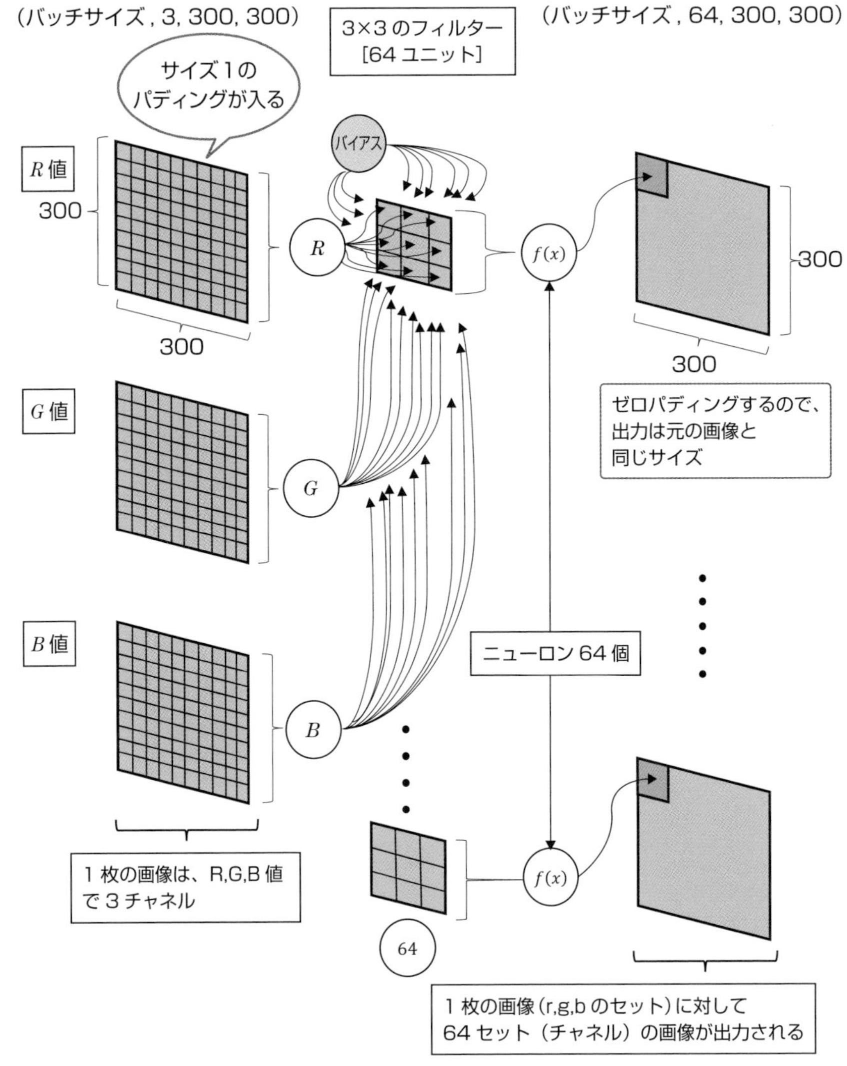

▼vgg1の畳み込み層2

フィルターの数	64
フィルターのサイズ	3×3
パディングのサイズ	1
活性化関数	ReLU
出力	前層からの入力(64, 300, 300)に対してフィルターの数64ユニット（チャネル）の値を出力。処理の際はバッチサイズによって出力の形状は、(バッチサイズ, 64, 300, 300)となります。

▼畳み込み層1➡畳み込み層2

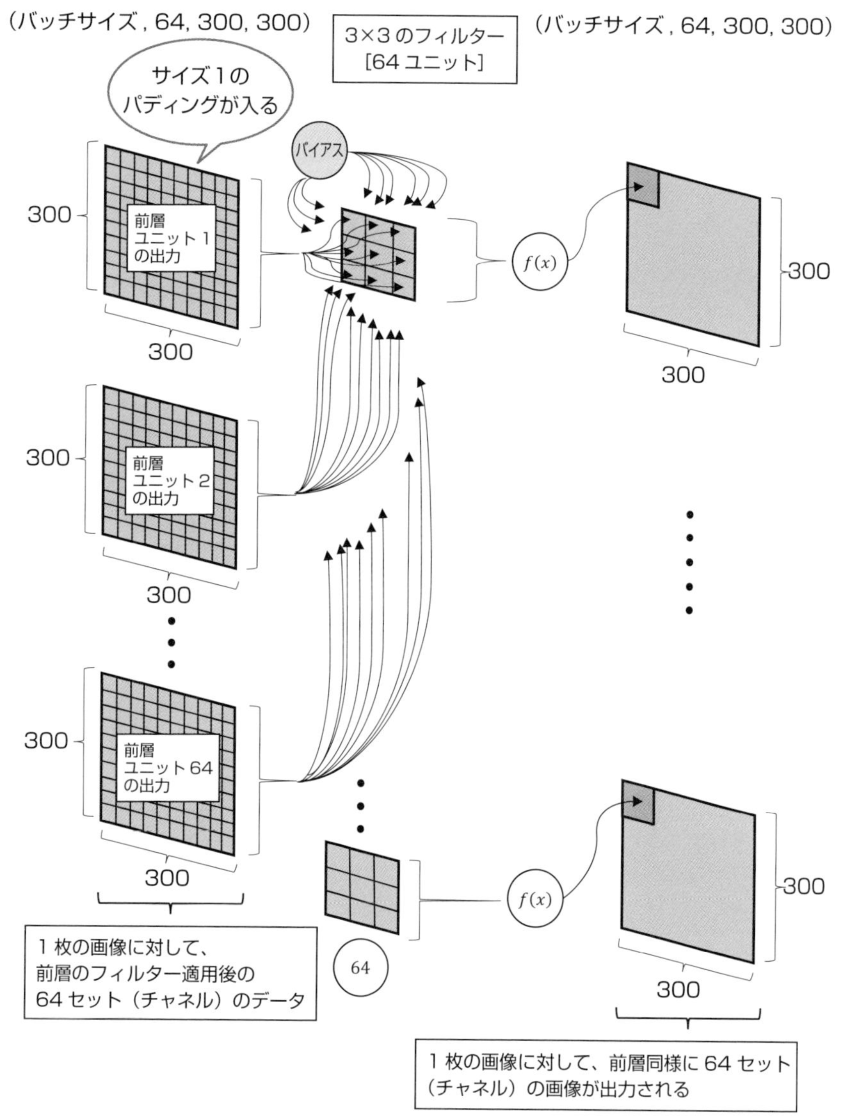

▼vgg1のプーリング層

ユニット数	64(前層のユニット数と同じ)
ウィンドウサイズ	2×2
ストライド	2
出力	1ユニットあたり(150, 150)の2階テンソルを64セット出力(64, 150, 150)。バッチサイズによって出力の形状は、(バッチサイズ, 64, 150, 150)となります。

▼畳み込み層2➡プーリング層

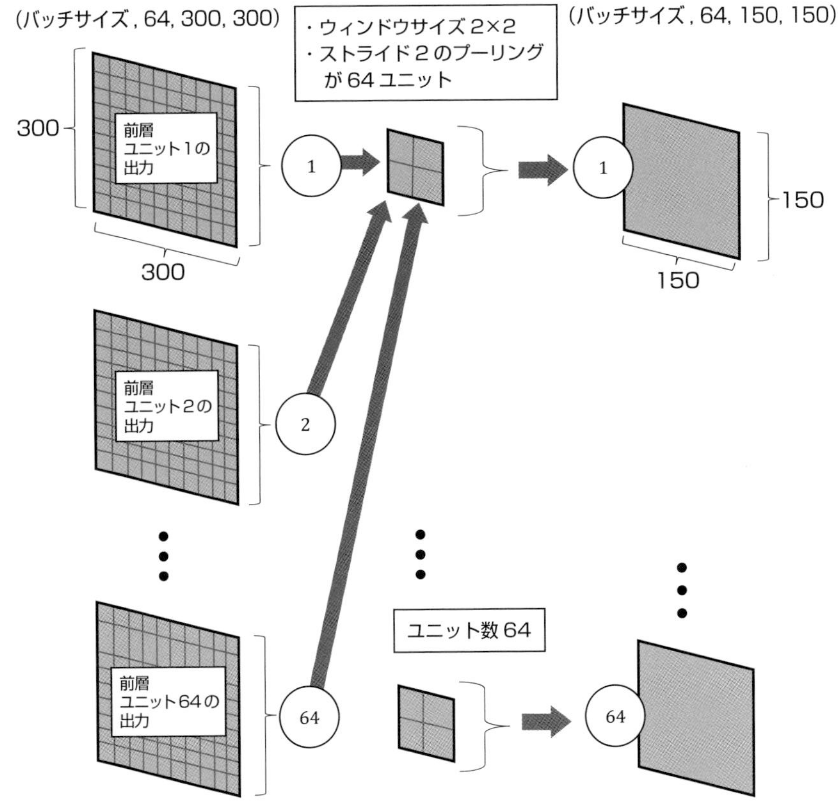

●vggネットワークの2ブロック目（vgg2）

vggネットワークの2ブロック目のvgg2は、2層の畳み込み層とプーリング層で構成されます。

▼vgg2の畳み込み層1

フィルターの数	128
フィルターのサイズ	3×3
パディングのサイズ	1
活性化関数	ReLU
出力	前層からの入力(64, 150, 150)に対してフィルターの数128ユニット（チャネル）の値を出力。バッチサイズによって出力の形状は、(バッチサイズ, 128, 150, 150)となります。

▼vgg2の畳み込み層1の処理

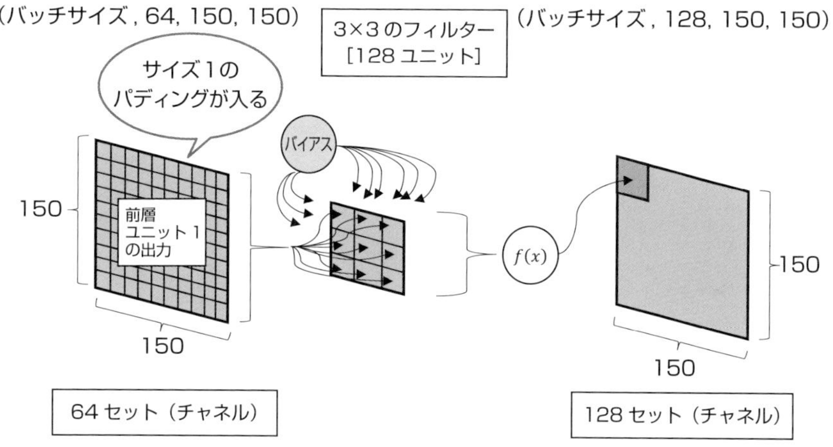

▼vgg2の畳み込み層2

フィルターの数	128
フィルターのサイズ	3×3
パディングのサイズ	1
活性化関数	ReLU
出力	前層からの入力(128, 150, 150)に対してフィルターの数128ユニット（チャネル）の値を出力。バッチサイズによって出力の形状は、(バッチサイズ, 128, 150, 150)となります。

▼vgg2の畳み込み層2の処理

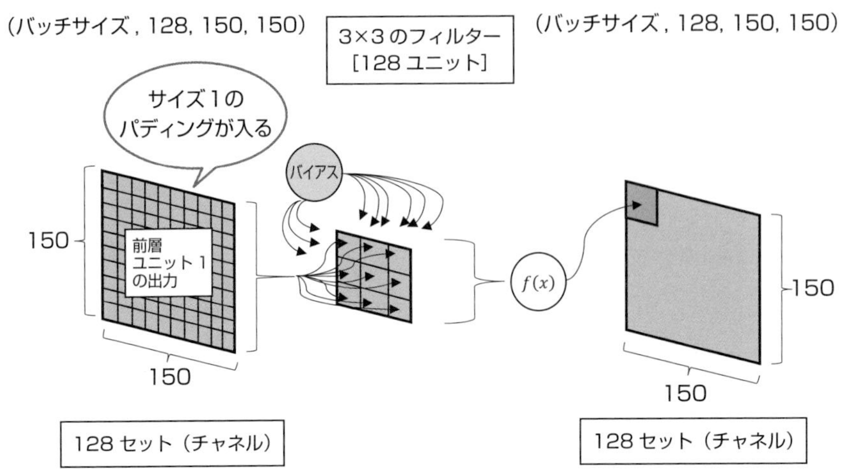

▼vgg2のプーリング層

ユニット数	128（前層のユニット数と同じ）
ウィンドウサイズ	2×2
ストライド	2
出力	1ユニットあたり(75, 75)の2階テンソルを128セット出力(128, 75, 75)。バッチサイズによって出力の形状は、(バッチサイズ, 128, 75, 75)となります。

▼vgg2のプーリング層の処理

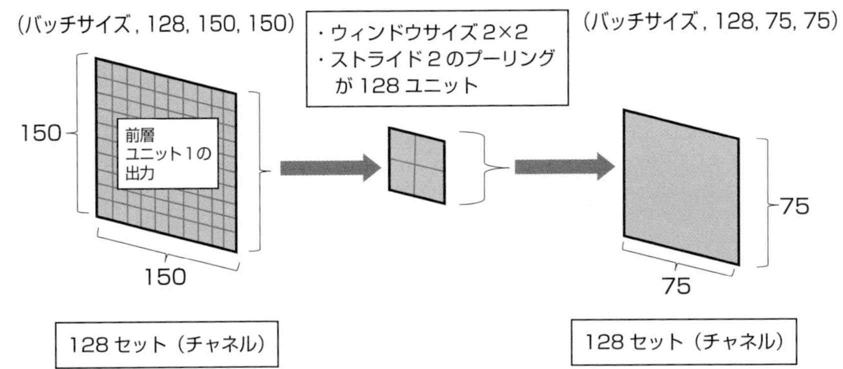

●vggネットワークの3ブロック目(vgg3)

vggネットワークの3ブロック目のvgg3は、3層の畳み込み層とプーリング層で構成されます。

▼vgg3の畳み込み層1

フィルターの数	256
フィルターのサイズ	3×3
パディングのサイズ	1
活性化関数	ReLU
出力	前層からの入力(128, 75, 75)に対してフィルターの数256ユニット(チャネル)の値を出力。バッチサイズによって出力の形状は、(バッチサイズ, 256, 75, 75)となります。

▼vgg3の畳み込み層1の処理

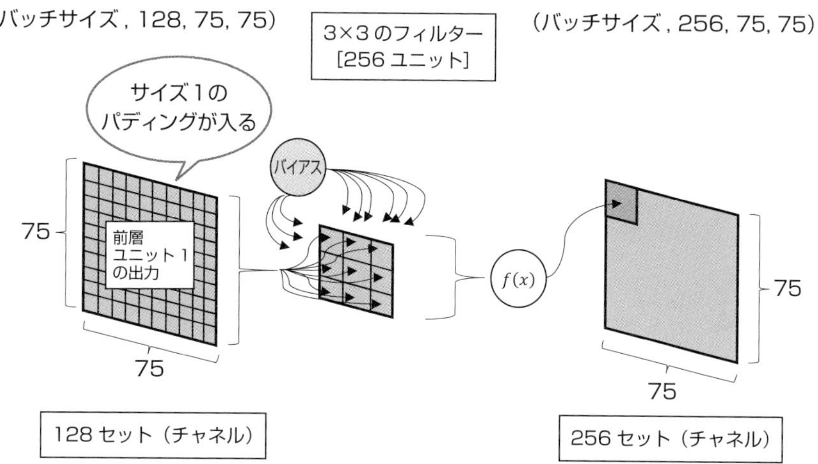

▼vgg3の畳み込み層2および畳み込み層3

フィルターの数	256
フィルターのサイズ	3×3
パディングのサイズ	1
活性化関数	ReLU
出力	前層からの入力(256, 75, 75)に対してフィルターの数256ユニット(チャネル)の値を出力。バッチサイズによって出力の形状は、(バッチサイズ, 256, 75, 75)となります。

▼vgg3の畳み込み層2および畳み込み層3の処理

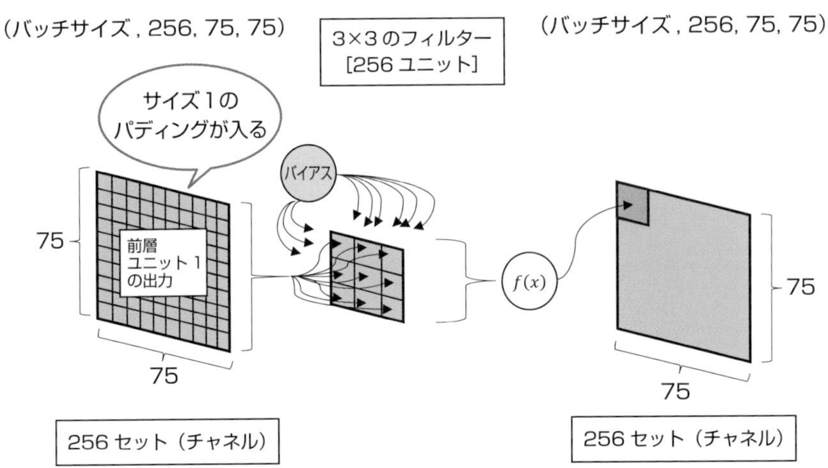

▼vgg3のプーリング層

ユニット数	256(前層のユニット数と同じ)
ウィンドウサイズ	2×2
ストライド	2
出力	1ユニットあたり(38, 38)の2階テンソルを256セット出力(256, 38, 38)。バッチサイズによって出力の形状は、(バッチサイズ, 256, 38, 38)となります。

▼vgg3のプーリング層の処理

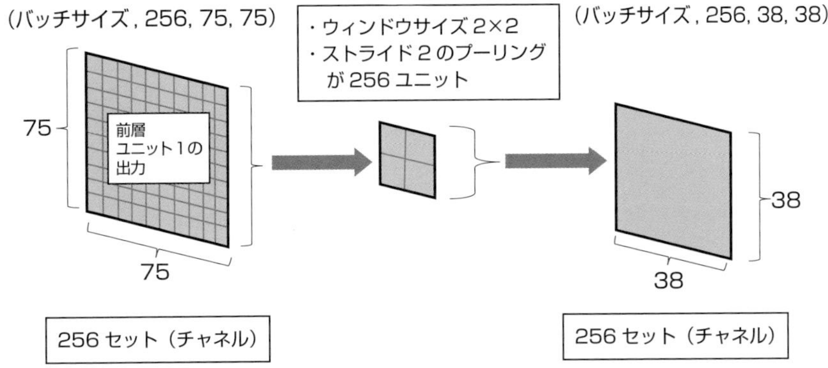

●vggネットワークの4ブロック目(vgg4)

vggネットワークの4ブロック目、vgg4は3層の畳み込み層とプーリング層で構成されます。vgg4の畳み込み層3の出力は別途、L2Norm層で正規化されます。

▼vgg4の畳み込み層1

フィルターの数	512
フィルターのサイズ	3×3
パディングのサイズ	1
活性化関数	ReLU
出力	前層からの入力(256, 38, 38)に対してフィルターの数512ユニット(チャネル)の値を出力。バッチサイズによって出力の形状は、(バッチサイズ, 512, 38, 38)となります。

▼vgg4の畳み込み層1の処理

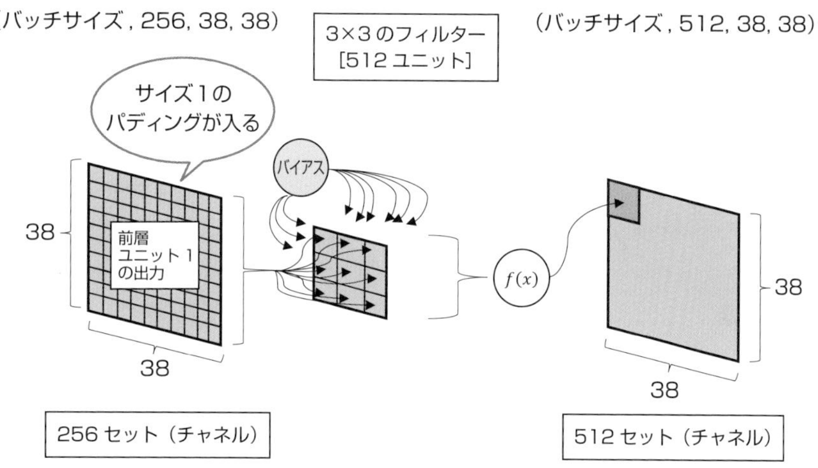

▼vgg4の畳み込み層2および畳み込み層3

フィルターの数	512
フィルターのサイズ	3×3
パディングのサイズ	1
活性化関数	ReLU
出力	前層からの入力(512, 38, 38)に対してフィルターの数512ユニット(チャネル)の値を出力。バッチサイズによって出力の形状は、(バッチサイズ, 512, 38, 38)となります。

▼vgg4の畳み込み層2および畳み込み層3の処理

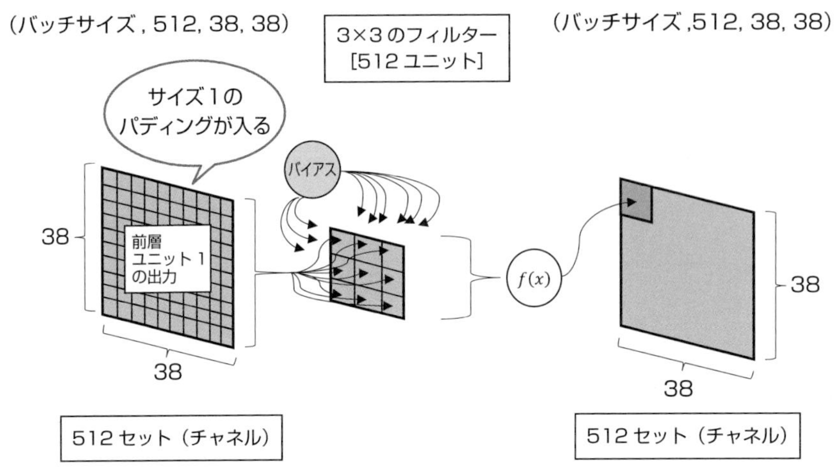

▼vgg4のプーリング層

ユニット数	512(前層のユニット数と同じ)
ウィンドウサイズ	2×2
ストライド	2
出力	1ユニットあたり(19, 19)の2階テンソルを512セット出力(512, 19, 19)。バッチサイズによって出力の形状は、(バッチサイズ, 512, 19, 19)となります。

▼vgg4のプーリング層の処理

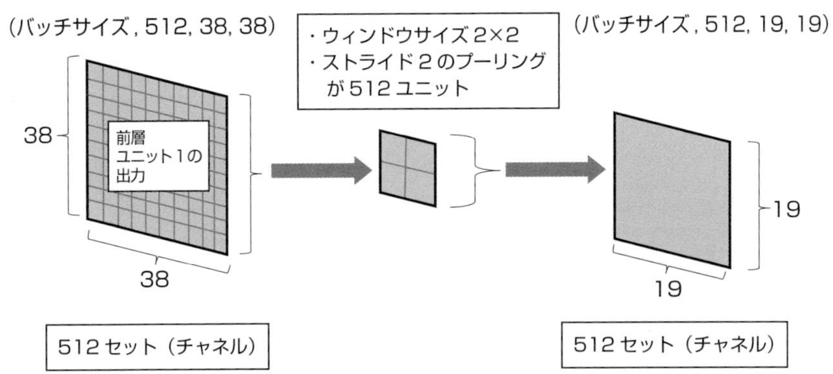

●vggネットワークの5ブロック目(vgg5)

vggネットワークの5ブロック目、vgg5は3層の畳み込み層とプーリング層で構成されます。

▼vgg5の畳み込み層1、畳み込み層2、および畳み込み層3

フィルターの数	512
フィルターのサイズ	3×3
パディングのサイズ	1
活性化関数	ReLU
出力	前層からの入力(512, 19, 19)に対してフィルターの数512ユニット(チャネル)の値を出力。バッチサイズによって出力の形状は、(バッチサイズ, 512, 19, 19)となります。

▼vgg5の畳み込み層1、畳み込み層2、および畳み込み層3の処理

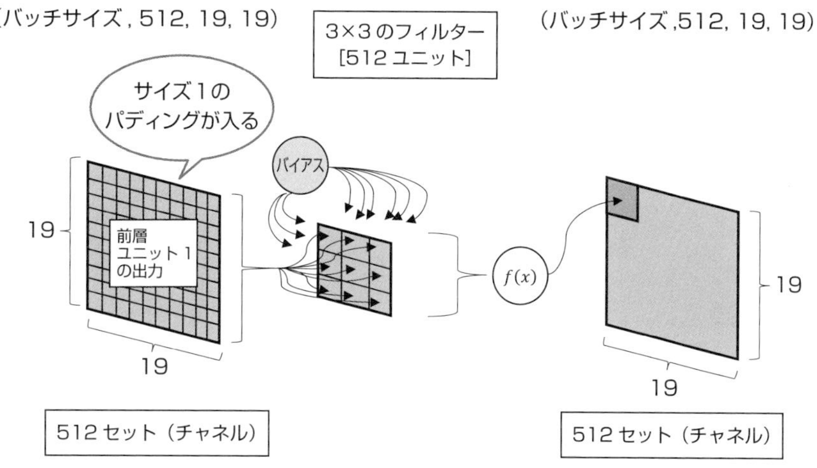

▼vgg5のプーリング層

ユニット数	512(前層のユニット数と同じ)
ウィンドウサイズ	3×3
ストライド	1
パディング	1
出力	ウィンドウサイズ3×3に対してストライド1、パディング1を設定することで、入力時と同じ形状の(19, 19)の2階テンソルを512セット出力(512, 19, 19)。バッチサイズによって出力の形状は、(バッチサイズ, 512, 19, 19)となります。

▼vgg5のプーリング層の処理

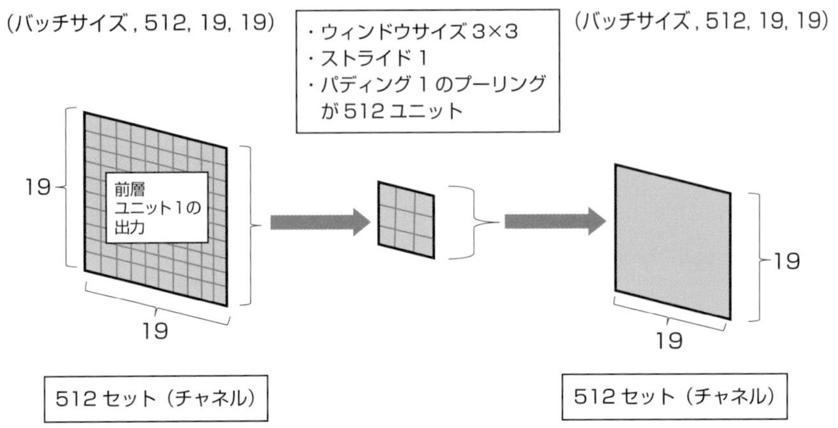

●vggネットワークの6ブロック目(vgg6)

vggネットワークの6ブロック目、vgg6は2層の畳み込み層で構成されます。

▼vgg6の畳み込み層1

フィルターの数	1024
フィルターのサイズ	3×3
フィルター内の畳み込みポイント間の間隔(dilation)	6
パディングのサイズ	6
活性化関数	ReLU
出力	前層からの入力(512, 19, 19)に対してフィルターの数1024ユニット(チャネル)の値を出力。フィルターサイズ3×3に対してdilationを6、パディングを6にすることで、入力時と同じ形状のテンソルを出力。バッチサイズによって出力の形状は、(バッチサイズ, 1024, 19, 19)となります。

▼vgg6の畳み込み層1の処理

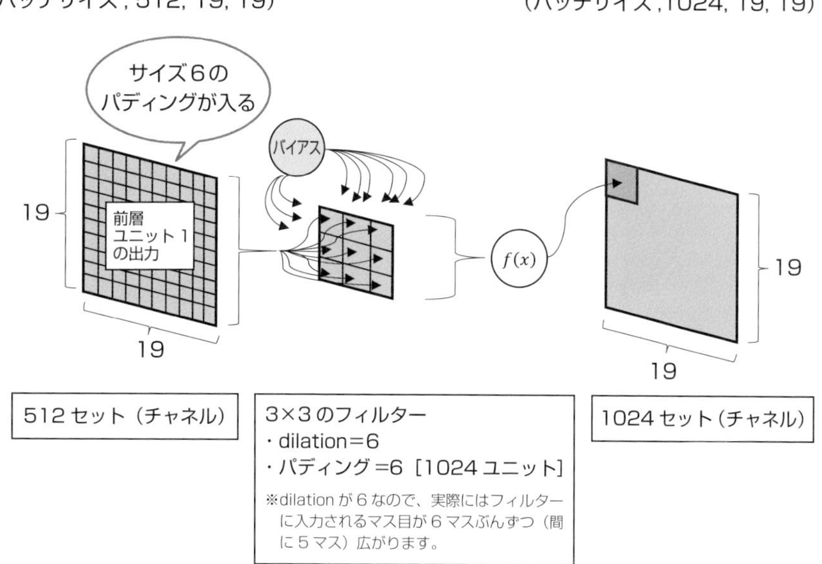

• Dilated Convolution

vgg6の1つ目の畳み込み層では、torch.nn.Conv2d()のdilationオプションを使ってDilated convolution(拡張畳み込み)という処理を行っています。

プーリング層の欠点として、出力時の画像が入力時よりも小さくなってしまうことがあります。例えば人間が写っている画像を入力して、人間が写っている部分を出力したい場合は、できるだけ元の入力と同じ大きさの画像を出力しなければなりません。これを解決する手段として考案されたのが、Dilated Convolutionです。

dilation=1の場合、Dilated Convolutionは通常の畳み込みと同じですが、dilationが1増えるごとにフィルターに入力されるマス目の間隔が1ずつ開きます。言葉にするとわかりにくいので、次の図を見てください。

▼Dilated Convolution

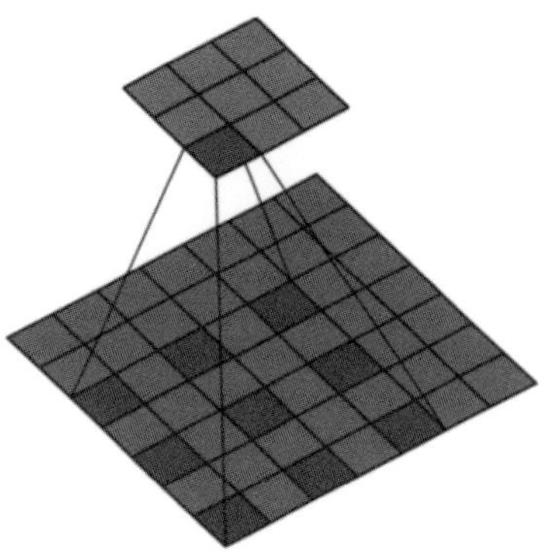

「Convolution arithmetic」
(https://github.com/vdumoulin/conv_arithmetic/blob/master/README.md) より引用。

この図は、3×3のフィルターによりdilation=2で畳み込みを行う場合を示しています。このように、Dilated Convolutionは、受容野（あるマスに影響する入力部分）を簡単に増やすことができます。こうして、より大域的な情報を取り込もうとするのですね。

なお、vgg6の畳み込み層のdilationは6で、パディングのサイズを6にすることで、入力時と同じサイズ(19, 19)の特徴量マップを出力するようにしています。

▼vgg6の畳み込み層2

フィルターの数	1024
フィルターのサイズ	1×1
活性化関数	ReLU
出力	前層からの入力(1024, 19, 19)に対してフィルターの数1024ユニット（チャネル）の値を出力。バッチサイズによって出力の形状は、(バッチサイズ, 1024, 19, 19)となります。

▼vgg6の畳み込み層2の処理

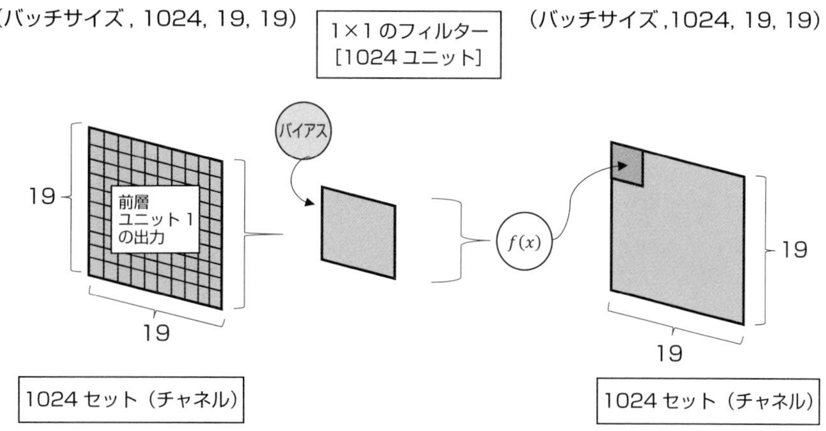

■vggネットワークを生成するmake_vgg()関数の定義

vggネットワークを生成する関数make_vgg()を定義します。これからモデル関連の関数やクラスをいくつか定義していきますが、ソースコードは「ssd.py」というモジュールを作成し、このモジュールに記述しましょう。

Spyderの[ファイル]ペインで「object_detection」フォルダーを表示し、このフォルダーを右クリックして[新規]➡[Python file]を選択し、[新規モジュール]ダイアログの[ファイル名]に「ssd」と入力して[保存]ボタンをクリックしてください。すると「ssd.py」が作成され、Spyderの[エディタ]ペインで編集できるようになります。

▼vggネットワークを生成する関数make_vgg()を定義(ssd.py)

```
'''
1. vggネットワークを生成する関数の定義
'''
import torch.nn as nn

def make_vgg():
    '''
    Returns:
      (nn.ModuleList): vggのモジュール(部品)のリスト
    '''
    layers = []        # モジュールを格納するリスト
    in_channels = 3   # チャネル数はRGBの3値

```

```
# vggに配置する畳み込み層のフィルター数（チャネル数に相当）
# 'M'、'MC'はプーリング層を示す
cfg = [64, 64, 'M',          # vgg1
       128, 128, 'M',        # vgg2
       256, 256, 256, 'MC',  # vgg3
       512, 512, 512, 'M',   # vgg4
       512, 512, 512         # vgg5
       ]
# vgg1～vgg5の畳み込み層までを生成
for v in cfg:
    # vgg1、vgg2、vgg4のプーリング層
    if v == 'M':
        layers += [nn.MaxPool2d(kernel_size=2,  # ウィンドウサイズ2×2
                                stride=2)]      # ストライド2
    # vgg3のプーリング層
    elif v == 'MC':
        # vgg3のプーリングで(75, 75)の特徴量マップを半分のサイズにする際に、
        # ceil_modeをTrueにすることで75/2=37.5を切り上げて38にする
        # この結果、vgg3のプーリング層から出力される特徴量マップのサイズは
        # (38, 38)になる
        layers += [nn.MaxPool2d(kernel_size=2,  # ウィンドウサイズ2×2
                                stride=2,       # ストライド2
                                ceil_mode=True)]
    # vgg1～vgg5の畳み込み層
    else:
        conv2d = nn.Conv2d(in_channels,         # 入力時のチャネル数
                           v,                   # 出力時のチャネル数（フィルター数）
                           kernel_size=3,       # フィルターサイズ3×3
                           padding=1)           # パディングのサイズは1

        # 畳み込み層に活性化関数ReLUをセットしてlayersに追加
        # inplace=TrueにするとReLUへの入力値は保持されない（メモリ節約）
        layers += [conv2d, nn.ReLU(inplace=True)]
        # チャネル数を出力時のチャネル数（フィルター数）に置き換える
        in_channels = v

# vgg5のプーリング層
pool5 = nn.MaxPool2d(kernel_size=3,             # ウィンドウサイズ3×3
                     stride=1,                  # ストライド1
                     padding=1)                 # パディングのサイズは1
```

```
    # vgg6の畳み込み層1
    conv6 = nn.Conv2d(512,                    # 入力時のチャネル数
                      1024,                   # 出力時のチャネル数(フィルター数)
                      kernel_size=3,          # フィルターサイズ3×3
                      padding=6,              # パディングのサイズは6
                      dilation=6)             # 畳み込みのポイント間の間隔を6にする
    # vgg6の畳み込み層2
    conv7 = nn.Conv2d(1024,                   # 入力時のチャネル数
                      1024,                   # 出力時のチャネル数(フィルター数)
                      kernel_size=1)          # フィルターサイズ1×1
    # vgg5のプーリング層、vgg6の畳み込み層1と畳み込み層2をlayersに追加
    layers += [pool5,
               conv6, nn.ReLU(inplace=True), # 畳み込みの活性化はReLU
               conv7, nn.ReLU(inplace=True)] # 畳み込みの活性化はReLU

    # リストlayersをnn.ModuleListに格納してReturnする
    return nn.ModuleList(layers)
```


リスト型の変数cfgには、vgg1からvgg5の畳み込み層3までのフィルターの数が順番に格納されています。各ブロックにはプーリング層があるので、vgg1、vgg2、vgg4は'M'、vgg3は'MC'としています。

▼リスト型変数cfg

```
cfg = [64, 64, 'M',           # vgg1
       128, 128, 'M',         # vgg2
       256, 256, 256, 'MC',   # vgg3
       512, 512, 512, 'M',    # vgg4
       512, 512, 512          # vgg5
]
```

これをforループで1要素ずつ取り出して、if～elif～でプーリング層を生成し、else～で畳み込み層を生成します。それぞれの畳み込みの直後にはReLU関数を配置し、活性化を行います。ReLUを配置するReLU()では、inplace=Trueを指定して、メモリに保持されている関数への入力値を即座に出力値に書き換えるようにしています。関数への入力値は保持されないので、メモリの節約が期待できます。

▼**torch.nn.Conv2d()**

<table>
<tr><td>書式</td><td colspan="2">torch.nn.Conv2d(
in_channels, out_channels, kernel_size,
stride = 1, padding = 0, dilation = 1, groups = 1,
bias: bool = True, padding_mode = 'zeros')</td></tr>
<tr><td rowspan="9">パラメーター</td><td>in_channels</td><td>入力画像のチャネル数。</td></tr>
<tr><td>out_channels</td><td>畳み込みによって生成されるチャネルの数。フィルター数のこと。</td></tr>
<tr><td>kernel_size</td><td>畳み込みカーネル（フィルター）のサイズ。</td></tr>
<tr><td>stride</td><td>畳み込みのストライド（移動量）。デフォルトは1。</td></tr>
<tr><td>padding</td><td>入力画像の上下、左右の両側に加えるパディングの量を指定します。(1,1)とした場合は、上下にそれぞれ1ずつ、左右に1ずつパディングが追加されます。</td></tr>
<tr><td>dilation</td><td>dilationが1増えるごとにフィルターに入力されるマス目の間隔が1ずつ開きます。デフォルトは1（マス目の間隔はなし）。</td></tr>
<tr><td>groups</td><td>入力と出力の間の接続を制御します。 in_channelsとout_channelsの両方で割り切れる必要があります。
groups = 1では、すべての入力がすべての出力に畳み込まれます。
groups = 2は、2つの畳み込みレイヤーを並べて、それぞれが入力チャネルの半分を認識して出力チャネルの半分を生成し、その後両方を連結する場合に使用します。</td></tr>
<tr><td>bias</td><td>学習可能なバイアスを出力に追加します。デフォルトはTrue（バイアスあり）。</td></tr>
<tr><td>padding_mode</td><td>パディングを行うときに使用する値を指定します。
'zeros'、'reflect'、'replicate'、'circular'が指定可能です。デフォルトは'zeros'（ゼロでパディングする）。</td></tr>
</table>

▼**torch.nn.MaxPool2d()**

<table>
<tr><td>書式</td><td colspan="2">torch.nn.MaxPool2d(
kernel_size, stride = None, padding = 0,
dilation = 1, return_indices = False, ceil_mode = False)</td></tr>
<tr><td rowspan="6">パラメーター</td><td>kernel_size</td><td>整数、または2つの整数のタプルでウィンドウサイズを指定します。整数が1つだけ指定されている場合は、縦と横の次元で同じウィンドウ長が使用されます。</td></tr>
<tr><td>stride</td><td>整数、または2つの整数のタプルでストライド値を指定します。デフォルトのNoneの場合、kernel_sizeの値が使用されます。kernel_sizeが(2, 2)または2の場合、タテとヨコに2ピクセルずつストライドするので、ウィンドウサイズのぶんだけ移動することになります。</td></tr>
<tr><td>padding</td><td>ゼロパディングを行うサイズを整数、または2つの整数のタプルで指定します。デフォルトの0の場合、パディングは行われません。</td></tr>
<tr><td>dilation</td><td>ストライドを制御するパラメーター。デフォルトは1。</td></tr>
<tr><td>return_indices</td><td>Trueの場合、出力と共に最大インデックスが返されます。デフォルトはFalse。</td></tr>
<tr><td>ceil_mode</td><td>Trueの場合、floorの代わりにceilを使用して出力を計算します。デフォルトはFalse（floorを使用）。</td></tr>
</table>

■vggネットワークを生成して構造を確認してみよう

make_vgg()関数を実行して、vggネットワークを生成してみることにしましょう。「object_detection」フォルダー以下にノートブック「Test_SSD.ipynb」を作成し、1番目のセルに以下のように入力して実行してみます。

▼make_vgg()関数を実行してvggネットワークを生成する(Test_SSD.ipynb)

セル1

```
from ssd import make_vgg # ssd.pyからmake_vggをインポート

vgg = make_vgg()            # vggネットワークを生成
print(vgg)                  # vggの構造を出力
```

▼出力

```
ModuleList(
  (0): Conv2d(3, 64, kernel_size=(3, 3), stride=(1, 1), padding=(1, 1))
  (1): ReLU(inplace=True)
  (2): Conv2d(64, 64, kernel_size=(3, 3), stride=(1, 1), padding=(1, 1))
  (3): ReLU(inplace=True)
  (4): MaxPool2d(kernel_size=2, stride=2, padding=0, dilation=1, ceil_mode=False)
  (5): Conv2d(64, 128, kernel_size=(3, 3), stride=(1, 1), padding=(1, 1))
  (6): ReLU(inplace=True)
  (7): Conv2d(128, 128, kernel_size=(3, 3), stride=(1, 1), padding=(1, 1))
  (8): ReLU(inplace=True)
  (9): MaxPool2d(kernel_size=2, stride=2, padding=0, dilation=1, ceil_mode=False)
  (10): Conv2d(128, 256, kernel_size=(3, 3), stride=(1, 1), padding=(1, 1))
  (11): ReLU(inplace=True)
  (12): Conv2d(256, 256, kernel_size=(3, 3), stride=(1, 1), padding=(1, 1))
  (13): ReLU(inplace=True)
  (14): Conv2d(256, 256, kernel_size=(3, 3), stride=(1, 1), padding=(1, 1))
  (15): ReLU(inplace=True)
  (16): MaxPool2d(kernel_size=2, stride=2, padding=0, dilation=1, ceil_mode=True)
  (17): Conv2d(256, 512, kernel_size=(3, 3), stride=(1, 1), padding=(1, 1))
  (18): ReLU(inplace=True)
  (19): Conv2d(512, 512, kernel_size=(3, 3), stride=(1, 1), padding=(1, 1))
  (20): ReLU(inplace=True)
  (21): Conv2d(512, 512, kernel_size=(3, 3), stride=(1, 1), padding=(1, 1))
  (22): ReLU(inplace=True)
  (23): MaxPool2d(kernel_size=2, stride=2, padding=0, dilation=1, ceil_mode=False)
```

```
  (24): Conv2d(512, 512, kernel_size=(3, 3), stride=(1, 1), padding=(1, 1))
  (25): ReLU(inplace=True)
  (26): Conv2d(512, 512, kernel_size=(3, 3), stride=(1, 1), padding=(1, 1))
  (27): ReLU(inplace=True)
  (28): Conv2d(512, 512, kernel_size=(3, 3), stride=(1, 1), padding=(1, 1))
  (29): ReLU(inplace=True)
  (30): MaxPool2d(kernel_size=3, stride=1, padding=1, dilation=1, ceil_mode=False)
  (31): Conv2d(512, 1024, kernel_size=(3, 3), stride=(1, 1), padding=(6, 6),
              dilation=(6, 6))
  (32): ReLU(inplace=True)
  (33): Conv2d(1024, 1024, kernel_size=(1, 1), stride=(1, 1))
  (34): ReLU(inplace=True)
)
```

2.3.4 extrasネットワークの実装

SSDモデルを構成する2つ目のネットワークextrasを生成する関数make_extras()を作成します。

■extrasネットワークの構造

extrasネットワークは、次のようにConvolution（畳み込み）層が2層配置された4つのブロック（extras1～extras4）で構成されます。

▼extrasネットワーク

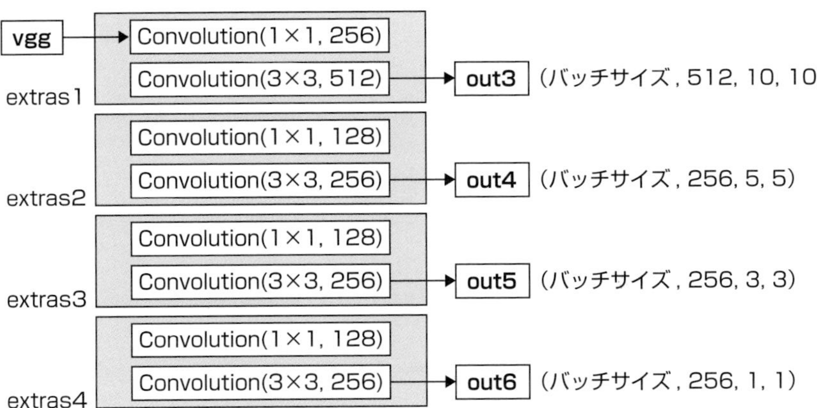

●extrasネットワークの１ブロック目

extrasネットワークの1ブロック目（extras1）は、2層の畳み込み層で構成されます。

▼extrasの１ブロック目の畳み込み層１

フィルターの数（ユニット数）	256
フィルターのサイズ	1×1
活性化関数	ReLU
出力	vggが出力する(1024, 19, 19)のデータに対してフィルターの数256ユニット（チャネル）の値を出力。バッチサイズによって出力の形状は、(バッチサイズ, 256, 19, 19)となります。

▼extrasの１ブロック目の畳み込み層２

フィルターの数（ユニット数）	512
フィルターのサイズ	3×3
ストライド	2
パディングのサイズ	1
活性化関数	ReLU
出力	入力する(256, 19, 19)のデータに対してフィルターの数512ユニット（チャネル）の値を出力。バッチサイズによって出力の形状は、(バッチサイズ, 512, 10, 10)となります。

●extrasネットワークの２ブロック目

extrasネットワークの2ブロック目（extras2）は、次の2層の畳み込み層で構成されます。

▼extrasの２ブロック目の畳み込み層１

フィルターの数（ユニット数）	128
フィルターのサイズ	1×1
活性化関数	ReLU
出力	extrasの１ブロック目が出力する(512, 10, 10)のデータに対してフィルターの数128ユニット（チャネル）の値を出力。バッチサイズによって出力の形状は、(バッチサイズ, 128, 10, 10)となります。

▼extrasの2ブロック目の畳み込み層2

フィルターの数（ユニット数）	256
フィルターのサイズ	3×3
ストライド	2
パディングのサイズ	1
活性化関数	ReLU
出力	入力する(128, 10, 10)のデータに対してフィルターの数256ユニット（チャネル）の値を出力。バッチサイズによって出力の形状は、(バッチサイズ, 256, 5, 5)となります。

●extrasネットワークの3ブロック目

extrasネットワークの3ブロック目（extras3）は、次の2層の畳み込み層で構成されます。

▼extrasの3ブロック目の畳み込み層1

フィルターの数（ユニット数）	128
フィルターのサイズ	1×1
活性化関数	ReLU
出力	extrasの2ブロック目が出力する(256, 5, 5)のデータに対してフィルターの数128ユニット（チャネル）の値を出力。バッチサイズによって出力の形状は、(バッチサイズ, 128, 5, 5)となります。

▼extrasの3ブロック目の畳み込み層2

フィルターの数（ユニット数）	256
フィルターのサイズ	3×3
パディングのサイズ	パディングなし
活性化関数	ReLU
出力	入力する(128, 5, 5)のデータに対してフィルターの数256ユニット（チャネル）の値を出力。バッチサイズによって出力の形状は、(バッチサイズ, 256, 3, 3)となります。

●extrasネットワークの4ブロック目

extrasネットワークの4ブロック目(extras4)は、次の2層の畳み込み層で構成されます。

▼extrasの4ブロック目の畳み込み層1

フィルターの数(ユニット数)	128
フィルターのサイズ	1×1
活性化関数	ReLU
出力	extrasの3ブロック目が出力する(256, 3, 3)のデータに対してフィルターの数128ユニット(チャネル)の値を出力。バッチサイズによって出力の形状は、(バッチサイズ, 128, 3, 3)となります。

▼extrasの4ブロック目の畳み込み層2

フィルターの数(ユニット数)	256
フィルターのサイズ	3×3
パディングのサイズ	パディングなし
活性化関数	ReLU
出力	入力する(128, 3, 3)のデータに対してフィルターの数256ユニット(チャネル)の値を出力。バッチサイズによって出力の形状は、(バッチサイズ, 256, 1, 1)となります。

■extrasネットワークを生成するmake_extras()関数の定義

「ssd.py」に、extrasネットワークを生成するmake_extras()関数の定義コードを入力しましょう。活性化関数ReLUは、SSDの順伝播を行う関数の中で適用するので、ここではextras1〜extras4の畳み込み層の生成のみを行います。

▼extrasネットワークを生成するmake_extras()関数の定義(ssd.py)

```
'''
2. extrasネットワークを生成する関数の定義
'''
def make_extras():
    '''
    Returns：
      (nn.ModuleList): extrasのモジュール(部品)のリスト
    '''
    layers = []          # ネットワークのモジュールを格納するリスト
    in_channels = 1024 # vggから出力される画像データのチャネル数

```

```
# vggに配置する畳み込み層のフィルター数(チャネル数に相当)
cfg = [256, 512,  # extras1
       128, 256,  # extras2
       128, 256,  # extras3
       128, 256]  # extras4

# extras1
# 出力の形状:(バッチサイズ, 512, 10, 10)
layers += [nn.Conv2d(in_channels,        # 入力時のチャネル数(1024)
                     cfg[0],             # 出力時のチャネル数(256)
                     kernel_size=(1))]   # フィルターサイズ1×1
layers += [nn.Conv2d(cfg[0],             # 入力時のチャネル数(256)
                     cfg[1],             # 出力時のチャネル数(512)
                     kernel_size=(3),    # フィルターサイズ3×3
                     stride=2,           # ストライドは2
                     padding=1)]         # パディングのサイズは1

# extras2
# 出力の形状:(バッチサイズ, 256, 5, 5)
layers += [nn.Conv2d(cfg[1],             # 入力時のチャネル数(512)
                     cfg[2],             # 出力時のチャネル数(128)
                     kernel_size=(1))]   # フィルターサイズ1×1
layers += [nn.Conv2d(cfg[2],             # 入力時のチャネル数(128)
                     cfg[3],             # 出力時のチャネル数(256)
                     kernel_size=(3),    # フィルターサイズ3×3
                     stride=2,           # ストライドは2
                     padding=1)]         # パディングのサイズは1

# extras3
# 出力の形状:(バッチサイズ, 256, 3, 3)
layers += [nn.Conv2d(cfg[3],             # 入力時のチャネル数(256)
                     cfg[4],             # 出力時のチャネル数(128)
                     kernel_size=(1))]   # フィルターサイズ1×1
layers += [nn.Conv2d(cfg[4],             # 入力時のチャネル数(128)
                     cfg[5],             # 出力時のチャネル数(256)
                     kernel_size=(3))]   # フィルターサイズ3×3

# extras4
# 出力の形状:(バッチサイズ, 256, 1, 1)
layers += [nn.Conv2d(cfg[5],             # 入力時のチャネル数(256)
```

```
                          cfg[6],           # 出力時のチャネル数(128)
                          kernel_size=(1))] # フィルターサイズ1×1
    layers += [nn.Conv2d(cfg[6],            # 入力時のチャネル数(128)
                          cfg[7],           # 出力時のチャネル数(256)
                          kernel_size=(3))] # フィルターサイズ3×3

    # リストlayersをnn.ModuleListに格納してReturnする
    return nn.ModuleList(layers)
```


■make_extras()関数の動作確認

make_extras()関数を実行して、extrasネットワークを生成してみることにしましょう。テスト用のノートブック「Test_SSD.ipynb」を作成していますので、このノートブックの2番目のセルに以下のコードを入力して実行してみます。

▼make_extras()関数を実行してextrasネットワークを生成する(Test_SSD.ipynb)

セル2

```
from ssd import make_extras  # ssd.pyからmake_extrasをインポート

extras = make_extras()       # extrasネットワークを生成
print(extras)                # extrasの構造を出力
```

▼出力

```
ModuleList(
  (0): Conv2d(1024, 256, kernel_size=(1, 1), stride=(1, 1))
  (1): Conv2d(256, 512, kernel_size=(3, 3), stride=(2, 2), padding=(1, 1))
  (2): Conv2d(512, 128, kernel_size=(1, 1), stride=(1, 1))
  (3): Conv2d(128, 256, kernel_size=(3, 3), stride=(2, 2), padding=(1, 1))
  (4): Conv2d(256, 128, kernel_size=(1, 1), stride=(1, 1))
  (5): Conv2d(128, 256, kernel_size=(3, 3), stride=(1, 1))
  (6): Conv2d(256, 128, kernel_size=(1, 1), stride=(1, 1))
  (7): Conv2d(128, 256, kernel_size=(3, 3), stride=(1, 1))
)
```

2.3.5 locネットワークの実装

locネットワークは、畳み込み層を6層配置したネットワークです。ただし、これらの畳み込み層を前から後ろへ順伝播するのではなく、vggネットワークとextrasネットワークからの出力のうちout1をlocの第1層に入力して出力、out2をlocの第2層に入力して出力、というようにout1〜out6に対応するlocの畳み込み層に入力し、各層からの出力を行います。

■locネットワークの構造

前にお話ししたように、out1、out5、out6には4つのデフォルトボックス（DBox）を用意し、out2、out3、out4には6つのデフォルトボックスを用意します。locの畳み込み層はデフォルトボックスごとのオフセット値（4次元ベクトル）を出力しますので、各層のフィルター数は、用意されるデフォルトボックスの数に4を乗じた数になります。

●locの畳み込み層1

locの畳み込み層1には、vgg4の畳み込み層3からの出力にL2Normでの正規化の処理を適用したout1が入力されます。out1にはアスペクト比の異なる4つのデフォルトボックスが用意されていて、デフォルトボックスごとにオフセット値（4次元ベクトル）を出力するので、

用意されているデフォルトボックス4×4=16

のように16（枚）のフィルターを適用します。

▼locの畳み込み層1

フィルターの数	16
フィルターのサイズ	3×3
パディングのサイズ	1
出力	out1の入力(512, 38, 38)に対してフィルターの数16（チャネル）の値を出力。バッチサイズによって出力の形状は、(バッチサイズ, 16, 38, 38)となります。

●locの畳み込み層2

locの畳み込み層2には、vggからの最終出力out2が入力されます。out2には6つのデフォルトボックスが用意されているので、

用意されているデフォルトボックス6×4=24

のように24（枚）のフィルターを適用します。

▼locの畳み込み層2

フィルターの数	24
フィルターのサイズ	3×3
パディングのサイズ	1
出力	out2の入力(1024, 19, 19)に対してフィルターの数24（チャネル）の値を出力。バッチサイズによって出力の形状は、(バッチサイズ, 24, 19, 19)となります。

●locの畳み込み層3

locの畳み込み層3には、extrasのext1からの出力out3が入力されます。out3には6つのデフォルトボックスが用意されているので、

用意されているデフォルトボックス6×4=24

のように24（枚）のフィルターを適用します。

▼locの畳み込み層3

フィルターの数	24
フィルターのサイズ	3×3
パディングのサイズ	1
出力	out3の入力(512, 10, 10)に対してフィルターの数24（チャネル）の値を出力。バッチサイズによって出力の形状は、(バッチサイズ, 24, 10, 10)となります。

●locの畳み込み層4

locの畳み込み層4には、extrasのext2からの出力out4が入力されます。out4には6つのデフォルトボックスが用意されているので、

用意されているデフォルトボックス6×4=24

のように24（枚）のフィルターを適用します。

▼locの畳み込み層4

フィルターの数	24
フィルターのサイズ	3×3
パディングのサイズ	1
出力	out4の入力(256, 5, 5)に対してフィルターの数24（チャネル）の値を出力。バッチサイズによって出力の形状は、(バッチサイズ, 24, 5, 5)となります。

●locの畳み込み層5

locの畳み込み層5には、extrasのext3からの出力out5が入力されます。out5には4つのデフォルトボックスが用意されているので、

　用意されているデフォルトボックス4×4=16

のように16(枚)のフィルターを適用します。

▼locの畳み込み層5

フィルターの数	16
フィルターのサイズ	3×3
パディングのサイズ	1
出力	out5の入力(256, 3, 3)に対してフィルターの数16(チャネル)の値を出力。バッチサイズによって出力の形状は、(バッチサイズ, 16, 3, 3)となります。

●locの畳み込み層6

locの畳み込み層6には、extrasのext4からの出力out6が入力されます。out6には4つのデフォルトボックスが用意されているので、

　用意されているデフォルトボックス4×4=16

のように16(枚)のフィルターを適用します。

▼locの畳み込み層6

フィルターの数	16
フィルターのサイズ	3×3
パディングのサイズ	1
出力	out6の入力(256, 1, 1)に対してフィルターの数16(チャネル)の値を出力。バッチサイズによって出力の形状は、(バッチサイズ, 16, 1, 1)となります。

■locネットワークを生成するmake_loc()関数の定義

「ssd.py」に、locネットワークを生成するmake_loc()関数の定義コードを入力しましょう。

▼locネットワークを生成するmake_loc()関数の定義(ssd.py)

```
'''
3. locネットワークを生成する関数の定義
'''
def make_loc(dbox_num=[4, 6, 6, 6, 4, 4]):
```

```
    ''' デフォルトボックスのオフセットを出力するlocネットワークを生成

    Parameters:
      dbox_num(intのリスト):
          out1～out6それぞれに用意されるデフォルトボックスの数
    Returns:
      (nn.ModuleList): locのモジュール(部品)のリスト
    '''
    # ネットワークのモジュールを格納するリスト
    loc_layers = []
    # vgg4の畳み込み層3からの出力にL2Normでの正規化の処理を適用した
    # out1に対する畳み込み層1
    loc_layers += [nn.Conv2d(512,                # 入力時のチャネル数
                             dbox_num[0]*4,  # 出力時のチャネル数16
                             kernel_size=3,  # フィルターサイズ3×3
                             padding=1)]     # パディングのサイズは1

    # vgg6からの最終出力out2に対する畳み込み層2
    loc_layers += [nn.Conv2d(1024,               # 入力時のチャネル数
                             dbox_num[1]*4,  # 出力時のチャネル数24
                             kernel_size=3,  # フィルターサイズ3×3
                             padding=1)]     # パディングのサイズは1

    # extrasのext1からの出力out3に対する畳み込み層3
    loc_layers += [nn.Conv2d(512,                # 入力時のチャネル数
                             dbox_num[2]*4,  # 出力時のチャネル数24
                             kernel_size=3,  # フィルターサイズ3×3
                             padding=1)]     # パディングのサイズは1

    # extrasのext2からの出力out4に対する畳み込み層4
    loc_layers += [nn.Conv2d(256,                # 入力時のチャネル数
                             dbox_num[3]*4,  # 出力時のチャネル数24
                             kernel_size=3,  # フィルターサイズ3×3
                             padding=1)]     # パディングのサイズは1

    # extrasのext3からの出力out5に対する畳み込み層5
    loc_layers += [nn.Conv2d(256,                # 入力時のチャネル数
                             dbox_num[4]*4,  # 出力時のチャネル数16
                             kernel_size=3,  # フィルターサイズ3×3
                             padding=1)]     # パディングのサイズは1
```

```

    # extrasのext4からの出力out6に対する畳み込み層6
    loc_layers += [nn.Conv2d(256,              # 入力時のチャネル数
                             dbox_num[5] * 4,  # 出力時のチャネル数16
                             kernel_size=3,    # フィルターサイズ3×3
                             padding=1)]       # パディングのサイズは1

    # リストloc_layersをnn.ModuleListに格納してReturnする
    return nn.ModuleList(loc_layers)
```

■make_loc()関数の動作確認

make_loc()関数を実行して、locネットワークを生成してみることにしましょう。テスト用のノートブック「Test_SSD.ipynb」の3番目のセルに以下のコードを入力して実行してみます。

▼make_loc()関数を実行してlocネットワークを生成する(Test_SSD.ipynb)

セル3
```
from ssd import make_loc  # ssd.pyからmake_locをインポート

loc = make_loc()          # locネットワークを生成
print(loc)                # locの構造を出力
```

▼出力

```
ModuleList(
  (0): Conv2d(512, 16, kernel_size=(3, 3), stride=(1, 1), padding=(1, 1))
  (1): Conv2d(1024, 24, kernel_size=(3, 3), stride=(1, 1), padding=(1, 1))
  (2): Conv2d(512, 24, kernel_size=(3, 3), stride=(1, 1), padding=(1, 1))
  (3): Conv2d(256, 24, kernel_size=(3, 3), stride=(1, 1), padding=(1, 1))
  (4): Conv2d(256, 16, kernel_size=(3, 3), stride=(1, 1), padding=(1, 1))
  (5): Conv2d(256, 16, kernel_size=(3, 3), stride=(1, 1), padding=(1, 1))
)
```

2.3.6 confネットワークの実装

confネットワークは、locネットワークと同じく、out1〜out6に対応する6層の畳み込み層を配置したネットワークです。

■confネットワークの構造

confネットワークの畳み込み層は、デフォルトボックスごとに、各クラスの確信度を出力するので、特徴量ごとに用意されるデフォルトボックスの数に、VOC2012のクラス数21を乗じた値が、フィルターの数になります。

●confの畳み込み層1

confの畳み込み層1には、vgg4の畳み込み層3からの出力にL2Normでの正規化の処理を適用したout1が入力されます。out1にはアスペクト比の異なる4つのデフォルトボックスが用意されていて、デフォルトボックスごとにクラスの数(21)だけ確信度を出力するので、

用意されているデフォルトボックス4×21クラス=84

のように84(枚)のフィルターを適用します。

▼confの畳み込み層1

フィルターの数	84
フィルターのサイズ	3×3
パディングのサイズ	1
出力	out1の入力(512, 38, 38)に対してフィルターの数84(チャネル)の値を出力。バッチサイズによって出力の形状は、(バッチサイズ, 84, 38, 38)となります。

●confの畳み込み層2

confの畳み込み層2には、vggからの最終出力out2が入力されます。out2には6つのデフォルトボックスが用意されていて、デフォルトボックスごとに確信度を出力するので、

用意されているデフォルトボックス6×21クラス=126

のフィルターを適用します。

▼confの畳み込み層2

フィルターの数	126
フィルターのサイズ	3×3
パディングのサイズ	1
出力	out2の入力(1024, 19, 19)に対してフィルターの数126（チャネル）の値を出力。バッチサイズによって出力の形状は、(バッチサイズ, 126, 19, 19)となります。

●confの畳み込み層3

confの畳み込み層3には、extrasのext1からの出力out3が入力されます。out3には6つのデフォルトボックスが用意されているので、

用意されているデフォルトボックス6×21クラス=126

のフィルターを適用します。

▼confの畳み込み層3

フィルターの数	126
フィルターのサイズ	3×3
パディングのサイズ	1
出力	out3の入力(512, 10, 10)に対してフィルターの数126（チャネル）の値を出力。バッチサイズによって出力の形状は、(バッチサイズ, 126, 10, 10)となります。

●confの畳み込み層4

confの畳み込み層4には、extrasのext2からの出力out4が入力されます。out4には6つのデフォルトボックスが作成されているので、

用意されているデフォルトボックス6×21クラス=126

のフィルターを適用します。

▼confの畳み込み層4

フィルターの数	126
フィルターのサイズ	3×3
パディングのサイズ	1
出力	out4の入力(256, 5, 5)に対してフィルターの数126（チャネル）の値を出力。バッチサイズによって出力の形状は、(バッチサイズ, 126, 5, 5)となります。

●confの畳み込み層5

confの畳み込み層5には、extrasのext3からの出力out5が入力されます。out5には4つのデフォルトボックスが用意されているので、

用意されているデフォルトボックス4×21クラス=84

のフィルターを適用します。

▼confの畳み込み層5

フィルターの数	84
フィルターのサイズ	3×3
パディングのサイズ	1
出力	out5の入力(256, 3, 3)に対してフィルターの数84(チャネル)の値を出力。バッチサイズによって出力の形状は、(バッチサイズ, 84, 3, 3)となります。

●confの畳み込み層6

confの畳み込み層6には、extrasのext4からの出力out6が入力されます。out6には4つのデフォルトボックスが用意されているので、

用意されているデフォルトボックス4×21クラス=84

のフィルターを適用します。

▼confの畳み込み層6

フィルターの数	84
フィルターのサイズ	3×3
パディングのサイズ	1
出力	out6の入力(256, 1, 1)に対してフィルターの数84(チャネル)の値を出力。バッチサイズによって出力の形状は、(バッチサイズ, 84, 1, 1)となります。

■confネットワークを生成するmake_conf()関数の定義

「ssd.py」に、confネットワークを生成するmake_conf()関数の定義コードを入力しましょう。

▼confネットワークを生成するmake_conf()関数の定義(ssd.py)

```
'''
4. confネットワークを生成する関数の定義
'''
def make_conf(classes_num=21, dbox_num=[4, 6, 6, 6, 4, 4]):
```

```
''' デフォルトボックスに対する各クラスの確率を出力するネットワークを生成

Parameters:
  class_num(int): クラスの数
  dbox_num(intのリスト):
    out1～out6それぞれに用意されるデフォルトボックスの数

Returns:
  (nn.ModuleList): confのモジュール(部品)のリスト
'''
# ネットワークのモジュールを格納するリスト
conf_layers = []

# vgg4の畳み込み層3からの出力にL2Normでの正規化の処理を適用した
# out1に対する畳み込み層1
conf_layers += [nn.Conv2d(512,                         # 入力時のチャネル数
                          dbox_num[0]*classes_num,     # 出力時は84
                          kernel_size=3,               # フィルターサイズ3×3
                          padding=1)]                  # パディングのサイズは1

# vgg6からの最終出力out2に対する畳み込み層2
conf_layers += [nn.Conv2d(1024,                        # 入力時のチャネル数
                          dbox_num[1]*classes_num,     # 出力時は126
                          kernel_size=3,               # フィルターサイズ3×3
                          padding=1)]                  # パディングのサイズは1

# extrasのext1からの出力out3に対する畳み込み層3
conf_layers += [nn.Conv2d(512,                         # 入力時のチャネル数
                          dbox_num[2]*classes_num,     # 出力時は126
                          kernel_size=3,               # フィルターサイズ3×3
                          padding=1)]                  # パディングのサイズは1

# extrasのext2からの出力out4に対する畳み込み層4
conf_layers += [nn.Conv2d(256,                         # 入力時のチャネル数
                          dbox_num[3]*classes_num,     # 出力時は126
                          kernel_size=3,               # フィルターサイズ3×3
                          padding=1)]                  # パディングのサイズは1

# extrasのext3からの出力out5に対する畳み込み層5
conf_layers += [nn.Conv2d(256,                         # 入力時のチャネル数
```

```
                                        dbox_num[4] * classes_num,  # 出力時は84
                                        kernel_size=3,              # フィルターサイズ3×3
                                        padding=1)]                 # パディングのサイズは1

    # extrasのext4からの出力out6に対する畳み込み層6
    conf_layers += [nn.Conv2d(256,                                  # 入力時のチャネル数
                                        dbox_num[5] * classes_num,  # 出力時は84
                                        kernel_size=3,              # フィルターサイズ3×3
                                        padding=1)]                 # パディングのサイズは1

    # リストconf_layersをnn.ModuleListに格納してReturnする
    return nn.ModuleList(conf_layers)
```

■make_conf()関数の動作確認

make_conf()関数を実行して、confネットワークを生成してみることにしましょう。テスト用のノートブック「Test_SSD.ipynb」の4番目のセルに以下のコードを入力して実行してみます。

▼make_conf()関数を実行してconfネットワークを生成する(Test_SSD.ipynb)

セル4

```
from ssd import make_conf # ssd.pyからmake_confをインポート

conf = make_conf()          # confネットワークを生成
print(conf)                 # confの構造を出力
```

▼出力

```
ModuleList(
  (0): Conv2d(512, 84, kernel_size=(3, 3), stride=(1, 1), padding=(1, 1))
  (1): Conv2d(1024, 126, kernel_size=(3, 3), stride=(1, 1), padding=(1, 1))
  (2): Conv2d(512, 126, kernel_size=(3, 3), stride=(1, 1), padding=(1, 1))
  (3): Conv2d(256, 126, kernel_size=(3, 3), stride=(1, 1), padding=(1, 1))
  (4): Conv2d(256, 84, kernel_size=(3, 3), stride=(1, 1), padding=(1, 1))
  (5): Conv2d(256, 84, kernel_size=(3, 3), stride=(1, 1), padding=(1, 1))
)
```

2.3.7 L2Norm層の実装

vggネットワークにおけるvgg4の畳み込み層3の出力を正規化するL2Norm層をL2Normクラスとして実装します。L2Normクラスは、torch.nn.Moduleクラスを継承したカスタムレイヤー(独自に定義する層)で、初期化メソッド__init()__のほか、重みの初期化を行うreset_parameters()メソッド、層の順伝播処理を行うforward()メソッドを定義します。

■L2Normの処理

L2Norm層に入力される、vgg4の畳み込み層3の出力は、

(バッチサイズ, 512, 38, 38)

の4階テンソルです。テンソルに含まれる38×38 = 1,444個のセル(特徴量マップの1つの特徴量を「セル」と呼ぶことにします)について、512チャネルのぶんだけ正規化を行います。

●正規化の処理

各チャネルの同じセルの値を見た場合、その値はチャネルごとにバラバラで、中には突出した大きな値になることもあります。正規化は、チャネルごとに特徴量の大きさが大きく変わるような状況を改善するのが目的です。この場合、1,444個の個々のセルについて、セルxと全チャネルのxの平均との差を標準偏差で割る(「標準化」と呼ばれる)方法が考えられますが、ここでは「L2ノルム」と呼ばれる手法を用いて正規化を行います。

L2ノルムは、別名「ユークリッド距離」とも呼ばれていて、次の方法で2点間の距離を測定します。

▼L2ノルム(ユークリッド距離)によるA,B間の距離

$$d(A,\ B) = \sqrt{(a_1 - b_1)^2 + (a_2 - b_2)^2}$$

(a_1はAのx座標、b_1はBのx座標)
(a_2はAのy座標、b_2はBのy座標)

A,B間の距離を2乗するのは、たんに距離の和を求めた場合に0になるのを防ぐためです。例えば、Aの平均値をBとして、A,B間の距離「データ－平均値」(これを偏差と呼びます)の和を求めると必ず0になります。偏差のプラスの値とマイナスの値が互いに打ち消し合うのを防ぐため、偏差をすべて2乗してプラスの値にしてその和(偏差平方和)を求めます。ただし、求めた値は2乗された値がもとになっているので、平方根を求めることで元の単位(2乗する前)に戻します。

ここでは、この考え方をもとにした次式を用いて、1,444個のセルのそれぞれについて、512チャネルの同じセルの値を2乗し、得られた512個の値を足し合わせて平方根を求めます。

▼512チャネルの同じセルのL2ノルムを求める

$$\text{同じセルのチャネル間のユークリッド距離 (norm)} = \sqrt{x_1^2 + x_2^2 + \cdots + x_{512}^2}$$

この計算式を用いて各セルごとにチャネル間のnormを求め、各チャネルのセル値をnormで割ります。これを全チャネルのすべての特徴量（セル）に対して行います。

▼セルの値を全チャネルから求めたnormで割って正規化する

$$\text{正規化されたセルの値} = \frac{\text{セルの値}}{\text{norm}}$$

こうして求めた各セルの値は、チャネル間の同じセルから求めたL2ノルムに対する割合になります。つまり、「そのセルの値は標準値（L2ノルム）何個ぶんなのか」を示す値になります。統計学で言うところの「標準化」を行った状態です。

ちなみに、データの標準化は次式によって行われます。

▼標準化の式

$$\text{標準化されたデータ} = \frac{\text{データ} - \text{平均値}}{\text{標準偏差}}$$

▼標準偏差を求める式

n個のデータ $\{x_1, x_2, x_3, \cdots, x_n\}$ の標準偏差を求める

$$\text{標準偏差} = \sqrt{\frac{(x_1 - \bar{x})^2 + (x_2 - \bar{x})^2 + \cdots + (x_n - \bar{x})^2}{n}}$$

こうして正規化された特徴量マップに対し、重みweightを掛けて出力とします。weightは特徴量マップのセルの数と同じ512個の値を持つテンソルです。初期値を20とし、学習の過程で適切な値に更新されます。

■L2Normクラスの定義

「ssd.py」に、L2ノルムで正規化する層を生成するL2Normクラスの定義コードを入力しましょう。

▼L2ノルムで正規化する層を生成するL2Normクラスの定義(ssd.py)

```
'''
5. L2ノルムで正規化する層を生成するクラス
'''
import torch
import torch.nn.init as init

class L2Norm(nn.Module):
    '''vgg4の畳み込み層3の出力out1をL2ノルムで正規化する層

    Attributes:
      weight: L2Norm層のパラメーター(重み)
      scale: 重みの初期値
      eps: L2ノルムの値に加算する極小値
    '''
    def __init__(self, input_channels=512, scale=20):
        '''インスタンス変数の初期化を行う

        Parameters:
          input_channels(int):
            入力データ(vgg4の出力)のチャネル数(デフォルト値512)
          scale(int):
            重みweightの初期値として設定する値(デフォルト値20)
        '''
        super(L2Norm, self).__init__()  # 親クラスのコンストラクターを実行
        # レイヤーの重みとして(512,)の1階テンソルを配置
        self.weight = nn.Parameter(torch.Tensor(input_channels))
        self.scale = scale       # weightの初期値として設定する値
        self.reset_parameters() # weightの全要素をscaleの値で初期化
        self.eps = 1e-10         # L2ノルムの値に加算する極小値(0.0000000001)
```

```
    def reset_parameters(self):
        '''すべての重みをscaleの値で初期化する
        '''
        # torch.nn.init.constant_()で重みテンソルに初期値を設定
        # weightの値をすべてscale(=20)にする
        init.constant_(self.weight, self.scale)

    def forward(self, x):
        '''L2Normにおける順伝播を行う

        Parameters:
          x(Tensor):
            vgg4の畳み込み層3からの出力(バッチサイズ, 512, 38, 38)

        Returns:
          L2ノルムで正規化したあと、scale(=20)の重みを適用した
          (バッチサイズ, 512, 38, 38)の4階テンソル
        '''
        # 各チャネルにおける38×38個の特徴量の個々のセルについて、
        # チャネル方向の2乗和の平方根(L2ノルム)を求め、極小値epsを加算する
        # normの形状は(バッチサイズ, 1, 38, 38)
        norm = x.pow(2).sum(dim=1, keepdim=True).sqrt()+self.eps
        # 各チャネルにおける38×38の個々のセルの値を
        # 同じセルのnormで割って正規化する
        x = torch.div(x, norm)

        # self.weightの1階テンソル(512,)を(バッチサイズ, 512, 38, 38)の
        # 4階テンソルに変形してxと同じ形状にする
        weights = self.weight.unsqueeze(
            0).unsqueeze(2).unsqueeze(3).expand_as(x)
        # 変形後のxに重みを適用する
        out = weights * x

        return out # outの形状は(バッチサイズ, 512, 38, 38)
```

2.3.8 デフォルトボックスを生成するDBoxクラス

8,732個のデフォルトボックスを生成する仕組みをDBoxクラスとして定義しましょう。デフォルトボックスは、各ネットワークからの出力out1～out6における特徴量マップにおいて、それぞれの特徴量(セル)について4種類または6種類を用意します。out1、out5、out6については4種類のデフォルトボックス、out2、out3、out4については6種類のデフォルトボックスです。これらを合計すると8,732個になります。

4種類の場合は、

・小さい正方形
・大きい正方形
・1：2の比率の長方形
・2：1の比率の長方形

で、6種類の場合はさらに、

・3：1の比率の長方形
・1：3の比率の長方形

が加わります。

■特徴量マップのセルごとにデフォルトボックスを用意する仕組み

itertools.product()は、直積(デカルト積)を生成するメソッドです。直積とは、複数の集合から要素を1つずつ取り出した組み合わせの集合のことです。例えば2つのリストがある場合、それぞれの要素のすべての組み合わせのリストが直積です。では、要素数3の2つのリストを使って実験してみましょう。

▼itertools.product()を使ってみる(Jupyter Notebookで実行)

```
import itertools
import pprint

l1 = ['a', 'b', 'c']
l2 = ['1', '2', '3']
p = itertools.product(l1, l2) # l1とl2の直積を求める
for v in p:
    print(v)
```

▼出力

```
('a', '1')
('a', '2')
('a', '3')
('b', '1')
('b', '2')
('b', '3')
('c', '1')
('c', '2')
('c', '3')
```

リストl1とl2のすべての要素の直積が求められました。一方、product()メソッドにはrepeatというオプションがあって、これを使うと1つのリストから直積を作り出すことができます。repeat=1ではリストが1つだけの直積なのでリストの要素がそのまま出力されるだけですが、repeat=2とすると、同じリストが2つ用意され、この2つのリストについて直積が求められます。例として、次のような3×3の特徴量マップがあるとします。

▼3×3の特徴量マップ

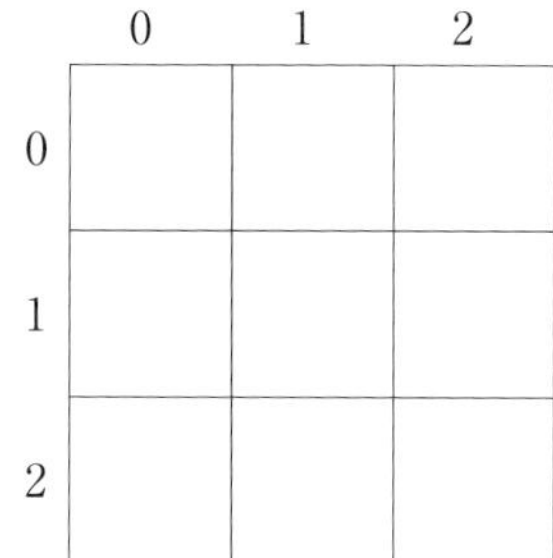

正方形の特徴量マップですので、この場合は1辺のサイズ3を用いてすべてのセルの直積を求めることができます。

▼3×3の正方形のセルの直積を求める

```
x = 3
for i, j in itertools.product(range(x), repeat=2):
    print(i,j)
```

▼出力

```
0 0
0 1
0 2
```

```
1 0
1 1
1 2
2 0
2 1
2 2
```

3×3の(0, 0)のセルから順に(0, 1)...(2, 2)までのすべての組み合わせが得られました。これから作成するDBoxクラスのmake_dbox_list()メソッドは、このような組み合わせ（直積）の取り出しを利用して、デフォルトボックスの中心座標を計算するようにしています。

■DBoxクラスの定義

DBoxクラスには、インスタンス変数の初期化を行う__init()__メソッド、8,732個のデフォルトボックスの(x座標, y座標, 幅, 高さ)を生成するmake_dbox_list()メソッドを定義します。「ssd.py」を開いて、DBoxクラスの定義コードを入力しましょう。これまでに5ブロックの定義コードを入力していますので、6番目の定義コードになります。

▼DBoxクラスの定義（ssd.py）

```
'''
6．デフォルトボックスを出力するクラス
'''
from itertools import product as product
from math import sqrt as sqrt

class DBox(object):
    '''8732個のDBoxの(x座標, y座標, 幅, 高さ)を生成する

    Attributes:
      image_size(int): イメージのサイズ
      feature_maps(list): out1～out6における特徴量マップのサイズのリストを保持
      num_priors(int): feature_mapsの要素数、out1～out6の個数6を保持
      steps(list): DBoxのサイズのリストを保持
      min_sizes(list): 小さい正方形のDBoxのサイズを保持
      max_sizes(list): 大きい正方形のDBoxのサイズを保持
      aspect_ratios(list): 長方形のDBoxのアスペクト比を保持
    '''
    def __init__(self, cfg):
        '''インスタンス変数の初期化を行う
        '''
```

```
        super(DBox, self).__init__() # スーパークラスのコンストラクターを実行

        # 画像サイズ(300)を設定
        self.image_size = cfg['input_size']
        # out1～out6における特徴量マップのサイズ[38, 19, …]を設定
        self.feature_maps = cfg['feature_maps']
        # out1～out6の個数=6を設定
        self.num_priors = len(cfg['feature_maps'])
        # DBoxのサイズ[8, 16, 32, …]を設定
        self.steps = cfg['steps']
        # 小さい正方形のDBoxのサイズ[30, 60, 111, …] を設定
        self.min_sizes = cfg['min_sizes']
        # 大きい正方形のDBoxのサイズ[60, 111, 162, …] を設定
        self.max_sizes = cfg['max_sizes']
        # 長方形のDBoxのアスペクト比[[2],[2,3],[2,3], ...]を設定
        self.aspect_ratios = cfg['aspect_ratios']

    def make_dbox_list(self):
        '''DBoxを作成する

        Returns:
          (Tensor)DBoxの[cx,cy, width, height]を格納した(8732, 4)の形状のテンソル
        '''
        mean = []
        # out1～out6における特徴量マップの数(6)だけ繰り返す
        # 特徴量マップのサイズのリストからインデックスをk、サイズをfに取り出す
        # 'feature_maps': [38, 19, 10, 5, 3, 1]
        # k: 0,1,2,3,4,5
        # f: 38, 19, 10, 5, 3, 1
        for k, f in enumerate(self.feature_maps):
            # fまでの数をrepeat=2を指定して2つのリストにして組み合わせ(直積)を作る
            # f=38の場合
            # i: 0,0,0,0,... の38個の0に対して
            # j: 0,1,2,3, ..., 37を組み合わせる
            # (i,j)は(0,0)(0,1)...(0,37)~(37,0)...(37,37)
            for i, j in product(range(f), repeat=2):
                # 特徴量の画像サイズをDBoxのサイズsteps[k]で割る(kはインデックス)
                # 300 / 'steps': [8, 16, 32, 64, 100, 300]
                f_k = self.image_size / self.steps[k]

```

```
                # 特徴量ごとのDBoxの中心のx座標、y座標を求める
                # (0～1の範囲に規格化)
                cx = (j + 0.5) / f_k
                cy = (i + 0.5) / f_k

                # 小さい正方形のDBoxのサイズmin_sizes[k](kはインデックス)を
                # 画像のサイズで割る
                # 'min_sizes': [30, 60, 111, 162, 213, 264] / 300
                s_k = self.min_sizes[k]/self.image_size
                # 小さい正方形のDBoxの[cx,cy, width, height]をリストに追加
                mean += [cx, cy, s_k, s_k]

                # 大きい正方形のDBoxのサイズmax_sizes[k](kはインデックス)を
                # 画像のサイズで割る
                # 'max_sizes': [45, 99, 153, 207, 261, 315] / 300
                # さらにs_kを掛けて平方根を求める
                s_k_prime = sqrt(s_k * (self.max_sizes[k]/self.image_size))
                # 大きい正方形のDBoxの[cx,cy, width, height]をリストに追加
                mean += [cx, cy, s_k_prime, s_k_prime]

                # 長方形のDBoxの[cx,cy, width, height]をリストに追加
                for ar in self.aspect_ratios[k]:
                    # widthはs_kにアスペクト比の平方根を掛けたもの
                    # heightはs_kをアスペクト比と平方根で割ったもの
                    mean += [cx, cy, s_k*sqrt(ar), s_k/sqrt(ar)]
                    # widthはs_kをアスペクト比と平方根で割ったもの
                    # heightはs_kにアスペクト比の平方根を掛けたもの
                    mean += [cx, cy, s_k/sqrt(ar), s_k*sqrt(ar)]

        # DBoxの[cx,cy, width, height]のリストを(8732, 4)の2階テンソルに変換
        output = torch.Tensor(mean).view(-1, 4)
        # DBoxの大きさが1を超えている場合は1にする
        output.clamp_(max=1, min=0)

        # DBoxの[cx,cy, width, height]を格納した2階テンソルを返す
        return output
```

DBoxクラスの動作確認

DBoxクラスをインスタンス化して、デフォルトボックスを生成してみましょう。デフォルトボックスの生成には、デフォルトボックスのサイズをはじめとするパラメーターが必要なので、オリジナルのSSDモデルで使用されているパラメーターをdictオブジェクトにまとめ、DBoxクラスのコンストラクターに引き渡すようにします。DBoxクラスのmake_dbox_list()メソッドが返す(8732, 4)の形状のテンソルは、Pandasライブラリのデータフレームに格納したあと、出力します。

テスト用のノートブック「Test_SSD.ipynb」の5番目のセルに以下のコードを入力して実行してみましょう。

▼DBoxクラスの動作確認(Test_SSD.ipynb)

セル5

```
import pandas as pd  # Pandasのインポート
from ssd import DBox # ssd.pyからDBoxクラスをインポート

# デフォルトボックスの生成に必要なパラメーター
dbox_cfg = {
    # 画像の入力サイズ
    'input_size': 300,
    # out1～out6における特徴量マップのサイズ
    'feature_maps': [38, 19, 10, 5, 3, 1],
    # DBoxのサイズ
    'steps': [8, 16, 32, 64, 100, 300],
    # 小さい正方形のDBoxのサイズ
    'min_sizes': [30, 60, 111, 162, 213, 264],
    # 大きい正方形のDBoxのサイズ
    'max_sizes': [60, 111, 162, 213, 264, 315],
    # 長方形のDBoxのアスペクト比
    'aspect_ratios': [[2], [2, 3], [2, 3], [2, 3], [2], [2]],
}

# DBoxオブジェクトを生成
dbox = DBox(dbox_cfg)
# DBoxのリストを取得
dbox_list = dbox.make_dbox_list()

# 出力
print(dbox_list)
```

▼出力

```
tensor([[0.0133, 0.0133, 0.1000, 0.1000],
        [0.0133, 0.0133, 0.1414, 0.1414],
        [0.0133, 0.0133, 0.1414, 0.0707],
        ...,
        [0.5000, 0.5000, 0.9612, 0.9612],
        [0.5000, 0.5000, 1.0000, 0.6223],
        [0.5000, 0.5000, 0.6223, 1.0000]])
```

2.4 順伝播処理の実装

SSDモデルの順伝播の処理を作成します。順伝播とは、モデルに入力して内部のネットワークを通過して出力することを指しますが、SSDは複数のネットワークで構成され、それぞれのネットワークの入出力も複雑です。さらに、画像データに加えてバウンディングボックスの情報も扱うので、一般的な画像認識に比べてかなり複雑な伝播処理になるのが容易に想像できます。

オリジナルのSSDモデルでは、順伝播処理の本体クラスDetectと2つのヘルパー関数が定義されていますので、これに準じて以下のように実装を行うことにしましょう。

- **decode()関数**
  デフォルトボックスをバウンディングボックスに変換します。
- **nonmaximum_suppress()関数**
  1つの物体につき1つのバウンディングボックスだけを残す処理を行います。
- **Detectクラス**
  推論時における順伝播処理を行います。実際の順伝播処理はforward()メソッドとしてまとめます。

2.4.1 decode()関数の定義

locネットワークが出力するオフセット情報を使用してデフォルトボックスをバウンディングボックスに変換するdecode()関数を定義します。

SSDのlocネットワークは、あらかじめ用意されたデフォルトボックスの情報

$$(cx\_d,\ cy\_d,\ w\_d,\ h\_d)$$

に対して、それぞれのオフセット値

$$(\Delta cx, \Delta cy, \Delta w, \Delta h)$$

を出力します。この2つの情報をもとに、次の計算式

$$
\begin{aligned}
cx &= cx\_d + 0.1\ \Delta cx \times w\_d \\
cy &= cy\_d + 0.1\ \Delta cy \times h\_d \\
w &= w\_d \times \exp(0.2\ \Delta w) \\
h &= w\_d \times \exp(0.2\ \Delta h)
\end{aligned}
$$

を使って、バウンディングボックスの座標$(cx,\ cy,\ w, h)$を求めます。ただし、これは(中心のx座標, 中心のy座標, 幅, 高さ)なので、最終的に次のように変換します。

(xの最小, yの最小, xの最大, yの最大)

■decode()関数を定義する

「ssd.py」に、decode()関数の定義コードを入力しましょう。これまでに6ブロックの定義コードを入力していますので、7番目の定義コードになります。

▼decode()関数の定義(ssd.py)

```
'''
7. デフォルトボックスをバウンディングボックスに変換する関数
'''
def decode(loc, dbox_list):
    '''
    locネットワークが出力するオフセット情報を使用して、DBoxをBBoxに変換する

    Parameters:
      loc(Tensor):
        locが出力する(8732,4)の形状のテンソル
        8,732個のDBoxのオフセット情報(Δcx, Δcy, Δwidth, Δheight)
      dbox_list(Tensor):
        DBoxの情報(cx, cy, width, height)を格納した(8732,4)のテンソル

    Returns(Tensor):
      BBoxの情報(xmin, ymin, xmax, ymax)を格納したテンソル(8732, 4)
    '''
    # DBoxにlocのオフセットを適用してBBoxの(cx, cy, width, height)を求める
    # 変数boxesの形状は(8732, 4)
    boxes = torch.cat((
        # cx = cx_d + 0.1Δcx · w_d
        # cy = cy_d + 0.1Δcy · h_d
        dbox_list[:, :2] + loc[:, :2] * 0.1 * dbox_list[:, 2:],
        # w = w_d · exp(0.2Δw)
        # h = h_d · exp(0.2Δh)
        dbox_list[:, 2:] * torch.exp(loc[:, 2:] * 0.2)
        ),dim=1)

    # BBoxの情報(cx, cy, width, height)を(xmin, ymin, xmax, ymax)に変換
    boxes[:, :2] -= boxes[:, 2:] / 2  # (cx, cy)を(xmin,ymin)にする
    boxes[:, 2:] += boxes[:, :2]      # (width, height)を(xmax,ymax)にする

    return boxes
```

2.4.2 1つの物体に対するバウンディングボックスを1つに絞り込む

8,732個用意されるデフォルトボックスに対して、locネットワークは、四角形の四隅を表すオフセット値を出力し、confネットワークはデフォルトボックスの各クラスごとの確信度を出力します。VOC2012のクラス数は、背景を含めて21なので、21のクラスごとに8,732個のデフォルトボックスの確信度が出力されることになります。

最終的に確信度の高いものを抽出すればよいのですが、それだけではうまくいきません。というのは、画像の中の同じ物体に対して複数のバウンディングボックスが存在する場合があるためです。この場合は、「同じ物体を囲むバウンディングボックスを集めて、その中から最も確信度が高いものだけを残す」という処理が必要になります。次の写真を見てみましょう。

▼最も確信度の高いBBox（中央の黒枠）によく似たBBox（白枠）を検出する＊

▼最も確信度が高いBBoxだけを残す

＊ Pixabay「animals-2939754_640.jpg」

1枚目の写真には、ネコに対するバウンディングボックスが検出されています。これは、最も確信度が高いバウンディングボックス（中央の黒枠）を選んだら、たまたまネコを囲むものだったことを示しています。これをもとにして、よく似た形のBBoxを検出します。

2枚目の写真は、最も確信度が高いバウンディングボックスだけを残し、他のよく似た形のBBoxを削除したものです。

このように、同じ物体に対するバウンディングボックスを検出し、その中で最大の確信度を持つものだけを残すことを繰り返すと、画像中の各物体に対する最大確信度のBBoxだけが残ります。この処理のことを「Non-Maximum Suppression（NMS）」と呼びます。物体検出のキモとも言える重要な処理なので、処理の中身を詳しく見ていくことにしましょう。

Non-Maximum Suppressionの処理を追ってみる

Non-Maximum Suppressionの処理を言葉で表すと簡単ですが、実装となると少々複雑です。nonmaximum_suppress()＊という関数を作成し、オリジナルの実装どおりに処理をまとめますが、コーディングの前にポイントとなる処理について見ておきましょう。

●関数のパラメーター

関数の宣言部では、

```
nonmaximum_suppress(boxes, scores, overlap=0.5, top_k=200)
```

のように、4個のパラメーターを設定します。

- boxes

1クラスあたり8,732個のデフォルトボックスのうち、確信度が一定の値（0.01を設定）を超えたものの座標情報です。テンソルの形状は、

```
(1クラスにつき確信度0.01を超えたDBoxの数, 4)
```

です。

- scores

confネットワークの出力（デフォルトボックスの各クラスの確信度）から、クラスごとに確信度の閾値(いきち)0.01を超えるデフォルトボックスの確信度だけを抜き出したもので、テンソルの形状は、

```
(1クラスにつき確信度0.01を超えたDBoxの数, )
```

です。

＊オリジナルではnsm()という名前になっています。

- overlap=0.5

1つの物体に対するバウンディングボックスを抽出する手段として使用する、被り度合い(IoU値)の基準にする値。overlapが0.5以上である場合に、それらのバウンディングボックスは同じ物体に対するバウンディングボックスだと判断します。

- top_k=200

scoresから確信度が高い順にサンプルを取り出す際の、取り出すサンプルの数。

nonmaximum_suppress()関数は、21のクラスごとに呼び出され、それぞれのクラスのバウンディングボックスについてNon-Maximum Suppressionの処理を行います。このため、パラメーターのboxes、scoresには、同一のクラスの情報(バウンディングボックスの座標情報や確信度)が渡されます。

●戻り値を保持するkeep、count

関数の戻り値として利用する2つの変数を用意します。

▼戻り値を保持するkeep、count

```
count = 0
keep = scores.new(scores.size(0)).zero_().long()
```

countは、NMSを通過したバウンディングボックスの数を保持するint型の変数です。keepには、NMSを通過したBBoxを示すインデックス値が格納されます。確信度0.01を超えるすべてのBBoxのスコアを格納するscoresと同じ形状のテンソルを生成し、要素を0で初期化します。keepの形状は、次のように1階テンソルです。

```
(1クラスにつき確信度0.01を超えたDBoxの数,)
```

●すべてのバウンディングボックスの面積を求める

パラメーターboxes(1クラスにつき確信度0.01を超えたDBoxの数, 4)に格納されているx座標の最小値と最大値、y座標の最小値と最大値を使って、バウンディングボックスとしてのすべての面積を求めます。areaの形状は、(確信度0.01を超えるBBoxの数,)となります。

▼すべてのバウンディングボックスの面積を計算

```
x1 = boxes[:, 0] # x軸最小値
y1 = boxes[:, 1] # y軸最小値
x2 = boxes[:, 2] # x軸最大値
y2 = boxes[:, 3] # y軸最大値
area = torch.mul(x2 - x1, y2 - y1) # torch.mulで底辺×高さを求める
```

●スコアを昇順（確信度が低い方から）に並べ替えて上位200個を抽出する

スコアを

```
v, idx = scores.sort(0)
```

のように昇順（確信度が低い方から）で並べ替えます。vには並べ替え後のテンソル、idxには、並べ替え前のscoresのインデックス値が並べ替え後の順で並びます。つまり、昇順で並んだidxの要素を参照すれば、元のバウンディングボックスの情報にアクセスできるというわけです。

そうして昇順に並べたスコアから

```
idx = idx[-top_k:]
```

として、上位の200個を抽出します。つまり、8,732個のデフォルトボックスから確信度0.01を超えるものを抽出し、さらに確信度の上位200個のバウンディングボックスについて、Non-Maximum Suppressionの処理を適用することになります。

One point　抽出したボックスが200に満たないときは？

8,732個のデフォルトボックスから確信度0.01を超えるものを抽出したときに、抽出した数が200個に満たない場合が考えられます。この場合は、idx[-top_k:]を実行しても元のidxと変わらないので、そのすべてのデフォルトボックスに対して、Non-Maximum Suppressionの処理を適用します。

●Non-Maximum Suppressionの処理

Non-Maximum Suppressionの処理は、

```
while idx.numel() > 0:
```

のように、idx(初期の要素数top_k個（200個））の要素数が0でない限り繰り返し行います。

• keepに最大確信度（conf値）のインデックス値を格納

現在のidxから末尾の要素を

```
i = idx[-1]
```

のようにして抽出します。iには、現状の上位200個の確信度の中から、最大確信度のバウンディングボックスを示すインデックス値が格納されます。「現状の」と言ったのは、idxの要素はNMSの処理を繰り返すたびに減少するためです。

現時点の最大確信度のバウンディングボックス（のインデックス）をkeep[count]に保存します。

```
keep[count] = i
```

ループの1回目の処理であれば、keep[0]の位置に、TOP200のスコアのうちの最上位のバウンディングボックスのインデックス値が保存されます。

keep[0] = ループ1回目における確信度最上位のバウンディングボックス

このあと、

```
  count += 1
```

を実行して、countの値を1増やします。

• ループの終了を判定

この時点で、ループを継続するかどうかの判定を行います。

```
if idx.size(0) == 1:
    break
```

として、idxの要素数が1であればループを抜けます。ループの1回目であれば、idxの要素数は基本的に200個ですので判定はスルーされますが、NMSの処理を繰り返すとidxの要素はどんどん減っていきます。そして最後の1個になったら、これ以上処理すべきバウンディングボックスはないと判断し、ループを抜けるというわけです。

• idxの末尾の要素を除外する

昇順に並んでいるscoresのインデックスの末尾を除外します。

```
idx = idx[:-1]
```

ここからNMSの処理が始まりますので、処理の流れを確認しておきましょう。

▼ループ1回目のidxの要素

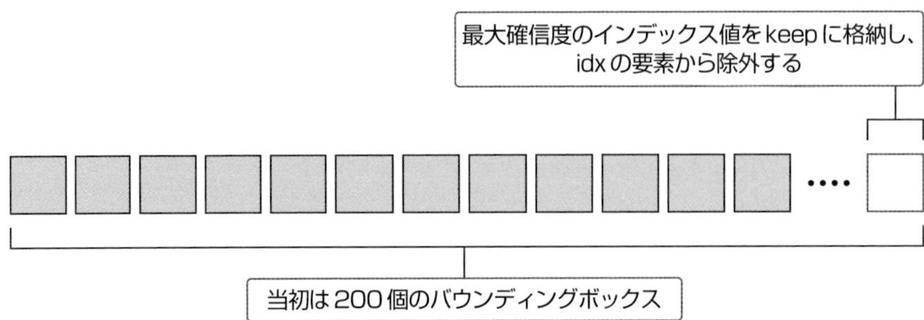

末尾の要素を削除したので、idxの要素数は199になりました。この中から、先ほど除外したバウンディングボックスと同じ物体を囲んでいると推測されるものをすべて抽出し、idxの要素から削除します。

▼idxに残った199個の要素から、先ほど削除したバウンディングボックスと似たものを抽出し、削除する

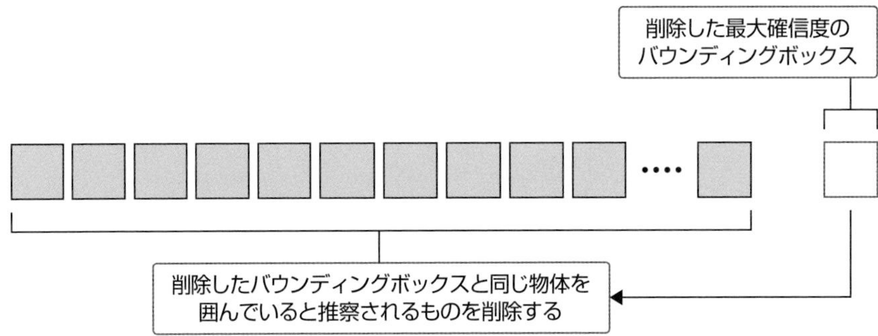

こうすることで、最も確信度が高いバウンディングボックスと同じ物体を囲んでいる（確信度が低い）バウンディングボックスはなくなります。idxに残っているのは、同じ写真の他の物体を囲むバウンディングボックスです。

whileループの先頭に戻り、再びidxにスコア順に並んだ要素（先に抽出したバウンディングボックスとは別の物体を囲むバウンディングボックス）から最も確信度の高い要素（末尾の要素）を抽出（i = idx[-1]）し、keepに格納（keep[count] = i）します。これが、1回目とは別の物体を囲むバウンディングボックスです。

▼ループ2回目のidxの要素

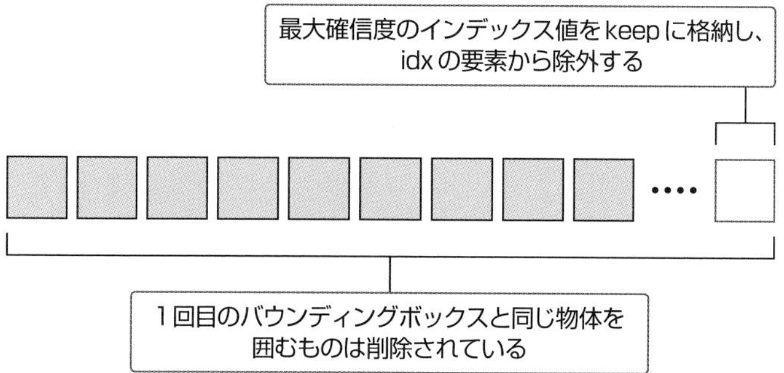

削除した末尾のバウンディングボックスと同じ物体を囲んでいると推測されるものを抽出し、idxの要素から削除します。

▼idxに残った要素から、2回目の処理で削除したバウンディングボックスと似たものを抽出し、削除する

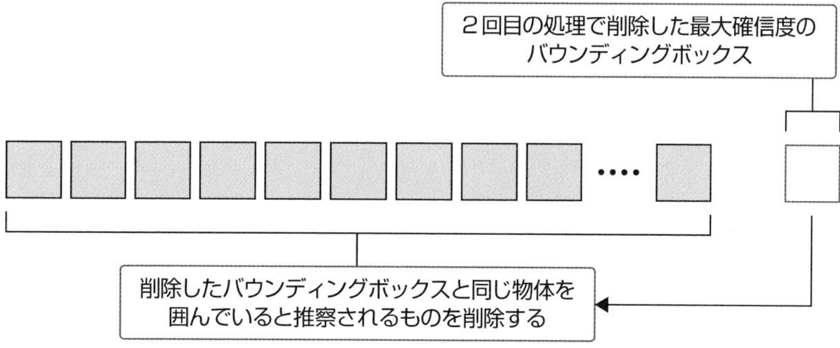

2回目の処理で抽出したバウンディングボックスと同じ物体を囲んでいる（確信度が低い）バウンディングボックスはなくなります。idxに残っているのは、1回目と2回目のバウンディングボックスとは異なる物体を囲むバウンディングボックスです。さらにループ処理を続けると、写真内の物体のそれぞれに1個ずつのバウンディングボックスが残ります。

このようなアルゴリズムを使って、最も精度が高いバウンディングボックスだけを残します。次のように、1枚の写真の中に2匹のネコが写っている場合、それぞれに最も確信度の高いバウンディングボックス（黒枠）だけが残れば成功です！

▼NMSの処理で最も適切なバウンディングボックス1個を残す*

• バウンディングボックス同士の重なる部分の検出

同じ物体を囲むバウンディングボックスを検出する手段として、ジャッカード（jaccard）係数を使います。ジャッカード係数は別名IOU（Intersection over Union：表記する際は「IoU」）とも呼ばれ、再掲になりますが、次のような計算を行って2つのボックスの被り度（IoU）を求めます。

▼ジャッカード係数（IoU）

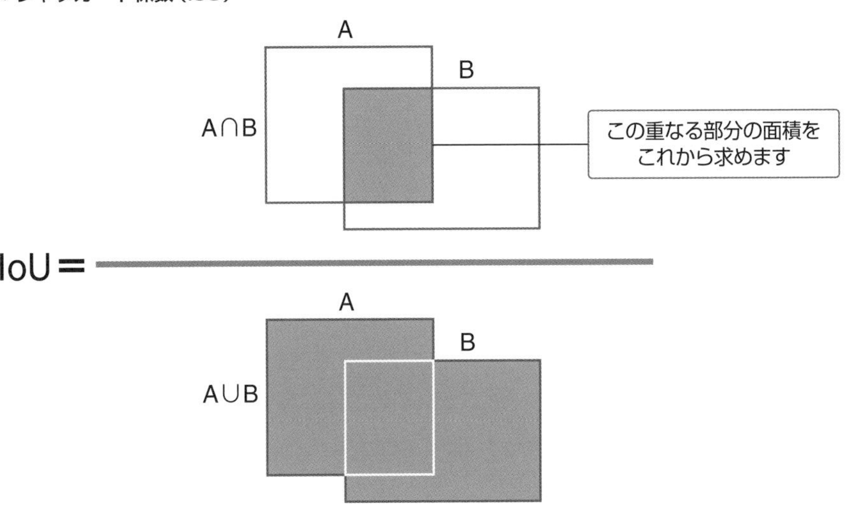

* Pixabay「cat-3737295_640.jpg」

先に抜き出した最も確信度が高いバウンディングボックスをAとした場合、idxに残っているバウンディングボックスに対して、Aと重なる部分の面積を求めます。そのためには、重なる部分の四隅の座標を求めることが必要です。まずは、idxの昇順スコアのインデックス値を使って、idxに残っているすべてのBBoxの座標情報xmin、ymin、xmax、ymaxを抽出してtmp_x1、tmp_y1、tmp_x2、tmp_y2に格納します。

▼idxに残っているすべてのBBoxの座標情報を取得する

```
torch.index_select(x1, 0, idx, out=tmp_x1) # 昇順スコアに対応するxminの並び
torch.index_select(y1, 0, idx, out=tmp_y1) # 昇順スコアに対応するyminの並び
torch.index_select(x2, 0, idx, out=tmp_x2) # 昇順スコアに対応するxmaxの並び
torch.index_select(y2, 0, idx, out=tmp_y2) # 昇順スコアに対応するymaxの並び
```

●torch.index_select()

入力するテンソル(Tensor)の次元に沿って、指定したインデックスに対応する要素を抽出した新しいテンソルを返します。返されるテンソルの次元数は、元のテンソル(input)と同じです。

書式	torch.index_select(input, dim, index, out = None)	
パラメーター	input	入力するTensor
	dim	対象の次元
	index	抽出する要素のインデックス
	out	出力されるTensor名

次に以下の処理を行って、idxに残っているバウンディングボックスが、基準となるバウンディングボックス(確信度最上位のBBox)と重なる部分として、四隅の座標tmp_x1、tmp_y1、tmp_x2、tmp_y2を求めます。先に求めた四隅の座標の下限値・上限値について、基準となるバウンディングボックスの値にまで切り詰めることで、重なる部分の座標が求められます。

▼基準となるバウンディングボックスと重なる部分の四隅の座標を求める

```
tmp_x1 = torch.clamp(tmp_x1, min=x1[i]) # xminの下限値を切り詰める
tmp_y1 = torch.clamp(tmp_y1, min=y1[i]) # yminの下限値を切り詰める
tmp_x2 = torch.clamp(tmp_x2, max=x2[i]) # xmaxの上限値を切り詰める
tmp_y2 = torch.clamp(tmp_y2, max=y2[i]) # xmaxの上限値を切り詰める
```

●torch.clamp()

入力するテンソル（Tensor）の要素の上限の値、下限の値を、指定した値の範囲に切り詰めます。

書式	torch.clamp(input, min, max, out = None)	
パラメーター	input	入力するTensor
	min	下限にする値
	max	上限にする値
	out	出力されるTensor名

tmp_x1、tmp_y1、tmp_x2、tmp_y2を使って重なる部分の幅と高さを求め、負の値があれば0に置き換えます。

▼重なる部分の幅と高さを求め、負の値があれば0に置き換える

```
tmp_w = tmp_x2 - tmp_x1
tmp_h = tmp_y2 - tmp_y1
# 幅や高さが負の値になっていたら0にする
tmp_w = torch.clamp(tmp_w, min=0.0)
tmp_h = torch.clamp(tmp_h, min=0.0)
```

最後に、idxに残っているすべてのバウンディングボックスについて、基準となるバウンディングボックス（確信度最上位のBBox）と重なる部分の面積（A∩B）を

```
inter = tmp_w*tmp_h
```

で求めて、interに格納します。

・同じ物体を囲むバウンディングボックスを削除する

idxに現存するすべてのバウンディングボックスについて、基準となるバウンディングボックス（確信度最上位のBBox）と重なる部分の面積が取得できましたので、すべてのIoU値を求めます。

▼IoU = intersect部分 / (area(a) + area(b) - intersect部分)の計算

```
# areaからidxに残っているすべてのBBoxの面積を取得
rem_areas = torch.index_select(
            area, # 確信度0.01以上のすべてのBBoxの面積
            0,    # 処理対象の次元
            idx)  # 確信度上位200から現存するBBoxのインデックス値の並び
```

```
# (BBoxの元の面積 - 交差部分の面積)+基準となるBBox(確信度最上位)の面積
union = (rem_areas - inter) + area[i]  # A∪Bの面積
IoU = inter/union # idxに残っているすべてのBBoxのIoUを求める
```


IoUがoverlap (0.5) より大きいBBoxをすべて取り除きます。これで、基準となるバウンディングボックス (確信度最上位のBBox) と同じ物体を囲むBBoxがすべて取り除かれます。

▼idxに残っているBBoxのうち、IoUがoverlapより小さいものだけを残す

```
idx = idx[IoU.le(overlap)]  # le()はoverlap以下の要素だけを残す
```

これで、最初に取り出したバウンディングボックスと同じ物体を囲むバウンディングボックスがすべて取り除かれました。現在、idxには別の物体を囲むバウンディングボックスのインデックス情報が残されています。残されているバウンディングボックスの数が2以上であれば、再びNon-Maximum Suppressionの処理が続行されます。

■nonmaximum_suppress()関数の定義

次は、nonmaximum_suppress()関数の定義コードです。「ssd.py」を開いて、8番目のコードブロックとして入力してください。

▼nonmaximum_suppress()関数の定義 (ssd.py)

```
'''
8. Non-Maximum Suppressionを行う関数
'''
def nonmaximum_suppress(
        boxes, scores, overlap=0.5, top_k=200):
    '''1つの物体に対して1つのBBoxだけを残す

    画像分類のクラスごとにNon-Maximum Suppressionを実施
    クラス単位で抽出された確信度0.01以上のboxesから同一の物体に対する被り度
    (IoU値)が大きいBBoxを集めて、その中で最大の確信度を持つBBoxだけを取り出す

    Parameters:
      boxes(Tensor):
        1クラスあたり8,732個のBBoxのうち、確信度0.01を超えたBBoxの座標情報
        テンソルの形状は(1クラスにつき確信度0.01を超えたBBoxの数, 4)
      scores(Tensor):
          confネットワークの出力(DBoxの各クラスの確信度)からクラスごとに
```

```
            確信度の閾値0.01を超えるBBoxの確信度だけを抜き出したもの
            テンソルの形状は(1クラスにつき確信度0.01を超えたBBoxの数, )
        overlap(float):
            被り度合い(IoU値)の基準にする値
            overlapが0.5以上である場合に、それらのバウンディングボックスは
            同じ物体に対するバウンディングボックスだと判断する
        top_k(int)
            scoresから確信度が高い順にサンプルを取り出す際の、取り出すサンプルの数

    Returns:
        keep(Tensor): 画像中に存在するBBoxのインデックスが格納される
        count(int):  画像中に存在するBBoxの数が格納される
    '''
    # NMSを通過したBBoxの数を保持する変数の初期化
    count = 0
    # scoresと同じ形状の0で初期化したテンソルを生成
    # keepの形状は(1クラスにつき確信度0.01を超えたBBoxの数,)
    keep = scores.new(scores.size(0)).zero_().long()

    # 各BBoxの面積areaを計算
    # areaの形状は(確信度0.01を超えるBBoxの数,)
    x1 = boxes[:, 0] # x軸最小値
    y1 = boxes[:, 1] # y軸最小値
    x2 = boxes[:, 2] # x軸最大値
    y2 = boxes[:, 3] # y軸最大値
    area = torch.mul(x2 - x1, y2 - y1) # torch.mulで底辺×高さを求める

    # boxesのコピーをBBox情報の要素の数だけ作成
    # BBoxの被り度(IoU)の計算の際に使用する
    tmp_x1 = boxes.new()
    tmp_y1 = boxes.new()
    tmp_x2 = boxes.new()
    tmp_y2 = boxes.new()
    tmp_w = boxes.new()
    tmp_h = boxes.new()

    # スコアを昇順(確信度が低い方から)に並べ替える
    v, idx = scores.sort(0) # idxに元の要素のインデックスのリストを格納

    # idxの上位top_k個(200個)のBBoxのインデックスを取り出す
```

```
# 200個存在しない場合もある
idx = idx[-top_k:]

# idx(初期の要素数top_k個(200個))の要素数が0でない限りループ
while idx.numel() > 0:
    i = idx[-1]  # 最大の確信度(conf値)のインデックスを取得

    # keepの形状は(1クラスにつき確信度0.01を超えたBBoxの数,)
    # keepのインデックスcountの位置に最大確信度(conf値)のインデックス値を格納
    # このインデックスのBBoxと被りが大きいBBoxを以下の処理で取り除く
    keep[count] = i
    # keepのインデックスを1増やす
    count += 1

    # idxの要素数を取得し、1(最後のBBox)であればループを抜ける
    if idx.size(0) == 1:
        break

    ### Non-Maximum Suppressionの処理を開始 ###
    # 昇順に並んでいるscoresのインデックスの末尾を除外する
    idx = idx[:-1]

    # idxの昇順スコアのインデックス値を使ってBBoxの座標情報 xmin, ymin,
    # xmax, ymaxを抽出してtmp_x1, tmp_y1, tmp_x2, tmp_y2に格納
    # index_select(入力Tensor,
    #              対象の次元,
    #              抽出する要素のインデックス,
    #              out=出力Tensor名)
    torch.index_select(x1, 0, idx, out=tmp_x1) # 昇順スコアに対応するxminの並び
    torch.index_select(y1, 0, idx, out=tmp_y1) # 昇順スコアに対応するyminの並び
    torch.index_select(x2, 0, idx, out=tmp_x2) # 昇順スコアに対応するxmaxの並び
    torch.index_select(y2, 0, idx, out=tmp_y2) # 昇順スコアに対応するymaxの並び

    # idxに残っているBBoxのxmin, ymin, xmax, ymaxの下限値・上限値を
    # それぞれインデックスi(確信度最上位のBBox)の値までに切り詰める
    # torch.clamp(入力Tensor,
    #             min=切り詰める下限値,
    #             max=切り詰める上限値,
    #             out=出力Tensor名)
    tmp_x1 = torch.clamp(tmp_x1, min=x1[i]) # xminの下限値を切り詰める
```

```
        tmp_y1 = torch.clamp(tmp_y1, min=y1[i]) # yminの下限値を切り詰める
        tmp_x2 = torch.clamp(tmp_x2, max=x2[i]) # xmaxの上限値を切り詰める
        tmp_y2 = torch.clamp(tmp_y2, max=y2[i]) # ymaxの上限値を切り詰める

        # tmp_wとtmp_hのテンソルの形状をそれぞれtmp_x2、tmp_y2と同じ形状にする
        tmp_w.resize_as_(tmp_x2)
        tmp_h.resize_as_(tmp_y2)

        # tmp_x1, tmp_y1, tmp_x2, tmp_y2を使って重なる部分の幅と高さを求め
        # tmp_wとtmp_hに代入する
        tmp_w = tmp_x2 - tmp_x1
        tmp_h = tmp_y2 - tmp_y1

        # 幅や高さが負の値になっていたら0にする
        tmp_w = torch.clamp(tmp_w, min=0.0)
        tmp_h = torch.clamp(tmp_h, min=0.0)

        # intersect(交差)部分の面積(A∩B)を求める
        inter = tmp_w*tmp_h

        # IoU = intersect部分 / (area(a) + area(b) - intersect部分)の計算
        # areaからidxに残っているすべてのBBoxの面積を取得
        rem_areas = torch.index_select(
            area, # 確信度0.01以上のすべてのBBoxの面積
            0,    # 処理対象の次元
            idx)  # 確信度上位200から現存するBBoxのインデックス値の並び
        # (BBoxの元の面積 - 交差部分の面積)+基準となるBBox(確信度最上位)の面積
        union = (rem_areas - inter) + area[i]  # A∪Bの面積
        IoU = inter/union # idxに残っているすべてのBBoxのIoUを求める

        # idxに残っているBBoxのうち、IoUがoverlapより小さいものだけを残す
        # 同じ物体を囲むその他のBBoxがすべて取り除かれる
        idx = idx[IoU.le(overlap)]  # le()はoverlap以下の要素だけを残す

    # idxのBBoxが1個になりwhileループを抜けたら
    # 検出されたBBoxの数とBBoxを参照するためのインデックス値を返して終了
    return keep, count
```

2.4.3 推論時にバウンディングボックスの情報を出力する

学習済みのSSDモデルで予測する際は、SSDモデルの最後に位置するlocネットワークとconfネットワークからの出力を利用し、1物体につき1個のバウンディングボックスに絞り込む処理が必要になります。

そこで本項では、前項で作成したNon-Maximum Suppressionの処理を適用するためのDetectクラスを作成します。

■Detectクラスの処理の概要

これから作成するDetectクラスは、SSDモデルの順伝播処理の最後に実行され、

```
(バッチサイズ, 21, 200, 5)
```

の形状の4階テンソルを出力します。その内訳は、

```
(バッチのインデックス,
 クラスのインデックス,
 NMSで抽出されたBBoxのインデックス,
 (BBoxの確信度, xmin, ymin, width, height))
```

となります。1枚の画像につき、画像中のすべての物体を囲むバウンディングボックスが各1個ずつ出力されます。クラスごとに出力されるので、そのバウンディングボックスが囲む物体の名前もわかる仕組みです。

Detectクラスは、torch.autograd.Functionクラスを継承したサブクラスとして作成します。

- torch.autograd.Functionクラス

計算を実行し、結果を記録する関数オブジェクトを定義します。順伝播処理はforward()、逆伝播処理はbackward()に定義します。forward()、backward()共にすべてのサブクラスでオーバーライド可能ですが、パラメーターの先頭にコンテキストを受け取るためのctxを定義する必要があります。コンテキストを使用して、処理中に保存されたテンソルを取得するためです。Functionのサブクラスは関数オブジェクトなので、使用する際はインスタンス化の代わりにapply()による呼び出しを行います。

▼使用例

```
class Exp(Function):
    @staticmethod
    def forward(ctx, i):
        result = i.exp()
        ctx.save_for_backward(result)
        return result

    @staticmethod
    def backward(ctx, grad_output):
        result, = ctx.saved_tensors
        return grad_output * result

#Use it by calling the apply method:
output = Exp.apply(input)
```

この使用例はPyTorchの公式ドキュメントから抜粋したものですが、これを見てわかるように、順伝播（forward）、逆伝播（backward）共に、デコレーター「@staticmethod」を付けて静的メソッドとして定義します。オリジナルの実装ではインスタンスメソッドとして定義されていますが、現在のPyTorchのバージョンではエラーになるので、静的メソッドforward()として定義し、__init()__の初期化処理もすべてforward()内で行うようにしました。

▼オリジナルのDetectクラスの冒頭部分

```
class Detect(Function):
    def __init__(self, num_classes, bkg_label, top_k, conf_thresh, nms_thresh):
        '''
        Parameters:
          num_classes: クラスの数
          bkg_label: 0が代入される
          top_k: 確信度上位の数
          conf_thresh: IoUの閾値
          nms_thresh: 確信度の閾値
        '''
        self.num_classes = num_classes
        self.background_label = bkg_label
        self.top_k = top_k
        self.nms_thresh = nms_thresh
        if nms_thresh <= 0:
            raise ValueError('nms_threshold must be non negative.')
```

```
        self.conf_thresh = conf_thresh
        self.variance = cfg['variance']

    def forward(self, loc_data, conf_data, prior_data):
        '''
        Parameters:
          loc_data: locネットワークの出力
          conf_data: confネットワークの出力
          prior_data: DBoxの情報
        '''
        num = loc_data.size(0)
        num_priors = prior_data.size(0)
        output = torch.zeros(num, self.num_classes, self.top_k, 5)
        conf_preds = conf_data.view(num, num_priors,
                                    self.num_classes).transpose(2, 1)
        .........以降省略.........
```

▼forward()をスタティックメソッドに変更

```
class Detect(Function):
    @staticmethod
    def forward(ctx, loc_data, conf_data, dbox_list):
        # confネットワークの出力を正規化するためのソフトマックス関数
        ctx.softmax = nn.Softmax(dim=-1)
        # BBoxを抽出する際の閾値(確信度が0.01より高いものを抽出)
        ctx.conf_thresh = 0.01
        # Non-Maximum Suppressionを実施するBBoxの数(確信度上位200個)
        ctx.top_k = 200
        # 被り度合い(IoU値)の閾値
        # 0.45より高ければ同一の物体へのBBoxと判定する
        ctx.nms_thresh = 0.45

        # ミニバッチのサイズを取得
        batch_num = loc_data.size(0)
        # クラス数(ラベル数)の21を取得
        classes_num = conf_data.size(2)

        # confが出力するBBoxの確信度にソフトマックス関数を適用
        conf_data = ctx.softmax(conf_data)

        # 出力のoutput用のテンソルを用意
```

```
# テンソルの形状は(バッチサイズ, 21, 200, 5)
output = torch.zeros(batch_num, classes_num, ctx.top_k, 5)

# confネットワークの出力(バッチサイズ, 8732, 21)を
# (バッチサイズ, 21, 8732)に変更
conf_preds = conf_data.transpose(2, 1)
.........以降省略.........
```

●forward()のパラメーター

forward()メソッドは、インスタンスメソッドのselfに相当するctx(メソッド自身を示す情報とお考えください)を除き、以下のパラメーターを持ちます。

・loc_data

locネットワークが出力するデフォルトボックスのオフセット情報が格納されたテンソルが渡されます。テンソルの形状は、(バッチサイズ, 8732, 4)です。

・conf_data

confネットワークが出力するデフォルトボックスのクラスラベル(21個)ごとの確信度が格納されたテンソルが渡されます。テンソルの形状は、(バッチサイズ, 8732, クラスのラベル数)です。

・dbox_list

デフォルトボックスの情報(cx, cy, width, height)が格納されたテンソルが渡されます。テンソルの形状は、(8732, 4)です。

●forward()における最初の処理

forward()メソッドにおける最初の処理として、パラメーター値の取得、処理に必要な値の取得を行います。

・ctx.softmax

torch.nn.Softmaxオブジェクト。

・ctx.conf_thresh

BBoxを抽出する際の閾値(0.01)が格納されます。

・**ctx.top_k**

Non-Maximum Suppressionを実施するBBoxの数（200）が格納されます。

・**ctx.nms_thresh**

被り度合い（IoU値）の閾値が格納されます。

・**batch_num**

バッチデータのサイズが格納されます。

・**classes_num**

クラスのラベル数（21）が格納されます。

・**conf_data**

confが出力するDBoxのクラスラベルごとのconf値(バッチサイズ, 8732, 21)にソフトマックス関数を適用して確率（確信度）に置き換えられた値が格納されます。

・**conf_preds**

conf_dataの形状(バッチサイズ, 8732, 21)を(バッチサイズ, 21, 8732)に変更したテンソルが格納されます。

・**output**

forward()の戻り値を格納するための、0で初期化された4階テンソル(バッチサイズ, 21, 200, 5)です。

conf_dataには、1つのBBoxについて出力されるクラスのラベルごとのconf値について、ソフトマックス関数を適用した値が格納されます。つまり、1つのBBoxにつき、分類先の全ラベルの確率が求められるので、最も確率が高いラベルが、そのBBoxが囲む物体名になります。オリジナルの実装では、ソフトマックス関数の適用をSSDモデルのクラス内で行っていますが、ここではNMSに関する処理をまとめるため、Detectのforward()メソッド内で行うように変更しています。

COLUMN One-hotエンコーディングとソフトマックス関数

confネットワークが出力するデフォルトボックスごとの確信度は、

(バッチサイズ, 8732, 21)

という形状のテンソルになります。これは、8,732個のデフォルトボックスそれぞれの確信度を21のクラスの数だけ並べたもので、

[クラス0の確信度, クラス1の確信度, クラス2の確信度, ..., クラス20の確信度]

のような形状になります。

◎One-hotエンコーディング

先頭のクラス0は背景に相当し、クラス1は「aeroplane」、クラス2は「bicycle」、...とそれぞれの正解ラベルに連動します。この21個の出力値は当初、でたらめな値になるかもしれません。しかし、正解ラベルとの誤差を利用したバックプロパゲーションにより、次の図のように物体を認識するようになります。

▼出力層のニューロンの出力と分類結果の関係(クラスの数を10にしています)

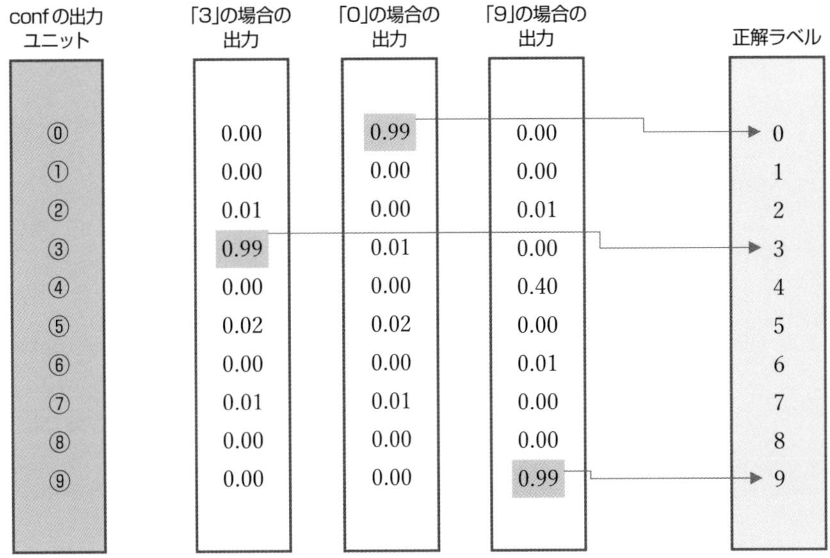

confの出力ユニット	「3」の場合の出力	「0」の場合の出力	「9」の場合の出力	正解ラベル
⓪	0.00	0.99	0.00	0
①	0.00	0.00	0.00	1
②	0.01	0.00	0.01	2
③	0.99	0.01	0.00	3
④	0.00	0.00	0.40	4
⑤	0.02	0.02	0.00	5
⑥	0.00	0.00	0.01	6
⑦	0.01	0.01	0.00	7
⑧	0.00	0.00	0.00	8
⑨	0.00	0.00	0.99	9

学習を繰り返すことで、物体がbird(正解ラベル3)の場合は出力ユニット③が発火する(閾値を超える)ようになります。ユニット③以外は0に近い非常に小さな値です。一方、背景(正解ラベル0)の場合はユニット⓪が発火します。

このように、1つの要素だけがHigh(1)で、ほかはLow(0)のようなデータの並びを表現することを「One-hot(ワンホット)エンコーディング」または「One-hot表現」と呼びます。

One-hotエンコーディングは、マルチクラス分類に適したデータ表現ですが、正しい出力を得るためにはソフトマックス関数で活性化することが必要です。

◎ソフトマックス関数

ソフトマックス関数はマルチクラス分類に用いられる関数であり、各クラスの確率として0から1.0の間の実数を出力します。出力した確率の総和が必ず1.0になるのが大きな特徴です。例として3つのクラスがあり、1つ目が0.26、2つ目が0.714、3つ目が0.026だったとします。この場合、1つ目のクラスが正解である確率は26%、2つ目のクラスは71.4%、3つ目のクラスは2.6%である、というように確率的な解釈ができます。ソフトマックス関数を一般化した式で書くと、次のようになります。

▼ソフトマックス関数

$$y_k = \frac{\exp(a_k)}{\sum_{i=1}^{n} \exp(a_i)}$$

$\exp(x)$は、ネイピア数e（2.7182...）を底とする指数関数e^xです。この式は、出力ユニットがn個だとして、k番目の出力y_kを求めるものです。ソフトマックス関数の分子は入力信号a_kの指数関数、分母はすべての入力信号の指数関数の和になります。ソフトマックス関数を実装すると次のようになります。

▼ソフトマックス関数

```
import numpy as np
def softmax(self, x):
    '''
    x : 関数を適用するデータ
    '''
    c = np.max(x)
    exp_x = np.exp(x - c)      # オーバーフローを防止する
    sum_exp_x = np.sum(exp_x)
    y = exp_x / sum_exp_x
    return y
```

ソフトマックス関数を実装する場合、指数関数の計算を行う際にコンピューターのオーバーフローが発生し、無限大を表すinfが返されることがあります。そこで、ソフトマックスの指数関数の計算を行う際は、何らかの定数を足し算または引き算しても結果は変わらない、という特性を活かして、オーバーフロー対策を行います。具体的には、入力信号の中で最大の値を取得し、これを

exp_x = np.exp(x – 最大値)

のように引き算することで正しく計算できるようになります。

●個々のバッチデータに対して繰り返す処理

2個あるforループのうち、外側のforループは、バッチデータの数だけ繰り返し、以下のデータを取得します。

・decoded_boxes

locネットワークが出力するDBoxのオフセット情報(バッチサイズ, 8732, 4) からi番目のバッチの情報(8732, 4)を取り出し、decode()関数でオフセット値をBBoxの座標情報(xmin, ymin, xmax, ymax)に変換します。1枚の画像に対する8,732個のBBox（の座標情報）です。

・conf_scores

confネットワークが出力にソフトマックス関数を適用したあとの(バッチサイズ, 21, 8732)からi番目のバッチのコピーを作成します。1枚の画像の分類先のラベルごとに、8,732個のBBoxの確信度（確率）が格納されます。テンソルの形状は(21, 8732)です。

・ネストされたforループの処理

ネストされたforループでは、クラスのラベルの数だけ処理を繰り返します。ただし、背景のラベル（0）は処理しないので、計20回ループします。

・c_mask

conf_scoresのインデックスcl（ラベルを示す）の8,732個の確信度について、閾値（0.01）を超えるものを取り出すためのビットマスク（0と1の並び）です。c_maskの要素は8,732個のTrueまたはFalse。テンソルの形状は(8732,)。

・scores

c_maskを利用して、conf_scoresから0.01超えの確信度のみを抽出します。したがってscoresの形状は(閾値を超えた確信度の数,)になります。「1枚の画像のi番目のラベルにおいて0.01を超える確信度」がすべて格納されます。

この直後にscoresの要素数を調べ、要素の数が0であれば、この画像のi番目のラベルには確信できるものがないと判断し、ネストされたforループの最初に戻り、次のラベルについて調べます。

・l_mask

c_maskの形状(8732,)をdecoded_boxesの形状(8732, 4)に変形します。

・boxes

l_maskをdecoded_boxesに適用して、i番目のラベルにおけるBBoxの座標情報(8732, 4)から確信度の閾値0.01超えのBBox座標のみを抽出します。なお、抽出直後のテンソルの形状は、座標情報が並んだ1階テンソルになるので、view(-1, 4)を適用して、BBoxごとに座標情報をまとめます。これによって、(確信度0.01を超えたBBox数, 4)の形状の2階テンソルになります。「1枚の画像のi番目のラベルにおいて、確信度が0.01を超えるBBoxの座標情報」です。

ここまでの各値を求めたら、次のようにnonmaximum_suppress()関数を実行して、NMSの処理を行います。

▼NMSの処理を行う

```
ids, count = nonmaximum_suppress(
    boxes,            # ラベルiにおける確信度0.01を超えるBBoxの座標情報
    scores,           # ラベルiにおける0.01を超える確信度の値
    ctx.nms_thresh, # 被り度合い(IoU値)の閾値(0.45)
    ctx.top_k)        # NMSを実施するBBoxの数(確信度上位200個)
```

結果として、1枚の画像のラベルiにおける最も確信度が高いBBoxの情報が取得されます。1枚の画像中に、そのラベルが示す物体が複数存在する場合は、それぞれの物体ごとに確信度最上位のBBoxが取得されます。例えば、1枚の写真に3匹のネコが写っている場合は、それぞれを囲む3個のBBoxが取得されるのが理想です。

idsには、検出されたBBoxを参照するためのインデックス値、countには検出されたBBoxの数が格納されます。

outputは、(バッチサイズ, 21, 200, 5)の形状をした4階テンソルです。各次元ごとに

```
(バッチサイズ(バッチデータのインデックス),
 21(クラスのラベルのインデックス),
 200(NMSの処理が行われるBBoxのインデックス),
 5(BBoxの確信度, xmin, ymin, width, height)
)
```

となります。3次元の200という要素数は、確信度0.01以上のBBoxのうち、nonmaximum_suppress()関数が処理する上位200個の数に合わせたものです。ですので、BBoxが1個しか検出されなければ、残りの要素はすべて0のままです。

outputには、i番目のバッチデータにおけるcl番目のラベルに対して検出されたBBoxの数だけ、そのインデックス値に沿って(BBoxの確信度, xmin, ymin, w, h)が格納されます。

▼i番目のバッチデータにおけるcl番目のラベルに対して検出されたBBoxのデータを格納

```
output[i,       # 1次元のバッチデータのインデックス
       cl,      # ラベルのインデックス
       :count   # NMSで抽出されたBBoxの数だけ(BBoxの確信度, xmin, ymin, w, h)
       ] = torch.cat(
                   # scoresから、idxのcountまでの確信度を2階テンソルで取得
                   # boxesから、idxのcountまでのBBox座標(2階テンソル)を取得
                   # 取得した確信度とBBox座標を2階テンソルの形状で連結
                   (scores[ids[:count]].unsqueeze(1),
                    boxes[ids[:count]]), 1)
```

ここまでの処理が終わったらネストされたforループの先頭に戻り、1枚の画像における次のラベルについてBBoxを検出する処理が繰り返され、最終的にすべてのラベルに対するBBoxがリストアップされます。

■Detectクラスを定義する

「ssd.py」を開いてDetectクラスの定義コードを入力しましょう。これまでに8個の定義コードを入力していますので、9番目の定義コードになります。

▼Detectクラスを定義する(ssd.py)

```
'''
9. SSDの推論時にconfとlocの出力から真のBBoxを抽出するクラス
'''
from torch.autograd import Function

class Detect(Function):
    '''推論時の順伝播処理のみを実装

    Attributes:
      softmax: torch.nn.Softmax
      conf_thresh: BBoxを抽出する際の閾値
      top_k: Non-Maximum Suppressionを実施するBBoxの数
      nms_thresh: 被り度合い(IoU値)の閾値
    '''
    @staticmethod
    def forward(ctx, loc_data, conf_data, dbox_list):
        '''loc、confの出力を順伝播し、BBoxの情報と正解ラベルを出力する

```

```
        Parameters:
          loc_data(Tensor):
            locネットワークが出力するDBoxのオフセット情報
            (バッチサイズ, 8732, 4[Δcx,Δcy,Δw,Δh])
          conf_data(Tensor):
            confネットワークが出力するDBoxのクラスラベル(21個)ごとのconf値
            (バッチサイズ, 8732, 21)
          dbox_list(Tensor):
            DBoxの情報(8732, 4[cx, cy, width, height])

        Returns:
           output(Tensor): (バッチサイズ, 21, 200, 5)
              内訳: (バッチデータのインデックス,
                    クラスのインデックス,
                    BBoxのインデックス,
                    (BBoxの確信度, xmin, ymin, width, height))
        '''
        # confネットワークの出力を正規化するためのソフトマックス関数
        ctx.softmax = nn.Softmax(dim=-1)
        # BBoxを抽出する際の閾値(確信度が0.01より高いものを抽出)
        ctx.conf_thresh = 0.01
        # Non-Maximum Suppressionを実施するBBoxの数(確信度上位200個)
        ctx.top_k = 200
        # 被り度合い(IoU値)の閾値
        # 0.45より高ければ同一の物体へのBBoxと判定する
        ctx.nms_thresh = 0.45

        # ミニバッチのサイズを取得
        batch_num = loc_data.size(0)
        # クラス数(ラベル数)の21を取得
        classes_num = conf_data.size(2)

        # confが出力するDBoxのクラスラベルごとのconf値
        # (バッチサイズ, 8732, 21)にソフトマックス関数を適用
        # DBoxごとに全ラベルそれぞれのconf値が確率に置き換えられる
        conf_data = ctx.softmax(conf_data)

        # ソフトマックス関数を適用したconf_dataの形状(バッチサイズ, 8732, 21)を
        # (バッチサイズ, 21, 8732)に変更
        conf_preds = conf_data.transpose(2, 1)
```

```
# 出力のoutput用のテンソルを用意
# テンソルの形状は(バッチサイズ, 21, 200, 5)
output = torch.zeros(batch_num, classes_num, ctx.top_k, 5)

# バッチデータごとにループ
for i in range(batch_num):
    # locネットワークが出力するDBoxオフセット情報
    # (バッチサイズ, 8732, 4) からbatch_numのi番目を取り出し、
    # オフセット値をBBox座標(xmin, ymin, xmax, ymax)に変換
    # decoded_boxesの形状は(8732, 4)
    decoded_boxes = decode(loc_data[i], dbox_list)

    # confネットワークが出力する確信度(batch_num, 21, 8732)の
    # batch_numのi番目のコピーを作成
    # conf_scoresの形状はクラスごとのDBox確信度(21, 8732)
    conf_scores = conf_preds[i].clone()

    # クラスのラベル単位でループ(背景クラスは除外して20回繰り返す)
    for cl in range(1, classes_num):
        # conf_scoresのインデックスcl(ラベルを示す)における8732個の
        # 確信度から閾値(0.01)を超えるものを取り出すためのビットマスク
        # (0と1の並び)を生成
        #
        # torch.gt(input, other)はotherを超えるinput要素を
        # True(1)、それ以外をFalse(0)にして返す
        #
        # c_maskの形状は(TrueまたはFalseが8732個)
        c_mask = conf_scores[cl].gt(ctx.conf_thresh)

        # conf_scoresのインデックスclを抽出し、
        # c_maskのTrueに対応する0.01超えの確信度を取得
        # scoresの形状は(閾値を超えた確信度の数,)
        scores = conf_scores[cl][c_mask]

        # scoresの要素が0(閾値を超える確信度が存在しない)の場合は
        # 処理を中断してループの先頭に戻る
        if scores.nelement() == 0: # nelementで要素数の合計を取得
            continue
```

```
            # c_maskの形状(8732,)をdecoded_boxesの形状(8732, 4)に変形する
            l_mask = c_mask.unsqueeze(1).expand_as(decoded_boxes)

            # l_maskをdecoded_boxesに適用してBBox座標(8732, 4)から
            # 閾値0.01超えのBBox座標を抽出
            # decoded_boxes[l_mask]で1階テンソルになるので、
            # view(-1,4)で2階テンソル(確信度0.01を超えるBBox数, 4)に
            boxes = decoded_boxes[l_mask].view(-1, 4)

            # Non-Maximum Suppressionを実施して、1つの物体につき
            # 確信度最上位のBBoxを1個取得する
            # ids: 検出されたBBoxを参照するためのインデックス値
            # count: 検出されたBBoxの数
            ids, count = nonmaximum_suppress(
                boxes,  # ラベルiにおける確信度0.01を超えるBBoxの座標情報
                scores, # ラベルiにおける0.01を超える確信度の値
                ctx.nms_thresh, # 被り度合い(IoU値)の閾値(0.45)
                ctx.top_k)        # NMSを実施するBBoxの数(確信度上位200個)

            # outputにNon-Maximum Suppressionの結果を格納
            # outputの1次元: バッチデータのインデックス(要素数はバッチの数)
            # outputの2次元: クラスのラベルのインデックス(要素数21)
            # outputの3次元: NMSを適用するBBoxのインデックス(要素数200)
            # outputの4次元: BBoxの確信度, xmin, ymin, width, height(5)
            output[i, cl, :count] = torch.cat(
                # scoresから、idxのcountまでの確信度を2階テンソルで取得
                # boxesから、idxのcountまでのBBox座標(2階テンソル)を取得
                # 取得した確信度とBBox座標を2階テンソルの形状で連結
                (scores[ids[:count]].unsqueeze(1),
                 boxes[ids[:count]]), 1)

    return output  # outputの形状は(バッチサイズ, 21, BBoxの数, 5)
```

2.5 SSDモデルの実装

これまでに作成したvggネットワーク、extrasネットワーク、locネットワーク、confネットワークを搭載し、順伝播処理を実施するSSDクラスを作成します。順伝播の処理はforward()メソッドにまとめ、学習時にはモデルの出力をそのまま戻り値として返しますが、推論を行う際はDetectクラスのNon-Maximum Suppression (NMS) によって1物体につき1個のバウンディングボックスに絞り込むように動作を分けます。

2.5.1 SSDモデルにおける順伝播処理について徹底解説

SSDモデルは、vgg、extrasの各ネットワークからの出力out1〜out6をlocネットワークとconfネットワークの畳み込み層1〜6に順次入力し、

locネットワーク ➡ 8,732個のDBoxのオフセット情報(バッチサイズ, 8732, 4)
confネットワーク ➡ 8,732個のDBoxの各クラスの確信度(バッチサイズ, 8732, 21)

を出力します。この間、各ネットワークからの出力データ（テンソル）の形状が適宜、変換されますので、処理の流れを注意深く見ていないと、バウンディングボックスによる物体検出の仕組みがなかなか理解できません。逆に言えば、SSDの順伝播処理が理解できれば、物体検出の本質が理解できると言ってもよいでしょう。

■__init()__における初期化処理

SSDクラスは、torch.nn.Moduleクラスを継承したサブクラスとして定義します。

▼SSDクラスの宣言部

```
class SSD(nn.Module):
```

__init()__には、動作モードを取得するためのパラメーターphaseと、各種の設定値を受け取るためのパラメーターcfgがあります。cfgには、呼び出し元（SSDの順伝播処理の実行元）から、処理に必要な各種の設定値を格納した辞書（dict）型のデータが引き渡されます。

初期化処理では、SSDの

・vgg、extras、L2Norm、loc、confのインスタンス

を生成し、

・分類先のクラスの数
・動作モードの設定情報('train'または'test')

を取得します。さらに、DBoxクラスを呼び出して、

・8,732個のデフォルトボックスの情報[cx, cy, width, height]

を取得します。

最後に、動作モードが'test'の場合、NMSを実行するDetectクラス(のforward()メソッド)を取得して変数に格納します。

▼SSDクラスの__init()__メソッド

```
def __init__(self, phase, cfg):
    super(SSD, self).__init__()
    self.phase = phase                      # 動作モードの'train'または'test'を取得
    self.classes_num = cfg['classes_num'] # クラスの数(21)を取得

    # SSDのネットワークを生成
    self.vgg = make_vgg()          # vggネットワーク
    self.extras = make_extras() # extrasネットワーク
    self.L2Norm = L2Norm()         # L2Norm層
    # locネットワーク
    self.loc = make_loc(
        cfg['dbox_num']            # out1～out6にそれぞれに用意するDBoxの数
        )
    # confネットワーク
    self.conf = make_conf(
        cfg['classes_num'],        # クラスの数
        cfg['dbox_num']            # out1～out6にそれぞれに用意するDBoxの数
        )

    # DBoxの[cx, cy, width, height]を格納したテンソル(8732, 4)を取得
    dbox = DBox(cfg)
    self.dbox_list = dbox.make_dbox_list()

    # 推論モード(test)で使用するDetectクラス
    if phase == 'test':
        # Detectのforward()を実行する関数オブジェクトを取得
        self.detect = Detect.apply
```

■forward()による順伝播処理の詳細

SSDモデルの順伝播処理は、すべてforward()メソッドで行います。

▼forward()メソッドの冒頭部分
```
def forward(self, x):
    out_list = list() # locとconfに入力するout1～6を格納するリスト
    loc = list()       # locネットワークの出力を格納するリスト
    conf = list()      # confネットワークの出力を格納するリスト
```

パラメーターxには、300×300のサイズの画像（写真）を格納した

```
(バッチサイズ, 3, 300, 300)
```

の4階テンソルが渡されます。

以降、4つのforループによってSSDモデルの順伝播処理が実施されますので、1つ目のforループから順に見ていきましょう。

●1つ目のforループ（out1の取得）

vgg1からvgg4の畳み込み層3まで順伝播します。

▼vgg1からvgg4の畳み込み層3まで順伝播する
```
for k in range(23):
    x = self.vgg[k](x)
```

vgg1からvgg4の畳み込み層3までの層の数を活性化関数も含めてカウントすると23になります。vggのインデックス22（23番目）まで入出力（順伝播）を行います。

ループが完了するとxにはvgg4の畳み込み層3からの出力が格納されていますので、これをL2Norm層に入力して正規化の処理を行い、リストout_listに追加します。

▼out1を取得する
```
out1 = self.L2Norm(x) # vgg4の畳み込み層3の出力をL2Normで正規化
out_list.append(out1) # out1をout_listに追加
```

●2つ目のforループ（out2の取得）

vgg4のプーリング層からvgg6まで順伝播してvggネットワークの最終出力を取得します。

▼vgg4のプーリング層からvgg6（vggネットワークの最後）まで順伝播してout2を取得

```
for k in range(23, len(self.vgg)):
    x = self.vgg[k](x)
out_list.append(x)  # out2をout_listに追加
```

len(self.vgg)でvggの層の数（35）を取得し、vggのインデックス23から最後のインデックスまで入出力を行います。これをout2としてリストout_listに追加します。

●3つ目のforループ（out3～6の取得）

vggの最終出力out2をextrasネットワークに入力し、extrasの「畳み込み+ReLU」×2で構成される各ブロックからの出力を

・extras1（インデックス0～1）の出力out3
・extras2（インデックス2～3）の出力out4
・extras3（インデックス4～5）の出力out5
・extras4（インデックス6～7）の出力out6

のように取得します。

forループではenumerate()を使ってextrasの畳み込み層をvに、そのインデックスをkに取り出します。F.relu(v(x), inplace=True)で畳み込み層からの出力にReLUを適用して活性化し、インデックスkが奇数であればブロックextras1～4の各出力なので、out3、out4、out5、out6の値としてout_listに追加します。

▼extras1～extras4まで8層の畳み込みすべてにReLUを適用しながら順伝播してout3～6を取得する

```
for k, v in enumerate(self.extras):
    x = F.relu(v(x), inplace=True)  # 畳み込み層の出力にReLUを適用する

    if k % 2 == 1:                  # extras1～extras4の各出力は層のインデックスが奇数になる
        out_list.append(x)          # out3～out6を順次out_listに追加
```

ここまでの処理でout1～out6のすべてが取得され、

```
out_listの中身：[out1, out2, out3, out4, out5, out6]
```

のようになります。

●4つ目のforループ(locとconfの出力を取得)

out1～out6を、loc1～loc6までの畳み込み層と、conf1～conf6までの畳み込み層にそれぞれ入力します。

▼out1～out6をloc1～loc6とconf1～conf6にそれぞれ入力する

```
for (x, l, c) in zip(out_list,    # out1～out6(要素数6)
                     self.loc,    # locの畳み込みは6層
                     self.conf): # confの畳み込みは6層
    # locの出力の形状をpermute()で変換
    # (バッチサイズ, 特徴量(h), 特徴量(w), オフセット値4*BBoxの種類)
    loc.append(l(x).permute(0, 2, 3, 1).contiguous())
    # confの出力の形状をpermute()で変換
    # (バッチサイズ, 特徴量(h), 特徴量(w), オフセット値4*BBoxの種類)
    conf.append(c(x).permute(0, 2, 3, 1).contiguous())
```

・locネットワークへの入出力

locネットワークにl(x)で入力します。すると、ループ完了後に

```
loc1: (バッチサイズ, 16, 38, 38)
loc2: (バッチサイズ, 24, 19, 19)
loc3: (バッチサイズ, 24, 10, 10)
loc4: (バッチサイズ, 24, 5, 5)
loc5: (バッチサイズ, 16, 3, 3)
loc6: (バッチサイズ, 16, 1, 1)
```

のように、6個の出力データが得られます。テンソルの2次元は畳み込みのフィルターの数で、

```
4(DBoxのオフセット値の数)×BBoxの種類
```

に相当します。out1、5、6には4種類のデフォルトボックス、out2、3、4には6種類のデフォルトボックスを用意するので、

```
loc1: 4×4=16
loc2: 4×6=24
loc3: 4×6=24
loc4: 4×6=24
loc5: 4×4=16
loc6: 4×4=16
```

の数のオフセット値が特徴量マップのセルの数だけ出力されます。ただし、このままの状態だと、オフセット値の次元に特徴量マップが並ぶことになり都合が悪いのです。と言うのは、あくまで特徴量に対するオフセット値を取得するのが目的だからです。そこで、torch.Tensor.permute()でテンソルの次元を

```
(バッチサイズ, オフセット値4×BBoxの種類, 特徴量(h),特徴量(w))
↓
(バッチサイズ, 特徴量(h), 特徴量(w), オフセット値4*DBoxの種類)
```

のように変換します。そうするとloc1～loc6からの出力は、

```
loc1: (bs, 38, 38, 16)
loc2: (bs, 19, 19, 24)
loc3: (bs, 10, 10, 24)
loc4: (bs, 5, 5, 24)
loc5: (bs, 3, 3, 16)
loc6: (bs, 1, 1, 16)
```

のように、最後の次元が「4個のオフセット値×DBoxの種類」になります。2次元と3次元が特徴量マップのタテとヨコの並びになり、目的の予測値が最後の次元にまとまるので、予測結果として理想的な形状になりました。

- **confネットワークへの入出力**

confネットワークには、c(x)で入力します。すると、ループ完了後に

```
conf1: (バッチサイズ, 84, 38, 38)
conf2: (バッチサイズ, 126, 19, 19)
conf3: (バッチサイズ, 126, 10, 10)
conf4: (バッチサイズ, 126, 5, 5)
conf5: (バッチサイズ, 84, 3, 3)
conf6: (バッチサイズ, 84, 1, 1)
```

のように、6個の出力データが得られます。テンソルの2次元は畳み込みのフィルターの数に相当し、これは

```
21(クラスの数)×DBoxの種類
```

に相当します。out1、5、6には4種類のデフォルトボックス、out2、3、4には6種類のデフォルトボックスを用意するので、

```
conf1:  21×4=84
conf2:  21×6=126
conf3:  21×6=126
conf4:  21×6=126
conf5:  21×4=84
conf6:  21×4=84
```

の数のデフォルトボックスの確信度が、特徴量マップのセルの数だけ出力されます。ここでも、特徴量に対する確信度を取得できるように、テンソルの次元を

```
(バッチサイズ, クラス数21×BBoxの種類, 特徴量(h),特徴量(w))
↓
(バッチサイズ, 特徴量(h), 特徴量(w), クラス数21×BBoxの種類)
```

のように変換します。そうするとconf1～conf6からの出力は、

```
conf1:  (bs, 38, 38, 84)
conf2:  (bs, 19, 19, 126)
conf3:  (bs, 10, 10, 126)
conf4:  (bs, 5, 5, 126)
conf5:  (bs, 3, 3, 84)
conf6:  (bs, 1, 1, 84)
```

のように、最後の次元が「クラス数21×BBoxの種類」になります。2次元と3次元が特徴量マップのタテとヨコの並びになり、目的の予測値（バウンディングボックスの確信度）が最後の次元にまとまります。

●locとconfの出力をフラットにする

ここで、locとconfの出力をバッチデータごとにフラット（次元の削除）にします。それぞれの出力は、最終的にバッチデータごとにまとめるので、そのための前段階の処理です。

• locの出力

locが出力するテンソルの形状は次のとおりでした。

```
(バッチサイズ, 特徴量(h), 特徴量(w), オフセット値4*BBoxの種類)
```

これを次のように、バッチサイズ以下の次元をフラット化します。

```
(バッチサイズ, オフセット値)
```

▼locのバッチ以下の形状をフラットにする

```
loc = torch.cat([o.view(o.size(0), -1) for o in loc], 1)
```


これによって、locの形状は(バッチサイズ, 34928)になります。その内訳を見ていきましょう。

・loc1

×4 (DBoxの種類) ×4 (オフセット値の数) = 23,104 (BBoxごとの [$\Delta cx, \Delta cy, \Delta w, \Delta h$])

38 × 38

・loc2

×6 (DBoxの種類) ×4 (オフセット値の数) = 8,664 (BBoxごとの [$\Delta cx, \Delta cy, \Delta w, \Delta h$])

19 × 19

・loc3

×6 (DBoxの種類) ×4 (オフセット値の数) = 2,400 (BBoxごとの [$\Delta cx, \Delta cy, \Delta w, \Delta h$])

10 × 10

・loc4

×6 (DBoxの種類) ×4 (オフセット値の数) = 600 (BBoxごとの [$\Delta cx, \Delta cy, \Delta w, \Delta h$])

5 × 5

・loc5

×4 (DBoxの種類) ×4 (オフセット値の数) = 144 (BBoxごとの [$\Delta cx, \Delta cy, \Delta w, \Delta h$])

3 × 3

・loc6

×4 (DBoxの種類) ×4 (オフセット値の数) = 16 (BBoxごとの [$\Delta cx, \Delta cy, \Delta w, \Delta h$])

1 × 1

したがって、バッチデータ1個（画像1枚）につき、

```
23,104+8,664+2,400+600+144+16=34,928
```

の要素数になります。

・confの出力

confが出力するテンソルの形状は次のとおりでした。

```
(バッチサイズ, 特徴量(h), 特徴量(w), クラス数21＊DBoxの種類)
```

これを次のように、バッチサイズ以下の次元をフラット化します。

```
(バッチサイズ, オフセット値適用後のBBoxの確信度)
```

▼confのバッチ以下の形状をフラットにする

```
conf = torch.cat([o.view(o.size(0), -1) for o in conf], 1)
```

これによって、confの形状は(バッチサイズ, 183372)になります。その内訳を見ていきましょう。

・conf1

38 × 38 × 4（DBoxの種類）× 21（クラス）=121,296（BBoxごとの確信度）

・conf2

19 × 19 × 6（DBoxの種類）× 21（クラス）=45,486（BBoxごとの確信度）

・conf3

10 × 10 × 6（DBoxの種類）× 21（クラス）=12,600（BBoxごとの確信度）

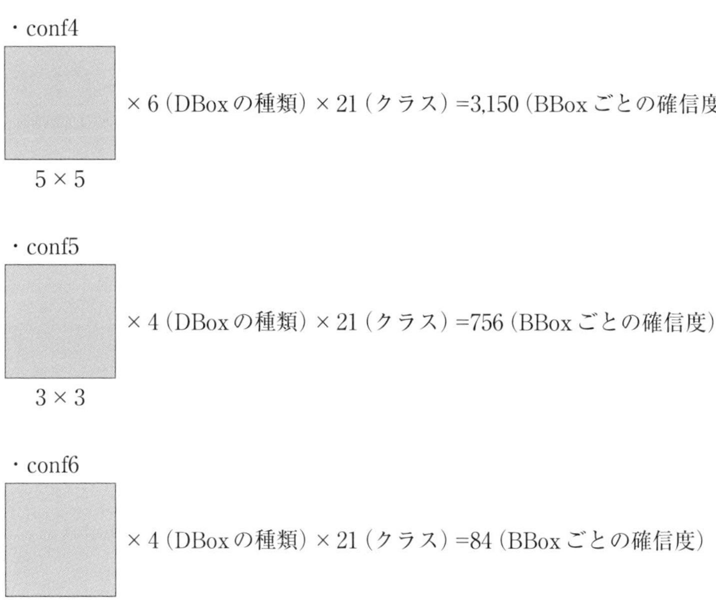

したがってバッチデータ1個（画像1枚）につき、以下の要素数になります。

```
121,296+45,486+12,600+3,150+756+84=183,372
```

●デフォルトボックスごとに4個のオフセット値が格納されるようにする

locネットワークの出力における最後の処理です。locネットワークは、8,732個のデフォルトボックスのオフセット値を出力することが目的なので、現在の形状である

```
フラット化したlocの出力： (バッチサイズ, 34928)
```

を変換して、次のように、デフォルトボックスごとに4個のオフセット値(Δcx, Δcy, Δwidth, Δheight)をまとめます。

```
デフォルトボックスごとにオフセット値を格納： (バッチサイズ, 8732, 4)
```

▼デフォルトボックスごとに4個のオフセット値をまとめる

```
loc = loc.view(loc.size(0), -1, 4)
```

●デフォルトボックスごとに21個のラベルごとの確信度をまとめる

confネットワークの出力における最後の処理です。confネットワークは、8,732個のデフォルトボックスそれぞれの21個のラベル（クラスの正解ラベル）に対する確信度を出力することが目的なので、現在の

```
フラット化したconfの出力：　(バッチサイズ, 183372)
```

という形状を変換して、

```
デフォルトボックスごとに21個の確信度を格納：　(バッチサイズ, 8732, 21)
```

のように、デフォルトボックスごとに21個の確信度をまとめます。

▼デフォルトボックスごとに21個の確信度をまとめる

```
conf = conf.view(conf.size(0), -1, self.classes_num)
```

●推論モードと学習モードで処理を分ける

ここまでの処理で、locの出力とconfの出力をデフォルトボックスごとにまとめることができましたので、デフォルトボックスの情報が格納されているdbox_listと一緒に、タプルの要素としてまとめます。これがSSDモデルの順伝播時の出力になります。

▼locの出力、confの出力、デフォルトボックスの情報をタプルにする

```
output = (loc, conf, self.dbox_list)
```

タプルの各要素の形状は、

```
  loc: (バッチサイズ, 8732, 4[Δcx, Δcy, Δw, Δh])
  conf: (バッチサイズ, 8732, 21)
  dbox_list: (8732, 4[cx, cy, width, height])
```

のようになっていて、デフォルトボックスごとに各データが格納されていることがわかります。

if...else...で推論モードと学習モードの場合の処理を分けます。

▼推論時と学習時の処理

```
# 推論モードの場合
if self.phase == 'test':
    # DetectクラスのforwardにわたしてNMSによるBBoxの絞り込みを実行
    return self.detect(output[0], output[1], output[2])
else:
    # 学習モードの場合はoutput(loc, conf, dbox_list)を返す
    return output
```

推論モードでは、outputの各要素を引数にしてDetectクラスのforward()を実行します。すると、1枚の画像に対して作成された8,732のバウンディングボックスの確信度上位200に対してNon-Maximum Suppression（NMS）が実施され、1物体につき1個のバウンディングボックスが確定されます。

■SSDクラスの定義

ssd.pyを開いて、SSDクラスを定義しましょう。今回は、ssd.pyに記述する10個目の定義コードになります。この項でのここまでの解説と重複する多くのコメントが入っていますが、実際に入力する際は適宜、省略してください。

▼SSDクラスの定義（ssd.py）

```
'''
10. SSDクラスを作成する
'''
import torch.nn.functional as F

class SSD(nn.Module):
    '''SSDモデルを生成するクラス

    Attributes:
      phase(str): 'train'または'test'
      classes_num(int): クラスの数
      vgg(object): vggネットワーク
      extras(object): extrasネットワーク
      L2Norm(object): L2norm層
      loc(object): locネットワーク
      conf(object): confネットワーク
      dbox_list(Tensor):
        DBoxの[cx, cy, width, height]を格納した(8732, 4)の形状のテンソル
      detect(object):
        Detectクラスのforward()を実行する関数オブジェクト
    '''
    def __init__(self, phase, cfg):
        '''インスタンス変数の初期化を行う
        '''
        super(SSD, self).__init__()

        self.phase = phase                         # 動作モードの'train'または'test'を取得
```

```
        self.classes_num = cfg['classes_num']   # クラスの数(21)を取得

        # SSDのネットワークを生成
        self.vgg = make_vgg()                   # vggネットワーク
        self.extras = make_extras()             # extrasネットワーク
        self.L2Norm = L2Norm()                  # L2Norm層
        # locネットワーク
        self.loc = make_loc(
            cfg['dbox_num']                     # out1～out6にそれぞれに用意するDBoxの数
            )
        # confネットワーク
        self.conf = make_conf(
            cfg['classes_num'],                 # クラスの数
            cfg['dbox_num']                     # out1～out6にそれぞれに用意するDBoxの数
            )

        # DBoxの[cx, cy, width, height]を格納したテンソル(8732, 4)を取得
        dbox = DBox(cfg)
        self.dbox_list = dbox.make_dbox_list()

        # 推論モード(test)で使用するDetectクラス
        if phase == 'test':
            # Detectのforward()を実行する関数オブジェクトを取得
            self.detect = Detect.apply

    def forward(self, x):
        '''SSDモデルの順伝播を行う

        Parameters:
          x: 300×300の画像を格納した4階テンソル
            (バッチサイズ, 3, 300, 300)

        Returns:
          推論モードの場合:
            (バッチサイズ, 21(クラス), 200(Top200のBBox), 5)
            1枚の画像の各物体に対するBBoxの情報が格納される

          学習モードの場合:
            以下のテンソルを格納したタプル(loc, conf, dbox_list)
            ・locの出力(バッチサイズ, 8732, 4[Δcx,Δcy,Δw,Δh])
```

```
        ・confの出力(バッチサイズ, 8732, 21)
        ・DBoxの情報(8732, 4[cx,cy,width,height])
    '''
    out_list = list()  # locとconfに入力するout1~6を格納するリスト
    loc = list()       # locネットワークの出力を格納するリスト
    conf = list()      # confネットワークの出力を格納するリスト

    # out1を取得
    # vgg1からvgg4の畳み込み層3まで順伝播する
    # (0層~22層: 活性化関数も層としてカウント)
    for k in range(23):
        x = self.vgg[k](x)
    # vgg4の畳み込み層3の出力をL2Normで正規化する
    out1 = self.L2Norm(x)
    # out1をout_listに追加
    out_list.append(out1)

    # out2を取得
    # vgg4のプーリング層からvgg6まで順伝播する
    # (23層~35層: 活性化関数も層としてカウント)
    for k in range(23, len(self.vgg)):
        x = self.vgg[k](x)
    # out2をout_listに追加
    out_list.append(x)

    # out3~6を取得
    # extras1~extras4まで8層の畳み込みすべてにReLUを適用しながら順伝播
    for k, v in enumerate(self.extras):
        # 畳み込み層の出力にReLUを適用する
        x = F.relu(v(x), inplace=True)
        # extras1~extras4の各出力は層のインデックスが奇数になる
        if k % 2 == 1:
            # extras1~extras4の各出力、out3~out6を順次out_listに追加
            out_list.append(x)

    # out1~6に、それぞれ対応する畳み込みを1回ずつ適用する
    # zip()でout、loc、conf(すべて要素数6)を取り出して
    # loc1~6、conf1~6までの入出力を6回行う
    for (x, l, c) in zip(out_list,      # out1~out6(要素数6)
                         self.loc,      # locの畳み込みは6層
```

```
                            self.conf): # confの畳み込みは6層

            # locの畳み込み層1～6にそれぞれout1～6を入力して出力の形状を
            # (バッチサイズ, オフセット値4*DBoxの種類, 特徴量(h),特徴量(w))
            # ↓
            # (バッチサイズ, 特徴量(h), 特徴量(w), オフセット値4*DBoxの種類)
            # のように変換し、view()関数を適用できるように
            # torch.contiguous()でメモリ上に要素を連続的に配置し直す
            #
            # loc1:(bs, 38, 38, 16) 最後の次元は4個のオフセット値×DBoxの種類
            # loc2:(bs, 19, 19, 24)
            # loc3:(bs, 10, 10, 24)
            # loc4:(bs, 5, 5, 24)
            # loc5:(bs, 3, 3, 16)
            # loc6:(bs, 1, 1, 16)
            loc.append(l(x).permute(0, 2, 3, 1).contiguous())

            # confの畳み込み層1～6にそれぞれout1～6を入力して出力の形状を
            # (バッチサイズ, クラス数21*DBoxの種類, 特徴量(h),特徴量(w))
            # ↓
            # (バッチサイズ, 特徴量(h), 特徴量(w), クラス数21*DBoxの種類)
            # のように変換し、view()関数を適用できるように
            # torch.contiguous()でメモリ上に要素を連続的に配置し直す
            #
            # conf1:(bs, 38, 38, 84) 最後の次元はクラスのラベル21×DBoxの種類
            # conf2:(bs, 19, 19, 126)
            # conf3:(bs, 10, 10, 126)
            # conf4:(bs, 5, 5, 126)
            # conf5:(bs, 3, 3, 84)
            # conf6:(bs, 1, 1, 84)
            conf.append(c(x).permute(0, 2, 3, 1).contiguous())

        # locとconfのバッチ以下の形状をフラットにする
        # locの形状は(バッチサイズ, 34928)
        loc = torch.cat([o.view(o.size(0), -1) for o in loc], 1)
        # confの形状は(バッチサイズ, 183372)
        conf = torch.cat([o.view(o.size(0), -1) for o in conf], 1)

        # DBoxごとに4個のオフセット値が格納されるように
        # (バッチサイズ, 8732, 4)の形状にする
```

```
        loc = loc.view(loc.size(0), -1, 4)
        # DBoxごとに21クラスの確信度が格納されるように
        # (バッチサイズ, 8732, 21)の形状にする
        conf = conf.view(conf.size(0), -1, self.classes_num)

        # locの出力(バッチサイズ, 8732, 4)
        # confの出力(バッチサイズ, 8732, 21)
        # DBoxの[cx, cy, width, height]を格納した(8732, 4)
        # これらをSSDモデルの出力としてタプルにまとめる
        output = (loc, conf, self.dbox_list)

        # 推論モードの場合
        if self.phase == 'test':
            # locの出力(バッチサイズ, 8732, 4[Δcx,Δcy,Δw,Δh])
            # confの出力(バッチサイズ, 8732, 21)
            # DBoxの情報(8732, 4[cx,cy,width,height])
            # を渡してNMSによるBBoxの絞り込みを実行
            #
            # 戻り値として1枚の画像の各物体に対する1個のBBoxの情報が
            # (バッチサイズ, 21(クラス), BBoxの数, 5)として返される
            # 最後の次元の5は[BBoxの確信度, xmin, ymin, width, height]
            return self.detect(output[0], output[1], output[2])

        else:
            # 学習モードの場合はoutput(loc, conf, dbox_list)を返す
            return output
```

2.6 バウンディングボックスの処理

バウンディングボックスに関連する処理を行う関数を作成します。

2.6.1 DBoxの情報をBBox形式の情報に変換するpoint_form()関数

このあとで、デフォルトボックスと正解のバウンディングボックスとのマッチングを行うmatch()関数を定義しますが、この関数で使用する以下の関数から先に定義していきます。

▼match()関数で使用する関数

- point_form()
  デフォルトボックスの情報をバウンディングボックスの形式に変換します。
- intersect()
  2個のBBoxが重なる部分の面積を求めます。
- jaccard()
  2つのボックス間のジャッカード係数(IoU)を計算します。

最初にpoint_form()関数を定義します。この関数は、デフォルトボックスの情報

```
[cx, cy, width, height]
```

をバウンディングボックスと同じ形式の

```
[xmin, ymin, xmax, ymax]
```

に変換します。

■point_form()関数の定義

この章で作成するプログラムはすべて「object_detection」フォルダー内に作成しています。Spyderを起動してフォルダー内部に「match.py」を作成してください。モジュールの作成はSpyderの[ファイル]ペインから行えます。「object_detection」フォルダーを右クリックして[新規]➡[Python file]を選択し、[ファイル名]に「match」と入力して[保存]ボタンをクリックしてください。

モジュールが作成できたら、以下のようにpoint_form()関数の定義コードを入力しましょう。

▼point_form()関数の定義(match.py)

```
'''
1. DBoxの情報をBBox形式に変換する関数
'''
def point_form(boxes):
    '''DBoxの情報[cx, cy, width, height]を[xmin, ymin, xmax, ymax]に変換

    Parameters:
      boxes(Tensor): DBoxの情報(DBoxの数, 4[cx, cy, width, height])
    Returns:
        boxes(Tensor): BBoxの情報(BBoxの数, 4[xmin, ymin, xmax, ymax])
    '''
    return torch.cat(
        (boxes[:, :2] - boxes[:, 2:]/2, # (幅(高さ)-センター値)/2=xmin, ymin
         boxes[:, :2] + boxes[:, 2:]/2),# 幅(高さ)+(センター値/2)=xmax, ymax
         1)
```

2.6.2 2個のボックスが重なる部分の面積を求めるintersect()関数

2つのボックスの類似度を示すジャッカード係数(IoU)を求める際に必要な、ボックス同士が重なる部分の面積を計算するintersect()関数を定義します。

■intersect()関数の定義

「match.py」を開いて、2つ目の定義コードとして、以下のように入力しましょう。2個のボックス間の[xmin,ymin,xmax,ymax]を比較し、それぞれ小さい方の値を利用することでボックス同士が重なる部分の面積を求めます。処理が複雑な箇所があるので、挿入したコメントを注意深く読んでもらえたらと思います。

▼intersect()関数の定義(match.py)

```
'''
2. 2個のボックスが重なる部分の面積を求める関数
'''
def intersect(box_a, box_b):
    ''' 2個のボックスが重なる部分の面積を求める

    Parameters:
      box_a(Tensor): BBoxの4辺の座標(BBoxの数、4[xmin,ymin,xmax,ymax])
```

```
      box_b(Tensor): BBoxの4辺の座標(BBoxの数、4[xmin,ymin,xmax,ymax])
    Return(Tensor):
      box_aとbox_bの重なり部分の面積
    '''
    A = box_a.size(0) # box_aの0番目次元の要素数(ボックスの数)を取得
    B = box_b.size(0) # box_bの0番目次元の要素数(ボックスの数)を取得

    # 以下のtorch.minとtorch.maxで、box_aとbox_bの
    # すべての組み合わせに対して、双方のボックスが重なる部分の
    # 4辺の座標[xmin,ymin,xmax,ymax]を求める
    #
    # box_aとbox_bの(xmax,ymax)のすべての組み合わせに対して
    # min()で小さい方のxmax、ymaxを抽出(x軸、y軸の最大値を切り詰め)
    #
    # A(0)からA(n)までB(1)~B(n)を繰り返し組み合わせることで
    # すべての組み合わせを作る
    # A(0)に対してB(0)~B(n)を組み合わせる
    # ↓
    # A(n)に対してB(1)~B(n)を組み合わせる
    max_xy = torch.min(
        # box_a(0)の[xmax,ymax]をbox_bの数だけ並べる(Aの数,2)
        # これをbox_a(n)まで繰り返す
        #
        # (Aの数,2)をunsqueeze(1)で(Aの数,1,2[x,y])に拡張して
        # expand(A, B, 2)で(Aの数,Bの数,2[x,y])にする
        # [[[A(0)のx, y],   ↑
        #     ...          Bの数
        #    [A(0)のx, y]], ↓
        #    ...
        #   [[A(n)のx, y]   ↑
        #     ...          Bの数
        #    [A(n)のx, y]]] ↓
        #
        box_a[:, 2:].unsqueeze(1).expand(A, B, 2),
        # box_b(0)~(n)の[xmax,ymax]を並べる
        # これをbox_a(n)まで繰り返す
        #
        # (Bの数,2)をunsqueeze(0)で(1,Bの数,2[x,y])に拡張して
        # expand(A, B, 2)で(Aの数,Bの数,2)にする
        # [[[B(0)のx, y],   ↑
```

```
        #    ...          Bの数
        #   [B(n)のx, y]], ↓
        #   ...
        #  [[B(0)のx, y]    ↑
        #    ...          Bの数
        #   [B(n)のx, y]]] ↓
        #
        box_b[:, 2:].unsqueeze(0).expand(A, B, 2))

    # box_aとbox_bの[xmin,ymin]のすべての組み合わせに対して
    # maxのxmin、yminを抽出(x軸、y軸の最小値を切り上げ)
    min_xy = torch.max(
        box_a[:, :2].unsqueeze(1).expand(A, B, 2),
        box_b[:, :2].unsqueeze(0).expand(A, B, 2))

    # xmax-xmin、ymax-yminを計算して重なる部分の幅と高さを求める
    # 負の値は0にする
    inter = torch.clamp((max_xy - min_xy), min=0)

    # 幅×高さを計算してbox_a、box_bのすべてのボックスの組み合わせにおける
    # 重なり部分の面積(A ∩ B)を求める
    #
    # テンソルの形状は(box_aの要素数, box_bの要素数)
    # [[A(0)∩B(0), A(0)∩B(1), ...],
    #  [A(1)とB(0), A(1)∩B(1), ...],
    #  ... ]
    return inter[:, :, 0] * inter[:, :, 1]
```

2.6.3 ボックス間のジャッカード係数(IoU)を計算するjaccard()関数

2つのボックスの類似度を示すジャッカード係数(IoU)を計算するjaccard()関数を定義します。

パラメーターは、

・box_a(Tensor):ミニバッチの1枚の画像におけるBBoxのアノテーションデータ
(BBoxの数, 5[xmin, ymin, xmax, ymax, label_index])
・box_b(Tensor):DBoxの4辺の座標
(DBoxの数, 4[xmin,ymin,xmax,ymax])

の2つです。

box_aには、バウンディングボックスのアノテーションデータが格納されます。これは、ミニバッチから順番に抽出した1枚の画像ごとのデータです。ボックスの四隅の座標を示す値に続き、5つ目の値として正解ラベルのインデックス値があることに注意してください。

box_bには、8,732個のデフォルトボックスの情報[cx, cy, width, height]が、point_form()で四隅の座標を示す値に変換されたものが格納されます。

jaccard()関数は、この2つのパラメーターを用いて、

・BBoxとDBoxが重なる部分の面積
・BBoxの面積
・DBoxの面積

を求め、最後にA ∩ B / A ∪ Bの計算を行って、バウンディングボックスとデフォルトボックスのすべての組み合わせに対してジャッカード係数(IoU)を求めます。

■jaccard()関数の定義

「match.py」を開いて、3つ目の定義コードとしてjaccard()関数を記述しましょう。冒頭で述べた順序でボックス間のジャッカード係数を求めますが、バウンディングボックスに対してすべてのデフォルトを組み合わせるので、テンソルの形状が適宜、変更される点に注意してください。コードの量は少ないですが、処理の内容を追ってもらえるように詳しいコメントを入れています。

▼jaccard()関数の定義(object_detection/match.py)

```
'''
3. ジャッカード係数(IoU)を求める関数
'''
def jaccard(box_a, box_b):
    '''2つのボックス間のジャッカード係数(IoU)を計算
```

```
    A ∩ B / A ∪ B = A ∩ B / (area(A) + area(B) - A ∩ B)

  Parameters:
    box_a(Tensor):
      ミニバッチの1枚の画像におけるBBoxのアノテーションデータ
      (BBoxの数, 5[xmin, ymin, xmax, ymax, label_index])
    box_b(Tensor):
      DBoxの4辺の座標(DBoxの数, 4[xmin,ymin,xmax,ymax])
  Return(Tensor):
    BBoxとすべてのDBoxの組み合わせにおけるジャッカード係数(IoU)
    テンソルの形状は(box_aのボックス数, box_bのボックス数)
  '''
  # box_aとbox_bのすべてのボックスの組み合わせで重なり部分の面積(A∩B)を取得
  # テンソルの形状は(box_aのボックス数, box_bのボックス数)
  inter = intersect(box_a, box_b)

  # box_aのすべてのボックスの面積を求める
  # box_a(0)の面積を求めてbox_bの数だけ並べ、これをbox_a(n)まで繰り返す
  #
  # 1.(Aの数[面積],)をunsqueeze(1)で1の次元を拡張する(Aの数[面積],1)
  # 2.expand_as(inter)でAの面積をBの数だけ並べて(Aの数,Bの数)のかたちにする
  #
  #  ←--同じAの面積がBの数だけ並ぶ--→
  # [ [A(0)の面積, ..., A(0)の面積]    ↑
  #   ...                             Aの数
  #   [A(n)の面積, ..., A(n)の面積] ] ↓
  #
  area_a = ((box_a[:, 2]-box_a[:, 0]) *
            (box_a[:, 3]-box_a[:, 1])).unsqueeze(1).expand_as(inter)

  # box_bのすべてのボックスの面積を求める
  # box_b(0)～(n)の面積を求めて並べ、これをbox_a(n)まで繰り返す
  #
  # 1.(Bの数[面積],)をunsqueeze(0)で0の次元を拡張する(1,Bの数[面積])
  # 2.expand_as(inter)でBの面積の列をAの数だけ並べて(Aの数,Bの数)のかたちにする
  #
  #  ←---Bの面積がBの数だけ並ぶ----→
  # [ [B(0)の面積, ..., B(n)の面積]    ↑
  #   ...                             Aの数
  #   [B(0)の面積, ..., B(n)の面積] ] ↓
```

```
    #
    area_b = ((box_b[:, 2]-box_b[:, 0]) *
              (box_b[:, 3]-box_b[:, 1])).unsqueeze(0).expand_as(inter)

    # area_aとarea_bのすべての組み合わせについて結合部分の面積を求める
    # テンソルの形状はすべて(box_aのボックス数, box_bのボックス数)
    # area_a + area_b - inter(A ∩ B) = A∪B(結合部分の面積)
    union = area_a + area_b - inter

    # area_aとarea_bのすべての組み合わせについてIoU値を求める
    # A ∩ B / A ∪ B = IoU値
    #
    # テンソルの形状は(box_aのボックス数, box_bのボックス数)
    # [[<box_a(0)に対する> box_b(0)のIoU値, ...,  box_b(n)のIoU値],
    #   ...
    #  [<box_a(n)に対する> box_b(0)のIoU値, ...,  box_b(n)のIoU値]]
    return inter / union
```

2.6.4 match()関数の定義

match()関数の宣言部では、8個のパラメーターが設定されます。

▼match()関数の宣言部

```
def match(
    threshold, # (float)ジャッカード係数の閾値(0.5)
    truths,    # (Tensor)ミニバッチの現在の画像におけるBBoxのアノテーション情報
               # (BBoxの数, 4[xmin, ymin, xmax, ymax])
    priors,    # (Tensor)DBoxの情報(8732, 4[cx, cy, width, height])
    variances, # (list)DBoxを変形するオフセット値を計算する際に使用する係数
               # [0.1, 0.2]
    labels,    # (list[int])正解ラベルのリスト[BBox1のラベル, BBox2のラベル, …]
    loc_t,     # (Tensor)各DBoxに一番近い正解のBBoxの情報を格納するための
               # (バッチサイズ, 8732, 4)の形状の3階テンソル
    conf_t,    # (Tensor)各DBoxに一番近い正解のBBoxのラベルを格納するための
               # (バッチサイズ, 8732)の形状の2階テンソル
    idx        # (int)現在のミニバッチのインデックス
):
```

■match()関数の処理

match()関数で行われる処理を見ていきましょう。

●正解のBBoxとすべてのDBoxとの組み合わせについてIoU値を求める

パラメーターtruthsのBBoxの座標情報

```
(BBoxの数, 4[xmin, ymin, xmax, ymax])
```

および、priorsのDBoxの情報

```
(8732, 4[cx, cy, width, height])
```

をpoint_form()関数で

```
(8732, 4[xmin, ymin, xmax, ymax])
```

に変換したものを引数にしてjaccard()関数を実行します。

▼jaccard()関数を実行して、BBoxとすべてのDBoxとのジャッカード係数を取得

```
overlaps = jaccard(
    truths,                # 現在の画像のアノテーション情報
    point_form(priors) # DBoxの情報をpoint_form()で変換
)
```

jaccard()関数は、BBoxとすべてのDBoxとの組み合わせについて「A ∩ B / A ∪ B = IoU値」を求めます。戻り値を格納したoverlapsの形状は、

```
[正解BBoxの数, DBoxの数]
```

となっています。その中身は

```
[[<BBox(0)に対する> DBox(0)のIoU値, ...,  DBox(n)のIoU値],
 ...
 [<BBox(n)に対する> DBox(0)のIoU値, ...,  DBox(n)のIoU値]]
```

となっていて、インデックス換算で0次元のバウンディングボックスの並びに対して、デフォルトボックスを組み合わせたときのジャッカード係数(IoU)が8,732個並びます。1枚の画像中のすべてのバウンディングボックスに8,732個のデフォルトボックスを組み合わせた結果です。

●BBoxに最も類似したDBoxを抽出

バウンディングボックスごとにジャッカード係数(IoU)が最も高いデフォルトボックスを1つずつ抽出します。バウンディングボックスに最も形状がマッチするデフォルトボックスです。

▼バウンディングボックスごとにジャッカード係数が最も高いデフォルトボックスを抽出

```
best_prior_overlap, best_prior_idx = overlaps.max(1, keepdim=True)
```

overlaps(正解BBoxの数, DBoxの数)に対し、

```
overlaps.max(1, keepdim=True)
```

で、インデックス1の次元

```
[DBox(0), DBox(1), ..., DBox(8732)]
```

から最高IoU値と、そのインデックス(DBoxのインデックス)を取得します。戻り値が格納されたそれぞれの変数の形状は、

```
best_prior_overlap: (BBoxの数, 1[BBoxごとの最高IoU値])
best_prior_idx:(BBoxの数, 1[BBoxにマッチしたDBoxのインデックス])
```

のようになるので、インデックス1の次元を削除して0の次元にまとめます。

▼squeeze_(1)を適用してbest_prior_overlap、best_prior_idxをフラットにする

```
best_prior_idx.squeeze_(1)
best_prior_overlap.squeeze_(1)
```

この結果、それぞれのテンソルの形状は、

```
best_prior_idx: (BBoxの数[BBoxにマッチしたDBoxのインデックス],)
best_prior_overlap: (BBoxの数[BBoxごとの最高IoU値],)
```

のようになり、best_prior_idxにはバウンディングボックスにマッチしたデフォルトボックスのインデックス、best_prior_overlapにはそのIoU値が並びます。

●DBoxに最も類似したBBoxを抽出

今度は逆に、8,732個のデフォルトボックスごとに、最もマッチする（ジャッカード係数が最も高い）バウンディングボックスを抽出します。

▼デフォルトボックスごとにジャッカード係数が最も高いデフォルトボックスを抽出

```
best_truth_overlap, best_truth_idx = overlaps.max(0, keepdim=True)
```

overlaps(正解BBoxの数, DBoxの数)に対し、

```
overlaps.max(0, keepdim=True)
```

で、インデックス0の次元

```
[BBox(0), ..., BBox(n)]
```

から最高IoU値と、そのインデックス（BBoxのインデックス）を取得します。戻り値が格納されたそれぞれの変数の形状は、

```
best_truth_overlap: (1[DBoxごとの最高IoU値], DBoxの数)
best_truth_idx: (1[DBoxに最も類似したBBoxのインデックス], DBoxの数)
```

のように2階テンソルになるので、インデックス0の次元を削除して1階テンソルにします。

▼squeeze_(0)を適用してbest_truth_overlap、best_truth_idxをフラットにする

```
best_truth_idx.squeeze_(0)
best_truth_overlap.squeeze_(0)
```

この結果、それぞれのテンソルの形状は、

```
best_truth_idx: (DBoxの数[DBoxにマッチしたBBoxのインデックス],)
best_truth_overlap: (DBoxの数[DBoxごとの最高IoU値,)
```

のようになり、best_truth_idxにはデフォルトボックスにマッチしたバウンディングボックスのインデックス、best_truth_overlapにはそのIoU値が、それぞれ8,732個並びます。

●best_truth_idxにリストアップされたBBoxをbest_prior_idxの結果と一致させる

best_truth_idxには、デフォルトボックス1～8732にマッチしたバウンディングボックスのインデックスが8,732個格納されています。ただし、

「デフォルトボックスがマッチするバウンディングボックス」

なので、

「バウンディングボックスがマッチしているデフォルトボックス」

になるように補正をかけます。

▼BBoxがマッチするDBoxが選ばれるようにする

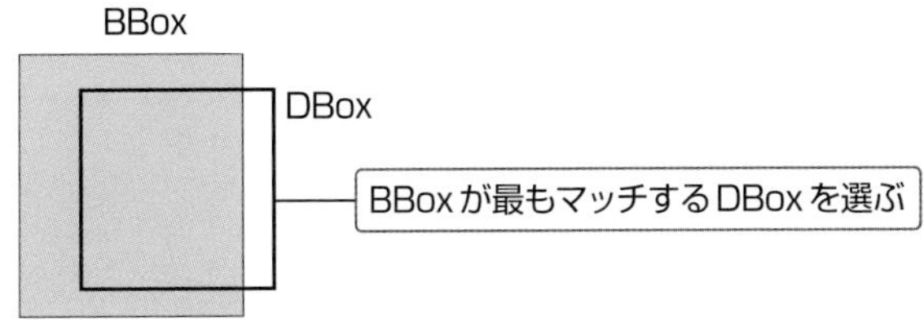

▼best_truth_idxにリストアップされたBBoxをbest_prior_idxの結果と一致させる

```
# best_prior_idxの要素数(BBoxの数)だけループ
for j in range(best_prior_idx.size(0)):
    # (DBoxの数[マッチしたBBoxのインデックス],)の中で
    # best_prior_idxで「Boxに最もマッチするDBox」を調べ、
    # この結果を反映させる
    best_truth_idx[best_prior_idx[j]] = j
```

best_prior_idx[j]のjにはバウンディングボックスのインデックス0から順番に格納されます。この処理の中で「バウンディングボックスにマッチするデフォルトボックス」がわかりますので、best_truth_idxの該当するインデックスをjの値に置き換えると、「バウンディングボックスがマッチしているデフォルトボックス」に更新される仕組みです。繰り返しの回数はバウンディングボックスの数なので、best_truth_idxのすべての値が置き換えられるわけではありません。

●DBoxがマッチするBBoxの座標情報を抽出

アノテーションデータから、デフォルトボックスがマッチするバウンディングボックスの座標情報を抽出します。このデータは、デフォルトボックスのオフセット情報を作るときに利用します。

▼アノテーションデータからDBoxがマッチするBBoxの座標情報を抽出

```
# matchesの形状:(DBoxの数, 4[xmin, ymin, xmax, ymax])
matches = truths[best_truth_idx]
```

●DBoxの正解ラベルを作成

バウンディングボックス(デフォルトボックスがマッチする)それぞれのラベルのインデックスは0～19なので、これに背景の0を加えるために現行のインデックス値を1ずつずらします。これが、デフォルトボックスの正解ラベルになります。

▼BBoxの正解ラベルを取得して+1する(背景ラベル0を入れるため1ずらす)

```
# confの形状: (DBoxの数[マッチするBBoxの正解ラベル],)
conf = labels[best_truth_idx] + 1
```

●IoUが0.5より小さいDBoxの正解ラベルを背景(0)にする

デフォルトボックスのジャッカード係数(IoU)が0.5より小さいものは、すべて背景を検出したものとして、正解ラベルのインデックスを「0」にします。

▼DBoxのIoU値が0.5より小さければ正解ラベルを背景(0)にする

```
# confの形状: (DBoxの数[0への置き換え処理後の正解ラベル],)
conf[best_truth_overlap < threshold] = 0
```

●デフォルトボックスのオフセット情報を作る

このあとで作成するencode()関数の引数として、

- DBoxにマッチしたBBoxのアノテーションデータ(DBoxの数, 4)
- DBoxの情報(8732, 4[cx, cy, width, height])
- DBoxを変形するオフセット値を計算する際に使用する係数[0.1, 0.2]

を設定して、デフォルトボックスのオフセット情報

$[\Delta cx, \Delta cy, \Delta w, \Delta h]$

を作成します。

▼DBoxのオフセット情報(DBoxの数,4[Δcx, Δcy, Δw, Δh])を生成

```
loc = encode(
    matches,   # DBoxにマッチしたBBoxのアノテーションデータ(DBoxの数, 4)
    priors,    # DBoxの情報(8732, 4[cx, cy, width, height])
    variances) # DBoxを変形するオフセット値を計算する際に使用する係数[0.1, 0.2]
```

●教師データloc、confの登録

ミニバッチから抽出した1枚の画像における、デフォルトボックスのオフセット情報loc、正解ラベルconfが用意できましたので、これを

loc_t[現在のミニバッチのインデックス]
conf_t[現在のミニバッチのインデックス]

にそれぞれ追加します。

▼教師データloc、confを登録する

```
# loc_t[現在のミニバッチのインデックス]に
# DBoxのオフセット情報loc(DBoxの数,4)を格納
loc_t[idx] = loc
# conf_t[現在のミニバッチのインデックス]に
# 正解ラベルconf(DBoxの数[0への置き換え処理後の正解ラベル],)を格納
conf_t[idx] = conf
```

■match()関数の定義

「match.py」を開いて、4番目の定義コードとして、以下のmatch()関数の定義コードを入力しましょう。

One point　ソースコード内のコメント

処理の流れを追えるように、本文の解説と重複するコメントが多く入っていることをご了承ください。

▼match()関数の定義(object_detection/match.py)

```
'''
4. 教師データloc、confを作成する関数
'''
def match(threshold, truths, priors, variances, labels, loc_t, conf_t, idx):
```

```
'''教師データloc、confを作成する

Parameters:
    threshold(float):
      ジャッカード係数の閾値(0.5)
    truths(Tensor):
      ミニバッチの現在の画像におけるBBoxの座標情報
      (BBoxの数, 4[xmin, ymin, xmax, ymax])
    priors(Tensor):
      DBoxの情報
      (8732, 4[cx, cy, width, height])
    variances(list):
      DBoxを変形するオフセット値を計算する際に使用する係数
      [0.1, 0.2]
    labels(list[int]):
      正解ラベルのリスト[BBox1のラベル, BBox2のラベル, …]
    loc_t(Tensor):
      各DBoxに一番近い正解のBBoxの情報を格納するための
      (バッチサイズ, 8732, 4)の形状の3階テンソル
    conf_t(Tensor):
      各DBoxに一番近い正解のBBoxのラベルを格納するための
      (バッチサイズ, 8732)の形状の3階テンソル
    idx(int):
      現在のミニバッチのインデックス

Return(なし):
  教師データloc_t、conf_tに現在の画像のloc、confを追加する
'''
# BBoxとすべてのDBoxとの組み合わせについて「A ∩ B / A ∪ B = IoU値」を求める
# 戻り値のoverlapsの形状は[正解BBoxの数, DBoxの数]
# [[<BBox(0)に対する> DBox(0)のIoU値, ...,  DBox(n)のIoU値],
#  ...
#  [<BBox(n)に対する> DBox(0)のIoU値, ...,  DBox(n)のIoU値]]
overlaps = jaccard(
    # ミニバッチの現在の画像におけるBBoxの座標情報
    # (BBoxの数, 4[xmin, ymin, xmax, ymax])
    truths,
    # DBoxの(8732, 4[cx, cy, width, height])を
    # (8732, 4[xmin, ymin, xmax, ymax])に変換
    point_form(priors)
```

```
    )

    # BBoxにマッチするDBoxを抽出
    #
    # BBox(0)～BBox(n)の各ボックスのIoU値が最高になるDBoxを取得
    #
    # overlaps(正解BBoxの数, DBoxの数)に対し、
    # overlaps.max(1, keepdim=True)で1の次元[DBox(0), ..., DBox(8732)]
    # から最高IoU値と、そのIoU値を出したDBoxのインデックスを取得
    #
    # best_prior_overlap:(BBoxの数, 1[BBoxごとの最高IoU値])
    # best_prior_idx:(BBoxの数, 1[BBoxにマッチしたDBoxのインデックス])
    best_prior_overlap, best_prior_idx = overlaps.max(1, keepdim=True)

    # DBoxにマッチするBBoxを抽出
    #
    # DBox(0)～DBox(n)の各ボックスのIoU値が最高になるBBoxを取得
    #
    # overlaps(正解BBoxの数, DBoxの数)に対し、
    # overlaps.max(0, keepdim=True)で0の次元[BBox(0), ..., BBox(n)]
    # から最高IoU値と、そのIoU値を出したBBoxのインデックスを取得
    #
    # best_truth_overlap:(1[DBoxごとの最高IoU値], DBoxの数)
    # best_truth_idx:(1[DBoxにマッチしたBBoxのインデックス], DBoxの数)
    best_truth_overlap, best_truth_idx = overlaps.max(0, keepdim=True)

    # (1[DBoxにマッチしたBBoxのインデックス], DBoxの数)の0の次元を削除
    # ➡(DBoxの数[DBoxにマッチしたBBoxのインデックス],)
    best_truth_idx.squeeze_(0)
    # (1[DBoxごとの最高IoU値], DBoxの数)の0の次元を削除
    # ➡(DBoxの数[DBoxごとの最高IoU値,)
    best_truth_overlap.squeeze_(0)

    # (BBoxの数, 1[BBoxにマッチしたDBoxのインデックス])の1の次元を削除
    # ➡(BBoxの数[BBoxにマッチしたDBoxのインデックス],)
    best_prior_idx.squeeze_(1)
    # (BBoxの数, 1[BBoxごとの最高IoU値])の1の次元を削除
    # ➡(Boxの数[BBoxごとの最高IoU値],)
    best_prior_overlap.squeeze_(1)

```

```
# best_truth_overlap:(DBoxの数[DBoxごとの最高IoU値],)
# BBoxに最も類似したDBox(複数あり)のIoU値をMax値の倍の「2」に置き換え
best_truth_overlap.index_fill_(
    0, # 操作対象の次元
    best_prior_idx, # (BBoxの数[BBoxに最も類似したDBoxのインデックス],)
    2) # IoU値の上限1の2倍の数に書き換え

# best_truth_idxにリストアップされたBBoxをbest_prior_idxの結果と一致させる
# best_prior_idxの要素数(BBoxの数)だけループ
for j in range(best_prior_idx.size(0)):
    # (DBoxの数[最もIoUが高いBBoxのインデックス],)の要素について
    # best_prior_idxでBoxごとのマッチしたDBoxを調べ、BBoxにマッチしている
    # DBoxがあればマッチング先のBBoxのインデックスに書き換える
    best_truth_idx[best_prior_idx[j]] = j

# BBoxのアノテーションからDBoxがマッチするBBoxのアノテーションを収集
# matchesの形状:(DBoxの数,4[xmin, ymin, xmax, ymax])
matches = truths[best_truth_idx]
# DBoxの正解ラベルを作成
# DBoxにマッチするBBoxの正解ラベルを取得して+1する
# (背景ラベル0を入れるため1ずらす)
# confの形状: (DBoxの数[マッチするBBoxの正解ラベル],)
conf = labels[best_truth_idx] + 1
# IoU値が0.5より小さいDBoxの正解ラベルを背景(0)にする
# confの形状: (DBoxの数[0への置き換え処理後の正解ラベル],)
conf[best_truth_overlap < threshold] = 0

# DBoxのオフセット情報(DBoxの数,4[Δcx,Δcy,Δw,Δh])を生成
loc = encode(
    matches,   # DBoxにマッチしたBBoxのアノテーションデータ(DBoxの数, 4)
    priors,    # DBoxの情報(8732, 4[cx, cy, width, height])
    variances) # オフセット値を計算する際に使用する係数[0.1, 0.2]

# 教師データの登録
#
# loc_t[現在のミニバッチのインデックス]に
# DBoxのオフセット情報loc(DBoxの数,4)を格納
loc_t[idx] = loc
# conf_t[現在のミニバッチのインデックス]に
# 正解ラベルconf(DBoxの数[0への置き換え処理後の正解ラベル],)を格納
conf_t[idx] = conf
```

2.7 デフォルトボックスのオフセット情報を作るencode()関数

デフォルトボックスのオフセット情報を作るencode()関数を定義します。この関数は、

・matched(Tensor) :
DBoxにマッチしたBBoxのアノテーションデータ
形状は(DBoxの数, 4)

・priors(Tensor) :
DBoxの情報
形状は(8732, 4[cx, cy, width, height])

・variances(list[float]) :
DBoxを変形するオフセット値を計算する際に使用する係数のリスト

[0.1, 0.2]

をパラメーターにとり、デフォルトボックスのオフセット情報

(DBoxの数,4[Δcx, Δcy, Δw, Δh])

を戻り値として返します。
[Δcx, Δcy, Δw, Δh]については、次の計算式

$$cx = cx\_d + 0.1\Delta cx \times w\_d$$
$$cy = cy\_d + 0.1\Delta cy \times h\_d$$
$$w = w\_d \times \exp(0.2\Delta w)$$
$$h = w\_d \times \exp(0.2\Delta h)$$

から逆算するかたちで求めるようになっています。

■encode()関数の定義

「match.py」を開いて、5番目の定義コードとして、以下のencode()関数の定義コードを入力しましょう。

▼encode()関数の定義(object_detection/match.py)

```
'''
5. DBoxのオフセット情報を作る関数
'''
def encode(matched, priors, variances):
    '''DBoxの情報[cx, cy, width, height]を
       DBoxのオフセット情報[Δcx,Δcy,Δw,Δh]に変換する

        matched(Tensor):
          DBoxにマッチしたBBoxのアノテーションデータ
          形状は(DBoxの数, 4)
        priors(Tensor):
          DBoxの情報
          形状は(8732, 4[cx, cy, width, height])
        variances(list[float]):
          DBoxを変形するオフセット値を計算する際に使用する係数[0.1, 0.2]
    Return:
        DBoxのオフセット情報
        (DBoxの数,4[Δcx,Δcy,Δw,Δh])
    '''
    # dist b/t match center and prior's center
    # DBoxのオフセット情報Δcx, Δcy, Δw, Δhを求める

    # DBoxのオフセット情報Δcx, Δcyを求める
    # g_cxcy[(cx - cx_d),
    #         (cy - cy_d)]
    g_cxcy = (matched[:, :2] + matched[:, 2:])/2 - priors[:, :2]
    # g_cxcy[ (cx - cx_d) / + 0.1 * w_d,
    #          (cy - cy_d) / + 0.1 * w_h ]
    g_cxcy /= (variances[0] * priors[:, 2:])

    # DBoxのオフセット情報Δw, Δhを求める
    # g_wh=[(BBoxのw/DBoxのw), (BBoxのh/DBoxのh)]
    g_wh = (matched[:, 2:] - matched[:, :2]) / priors[:, 2:]
    # g_wh=[(log(BBoxのw/DBoxのw) / 0.2), (log(BBoxのh/DBoxのh) / 0.2)]
    g_wh = torch.log(g_wh) / variances[1]

    # Δcx,ΔcyとΔw,Δhを1の次元で連結して
    # (DBoxの数,4[Δcx,Δcy,Δw,Δh])の形状にする
    return torch.cat([g_cxcy, g_wh], 1)
```

2.8 SSDの損失関数としてMultiBoxLossクラスを作成する

SSDモデルが出力する予測値の損失を求めるためのMultiBoxLossクラスを作成します。実際にVOC2012の画像データを学習する際は、SSDモデル（SSDクラス）に入力して順伝播処理を行い、その出力をMultiBoxLossクラスから生成される損失関数（のネットワークモジュール）に送ることで、

・デフォルトボックスのオフセット情報の損失
・デフォルトボックスのクラスごとの予測確信度の損失

を計算します。ここで得た損失を用いて誤差逆伝播（バックプロパゲーション）を行い、SSDモデルのパラメーター（重み）を更新することで1回の学習を終える手順になります。

2.8.1 MultiBoxLossクラスのforward()メソッドの処理

MultiBoxLossクラスは、ニューラルネットワークモジュールの基本クラスtorch.nn.Moduleのサブクラスとして作成します。

▼MultiBoxLossの宣言部と__init()__の定義

```
class MultiBoxLoss(nn.Module):
    def __init__(self, jaccard_thresh=0.5, neg_pos=3, device='cpu'):
        super(MultiBoxLoss, self).__init__()
        # 関数match()に渡すジャッカード係数の閾値(0.5)をセット
        self.jaccard_thresh = jaccard_thresh
        # Negative DBoxを絞り込むときの割合(Positive DBoxの「3」倍)をセット
        self.negpos_ratio = neg_pos
        # 使用するデバイスの情報(CPUまたはGPU)をセット
        self.device = device
```

■教師データとして「DBoxのオフセット値」と「物体の正解ラベル」を取得

MultiBoxLossクラスの順伝播処理を行うforward()メソッドの処理を順番に見ていきましょう。

▼forward()メソッドの宣言部と冒頭部分の処理

```
def forward(self, predictions, targets):
    '''損失関数を適用してlocとconfの出力の誤差(損失)を求める

    Parameters:
      predictions(tuple):
        SSDの訓練時の出力(loc, conf, DBox)
        ・locの出力(バッチサイズ, 8732, 4[Δcx, Δcy, Δw, Δh])
        ・confの出力(バッチサイズ, 8732, 21)
        ・DBoxの情報(8732, 4[cx, cy, width, height])
      targets(Tensor):
        正解BBoxのアノテーション情報
        (バッチサイズ, 物体数, 5[xmin, ymin, xmax, ymax, label_index])
    '''
    # loc_data: オフセットの予測値(バッチサイズ, 8732, 4[Δcx, Δcy, Δw, Δh])
    # conf_data: 21クラスの予測確信度(バッチサイズ, 8732, 21)
    # dbox_list: DBoxの情報(8732, 4[cx, cy, width, height])
    loc_data, conf_data, dbox_list = predictions

    num_batch = loc_data.size(0)     # num_batch: ミニバッチのサイズ
    num_dbox = loc_data.size(1)      # num_dbox: DBoxの数(8732)
    num_classes = conf_data.size(2) # num_classes: クラス数(21)
```

最初に行う処理が教師データの取得です。match()関数を呼び出して、

・デフォルトボックスのオフセット値(正解値)
・オフセット適用後のデフォルトボックスが対象とする物体の正解ラベル

を取得します。forループでミニバッチの画像1枚ごとに取得し、正解オフセット値をloc_t、正解ラベル(0〜20のいずれか)をconf_t_labelに登録します。

▼教師データを保持するテンソルを用意

```
# conf_t_label: (バッチサイズ, 8732[正解ラベル])
# ミニバッチのすべての「正解ラベルの教師データ」を格納するためのテンソル
conf_t_label = torch.LongTensor(num_batch, # 1次元はバッチサイズ
                                num_dbox   # 2次元は8732
                                ).to(self.device)

# loc_t: (バッチサイズ, 8732, 4[Δcx, Δcy, Δw, Δh])
# ミニバッチのすべての「オフセット値の教師データ」を格納するためのテンソル
loc_t = torch.Tensor(num_batch, # 1次元はバッチサイズ
                     num_dbox,  # 2次元は8732
                     4          # 3次元は4(オフセット情報)
                     ).to(self.device)
```

用意した2つのテンソルに、forループでミニバッチのすべての画像の教師データを登録します。

▼教師データとして正解オフセット値と正解ラベルを登録

```
# ミニバッチの画像1枚ずつ処理
for idx in range(num_batch):

    # truths: アノテーション情報から取得した正解BBoxの座標(BBoxの数,4)
    truths = targets[idx][:, :-1].to(self.device)
    # labels: アノテーション情報から取得した正解ラベル(BBoxの数,)
    labels = targets[idx][:, -1].to(self.device)
    # dbox: DBoxの情報のコピー(8732, 4[cx, cy, width, height])
    dbox = dbox_list.to(self.device)
    # variance: DBoxのオフセット値を求めるときの係数のリスト
    variance = [0.1, 0.2]

    # 関数matchを実行して教師データloc_t、conf_t_labelの内容を更新
    # DBoxとBBoxとのIoU値が0.5より小さいDBoxのラベルは背景(0)にされる
    match(
        self.jaccard_thresh, # 背景に振り分けるときのIoU値の閾値(0.5)
        truths,              # 現在の画像中の正解BBoxの座標情報(BBoxの数,4)
        dbox,                # DBoxの情報(8732, 4[cx,cy,width,height])
        variance,            # オフセット値計算時の係数リスト[0.1, 0.2]
        labels,              # 正解ラベル[物体1のラベル, 物体2のラベル, …]
        loc_t,               # ミニバッチのオフセット値の教師データを格納するテンソル
        conf_t_label,        # ミニバッチの正解ラベルを格納するテンソル
        idx)                 # バッチの何番目の画像かを示すインデックス
```

■物体を検出したPositive DBoxのオフセット情報の損失「loss_l」を計算

ここで用語の整理をしておきます。デフォルトボックスについて、

- Positive DBox：物体を検出したデフォルトボックス
- Negative DBox：背景を検出した（物体を検出できなかった）デフォルトボックス

とします。match()関数では、正解のバウンディングボックスのいずれにも類似していない（ジャッカード係数が0.5より小さい）ものについては背景のラベル（0）に振り分けますが、これらのデフォルトボックスは「物体未検出」としてNegative DBoxになります。

ここで、物体を検出したPositive DBoxについて、以下の処理を行って、locネットワークが出力するオフセット情報の予測値の損失を求めます。

Positive DBoxは、正解ラベルが0（背景）以外のデフォルトボックスです。conf_t_labelには、ミニバッチの全画像それぞれの8,732個のデフォルトボックスの正解ラベルが格納されているので、次のように、ラベルが0より大きい場合にTrue、それ以外（背景）をFalseにしたテンソルを作成します。1画像あたりの8,732個のデフォルトボックスに該当する要素がTrueまたはFalseに振り分けられますので、Negative DBoxをマスクし、Positive DBoxを抽出する用途で利用できます。

▼Positive DBoxを抽出するためのpos_maskを作成

```
# 正解ラベルの並びconf_t_label(バッチサイズ,8732[正解ラベル])を利用して
# 背景の0をFalse(0)、それ以外をTrue(1)にしたテンソルを作成
pos_mask = conf_t_label > 0
```

pos_mask(バッチサイズ,8732)をオフセット値を抽出できるように(バッチサイズ,8732,4)に拡張したpos_idxを作成します。locが出力する「オフセットの予測値loc_data」(バッチサイズ, 8732, 4[Δcx, Δcy, Δw, Δh])と同じ形状です。

▼pos_mask(バッチサイズ,8732)をオフセット抽出用として(バッチサイズ,8732,4)に拡張

```
pos_idx = pos_mask.unsqueeze(pos_mask.dim()).expand_as(loc_data)
```

loc_dataには、locネットワークが出力する予測オフセット値(バッチサイズ, 8732, 4[Δcx, Δcy, Δw, Δh])が格納されていますので、pos_idx(バッチサイズ,8732,4)でマスクしてPositive DBoxのオフセット値を抽出します。同じように、正解のオフセット値が格納されているloc_tからPositive DBoxのものだけを抽出します。

▼Positive DBoxだけの予測オフセット値、正解のオフセット値をそれぞれ抽出

```
loc_p = loc_data[pos_idx].view(-1, 4)  # 予測オフセット値
loc_t = loc_t[pos_idx].view(-1, 4)     # 正解オフセット値
```

view(-1, 4)を適用して、Positive DBoxごとに4値のオフセット情報をまとめるようにしています(-1とした次元は他の次元に合わせて調整されます)。

抽出したPositive DBoxの予測オフセット値の損失を求めます。損失は、SmoothL1Loss関数で求めます。

なお、PyTorchのsmooth_l1_loss()関数では、画像1枚のPositive DBoxそれぞれのオフセット予測値に対して1個の損失値(バッチサイズ×Positive DBoxの数になります)が求められますが、reduction='sum'を指定して、すべての損失値を合算したものをloss_lとして取得します。

▼オフセット予測値の損失合計を求める

```
loss_l = F.smooth_l1_loss(
    loc_p,           # locが出力したPositive DBoxのオフセットの予測値
    loc_t,           # Positive DBoxのオフセット値の教師データ
    reduction='sum')  # 出力される損失値を合算する
```

COLUMN SmoothL1Loss関数について

損失については、測定値の二乗誤差を求めるのが最もシンプルな方法ですが、外れ値(他に比べて突出している値)の影響を受けにくく、勾配降下法による重みの更新時に勾配の爆発(勾配が大きくなりすぎて処理ができなくなる問題)を防ぐように工夫されたSmoothL1Loss関数が用いられます。

▼SmoothL1Loss

$$loss_i(x_n - y_n) = \begin{cases} 0.5(x_n - y_n)^2, & if|x_n - y_n| < 1 \\ |x_n - y_n| - 0.5, & otherwise \end{cases}$$

上記の式は、教師データと予測値の差の絶対値が1より小さい場合は二乗誤差に0.5を掛けた値となり、差の絶対値が1より大きい場合は差の絶対値から0.5を引いた値になることを表しています。教師データと予測値の差が異常に大きいと学習(バックプロパゲーションによる重みの更新)が不安定になってしまうので、差の絶対値が1より大きい場合は二乗誤差よりも小さく見積もるというわけです。

■confネットワークが出力する21クラスの予測値（確信度）の損失を求める

confネットワークが出力する21クラスの確信度について、教師データの正解ラベルとの誤差（損失）を求めますが、今回はPositiveとNegativeのすべてのDBoxについて計算します。

▼confネットワークが出力する21クラスの確信度の損失を求める

```
# conf_data(バッチサイズ, 8732, 21[確信度])から確信度を抽出
# batch_confの形状は(バッチサイズ×8732, 21[確信度])
batch_conf = conf_data.view( -1,            # 0の次元はバッチサイズ×8732に調整
                             num_classes) # 1の次元は21

# 正解ラベルに対する予測値(確信度)の損失(クロスエントロピー誤差)を求める
loss_c = F.cross_entropy(
    # 21クラスの確信度(バッチサイズ×8732, 21)
    batch_conf,
    # (バッチサイズ, 8732[正解ラベル])を(バッチサイズ×8732,)にする
    conf_t_label.view(-1),
    # 正解ラベルに対する損失(バッチサイズ×8732,)をそのまま出力
    reduction='none')
```

batch_confは、21クラスに対する確信度（One-hot表現）を格納しているのに対し、conf_t_labelは正解ラベル（0～20のいずれか）のみを格納していますが、PyTorchのcross_entropy()関数は内部でconf_t_labelをOne-hot化して処理を行って、正解ラベルごとに損失を出力します。したがってloss_cは

(バッチサイズ×8732[損失],)

の1階テンソルになります。

COLUMN クロスエントロピー誤差

マルチクラス分類における活性化関数としては、「ソフトマックス関数（Softmax function）」を使うのが一般的です。ソフトマックス関数を複数の出力値に対して適用すると、その合計が1.0（＝100%）になるように変換して出力します。各出力値の範囲は0.0～1.0です。入力値に対する出力値のグラフが滑らか（ソフト）な曲線になり、1つの出力値が最大となることから「ソフトマックス」という関数名で呼ばれています。

▼ソフトマックス関数

$$softmax\left(u_i^{(t)}\right) = \frac{\exp\left(u_i^{(t)}\right)}{\sum_{c=1}^{n} \exp\left(u_c^{(t)}\right)}$$

i ：入力されるユニットの番号（$i = 1,2,\cdots,n$）
u ：ユニットからの出力
(t)：ユニットの番号　t=(0,1,2…,n〈入力されるユニット数〉)
c ：分類先のクラスのラベル　c=(0,1,2…,n〈クラス数〉)

expは「指数関数」です。指数関数とは、$a>0$かつ$a \neq 1$のとき「$y = a^x$で表される関数」のことで、この関数$y = a^x$のことを「aを底とするxの指数関数」と呼びます。1＞a＞0のとき、指数関数は「xが増加するにつれてyの値が減少していく」という特徴があります。

ソフトマックス関数の式を見ると、分子は入力$x = (x_1, x_2, \cdots, x_n)$に対して個々の「指数をとる」ことを意味し、分母は入力xの「指数をとって総和を求める」ことを意味しています。要約すると、「x_iの指数をとった値」を「入力xの指数をとって総和を求めた値」で割ることで、入力x_iに対する出力y_iが得られます。

このようにして算出されたソフトマックス関数の出力値に対して、本来あるべき値（正解ラベル）との誤差（損失）を求める際に使われるのが、「クロスエントロピー（cross entropy）誤差」です。

▼マルチクラス分類（ソフトマックス関数用）のクロスエントロピー誤差関数（L）

$$L = -\sum_{t=1}^{n} t_c^{(t)} \log o_c^{(t)}$$

クロスエントロピー誤差関数をL、t番目の正解ラベルを$t^{(t)}$、t番目の出力を$o^{(t)}$としています。

論文「SSD: Single Shot MultiBox Detector」*では、confネットワークの出力に対するクロスエントロピー誤差関数を$L_{conf}(x,c)$として、次のように説明されています。

* [Submitted on 8 Dec 2015 (v1), last revised 29 Dec 2016 (this version, v5)]
Wei Liu, Dragomir Anguelov, Dumitru Erhan, Christian Szegedy, Scott Reed, Cheng-Yang Fu, Alexander C. Berg

▼ソフトマックス関数による信頼度confの出力誤差（クロスエントロピー誤差）

$$L_{conf}(x,c) = -\sum_{i\in Neg}^{N} x_{ij}^{p} log\left(\hat{c}_i^p\right) - \sum_{i\in Neg} log\left(\hat{c}_i^p\right) \quad \text{where} \quad \hat{c}_i^p = \frac{\exp\left(\hat{c}_i^p\right)}{\sum_p \exp\left(\hat{c}_i^p\right)}$$

Hard Negative Miningのための抽出用マスクを作成

教師データのオフセット値、正解ラベルは次のようになっています。

・loc_t
「教師データ」オフセット値
(バッチサイズ, Positiveの数（8732マイナスNegative）, 4[Δcx, Δcy, Δw, Δh])

・conf_t_label
「正解ラベルの教師データ」
(バッチサイズ, 8732[正解ラベル])

1枚の画像につき、loc_tではPositive DBoxの数だけオフセット情報が格納されているのに対し、conf_t_labelでは8,732個のすべてのDBoxの正解ラベルが格納されています。この状態で求めた損失を用いた学習は、オフセット情報がPositive DBoxのみについて行われ、確信度については8,732のDBoxすべてについて行われることになります。

これはこれでよいのですが、確信度の学習のみに着目すると、8,732のDBoxの大半は背景ラベル0に分類されたNegative DBoxです。このまま学習を行うと、背景のラベル0の予測ばかりを学習することになり、実際に物体を検出したPositive DBoxの学習回数が少なくなってしまいます。

そこで、論文「SSD: Single Shot MultiBox Detector」では、「Hard Negative Mining」という手法を使って、予測がうまくいっているNegative DBoxを除外し、Positive DBoxの一定数倍（実装では3倍）の数のNegative DBoxについてのみ学習するように制限しています。

▼Hard Negative MiningによるNegative DBoxの抽出

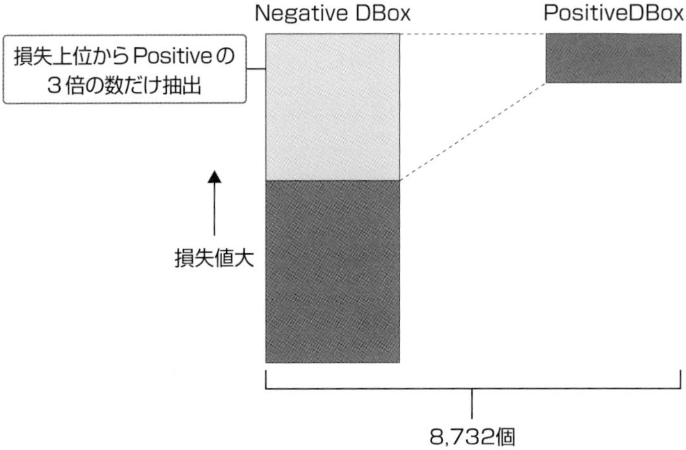

Negative DBox
PositiveDBox
損失上位からPositiveの
３倍の数だけ抽出
損失値大
8,732個

実装では、まず「Hard Negative Mining」によってDBoxを抽出するためのTrue/Falseからなるマスク用のテンソルを作成します。処理としては結構、複雑なものになりますので、詳細を見ていきましょう。

ミニバッチのすべての画像につき、Positive DBoxの数を求めます。

▼num_pos: 画像１枚中のPositive DBoxの数（バッチサイズ, Positiveの数）

```
# pos_mask(バッチサイズ,8732)のTrueを数値の1にして
# sum(1, keepdim=True)で合計する
num_pos = pos_mask.long().sum(1, keepdim=True)
```

●Hard Negative MiningのためのNegative DBox抽出用のマスクneg_maskを作成

現在、loss_cの損失値は、(バッチサイズ×8732[正解ラベルに対する損失],)のようにフラットな形状になっているので、これをバッチごとに分けて2階テンソルにします。続いて、Positive DBoxの損失値を0に変更します。このテンソルは、Hard Negative Miningにより数を減らされたNegative DBoxの損失値の抽出元のテンソルとして利用します。

▼loss_c: (バッチサイズ, 8732[確信度の損失(Positive DBoxの損失値は0)])

```
# loss_c(バッチサイズ×8732[正解ラベルに対する損失],)に
# view(num_batch, -1)を適用して(バッチサイズ, 8732)にする
loss_c = loss_c.view(num_batch, -1)
# Positiveを抽出するマスクpos_mask(バッチサイズ,8732)を利用して
# Positive DBoxの正解ラベルに対する損失をすべて0にする
loss_c[pos_mask] = 0
```

loss_cを損失値の大きい順で並べ替え、元のloss_cのときの位置を示すインデックスを取得します。

▼loss_cを降順で並べ、元のloss_cのときのインデックスを取得
```
_, loss_idx = loss_c.sort(1, descending=True)
```

▼loss_idx

0 1 2 ..., n
loss_c [損失1, 損失2, 損失3, ..., 損失n]

⬇

loss_idxには損失の大きさの順番でloss_cのインデックスが格納される

0 1 2 ..., n
loss_idx [loss_cのidx, loss_cのidx, loss_cのidx, ..., loss_cのidx]

loss_idxを降順で並べ替え、元のloss_cの並びにします。この状態でloss_idxのインデックス値(損失の順位)を取得します。

▼loss_idxを降順で並べ替えてloss_idxのインデックス値(損失の順位)を取得
```
_, idx_rank = loss_idx.sort(1)
```

▼idx_rank

0 1 2 ..., n
loss_idx [loss_cのidx, loss_cのidx, loss_cのidx, ..., loss_cのidx]

⬇

idx_rankには損失の大きさの順番が格納される

元のloss_cのときと同じ並びになります

0 1 2 ..., n
idx_rank [loss_idxのidx, loss_idxのidx, loss_idxのidx, ..., loss_idxのidx]

この値は損失の順位を表します

1画像につき、抽出するNegative DBoxの数をPositive DBoxの数の3倍までとし、求めた数をバッチデータの数だけ順番に並べた1階テンソルを作成します。

▼num_neg: 画像1枚中のNegative DBoxの数(バッチサイズ, Negativeの数)

```
# 1画像あたり抽出するNegative DBox(背景のDBox)の数=Positiveの数×3
num_neg = torch.clamp(num_pos*self.negpos_ratio,
                      max=num_dbox) # 上限値はnum_dbox: DBoxの数(8732)
```

num_negを利用して、Negative DBoxの損失上位のDBoxを(Positive×3の数だけ)抽出するためのマスク用のテンソル

neg_mask(バッチサイズ, 8732[True or False])

を作成します。8,732個のデフォルトボックスに対応する値は、抽出する損失上位から「Positive DBox×3」番目までがTrue、それ以外がFalseになります。

▼Hard Negative Miningのためのマスク用テンソルの作成

```
neg_mask = idx_rank < (num_neg).expand_as(idx_rank)
```

処理の手順を整理しておきます。

❶num_neg(バッチサイズ[Negative DBoxの上限数])の形状をバッチデータごとに並べて、

(バッチサイズ,8732[Negative DBoxの上限数])

の形状にします。
❷idx_rank(バッチサイズ, 8732[損失値の順位(0〜)])と比較します。
❸どちらのテンソルもデフォルトボックスの順番で値が並んでいるので、idx_rankの順位を示す値がnum_negよりも小さい場合に、そのデフォルトボックスをTrueにします。

このようにして、Negative DBoxの上限数までの損失上位のDBoxを抽出するためのマスク用のテンソルnum_negが作成されます。

pos_mask、neg_maskを21クラス対応に拡張したpos_idx_mask、neg_idx_maskを作成します。

・pos_idx_mask(バッチサイズ, 8732, 21)
Positive DBoxの予測確信度を取り出すマスク用テンソル
・neg_idx_mask(バッチサイズ, 8732, 21)
Hard Negative MiningによりNegative DBox(損失上位からPositiveの3倍の数)の予測確信度を取り出すマスク用テンソル

▼Positive DBoxの予測確信度を抽出するマスクと損失上位のNegative DBoxを抽出するマスク

```
# (バッチサイズ, 8732)➡(バッチサイズ, 8732, 21)
pos_idx_mask = pos_mask.unsqueeze(2).expand_as(conf_data)
# (バッチサイズ, 8732)➡(バッチサイズ, 8732, 21)
neg_idx_mask = neg_mask.unsqueeze(2).expand_as(conf_data)
```

●「Positive DBox」+「Hard Negative MiningしたNegative DBox」の確信度の損失

Positive DBoxとHard Negative MiningしたNegative DBoxの確信度(21クラス)を、

・pos_idx_mask：Positive DBoxの予測確信度を抽出するマスク
(バッチサイズ, 8732, 21)
・neg_idx_mask：Negative DBoxの損失上位の予測確信度を抽出するマスク
(バッチサイズ, 8732, 21)

の2つのマスクを利用して抽出します。ソースコードは1行ですが、処理の手順は次のようになります。

❶pos_idx_mask + neg_idx_maskでDBoxのインデックスごとのTrue/Falseをまとめる。
❷❶からgt(0)で0より大きいTrue(1)のインデックスを取得。
❸conf_data(21クラスの予測確信度(バッチサイズ, 8732, 21))から②で取得したインデックスの予測確信度を取得。
❹view(-1, num_classes)で

(バッチサイズ, 画像1枚中のPositiveの数 + HNMしたNegativeの数, 21)

のように21クラスごとに整列させる。

▼Positive DBoxとHard Negative MiningしたNegative DBoxの確信度(21クラス)を求める

```
conf_hnm = conf_data[(pos_idx_mask + neg_idx_mask).gt(0)].view(-1, num_classes)
```

Positive DBoxとHard Negative MiningしたNegative DBoxの正解ラベルを、

・pos_mask：Positive DBoxを取り出すためのマスク
(バッチサイズ, 8732)
・neg_mask：Negative DBoxの損失上位のDBoxを抽出するためのマスク
(バッチサイズ, 8732)

の2つのマスクを利用して抽出します。

▼Positive DBoxとHard Negative MiningしたNegative DBoxの正解ラベルを求める

```
conf_t_label_hnm = conf_t_label[(pos_mask+neg_mask).gt(0)]
```

正解ラベルに対する確信度の損失（合計値）を求めます。One-hot表現のconf_hnmに対して正解ラベルconf_t_label_hnmは内部でOne-hot化されて処理され、

(バッチサイズ, 画像1枚中のPositiveとHNMしたNegativeの損失)

のかたちで出力されます。実装では、reduction='sum'を指定して、すべての損失の合計を求めるようになっています。

▼正解ラベルに対する確信度の損失（合計値）を求める

```
loss_c = F.cross_entropy(
    conf_hnm,          # Posiと損失上位のNegaの予測確信度(21クラス)
    conf_t_label_hnm,  # Posiと損失上位のNegaの正解ラベル
    reduction='sum')   # すべての損失値を合計
```

■オフセット情報の平均損失と確信度の損失平均を求める

最後に、ミニバッチにおけるすべてのPositive DBoxの数を求め、この値でオフセット情報の損失合計、確信度の損失合計を割ります。物体を検出したバウンディングボックスの数のみで割ることに注意してください。学習を行う際は、ここで求めた損失平均を用いてバックプロパゲーションを行って重みを更新することになります。

▼オフセット情報の平均損失と確信度の損失平均を求める

```
# num_pos(バッチサイズ, 画像1枚中のPositiveの数)の合計を求める
N = num_pos.sum()
# ミニバッチにおけるPositive DBoxのオフセット情報の損失合計を
# ミニバッチのPositive DBoxの総数で割る
loss_l /= N
# ミニバッチにおけるPosiと損失上位のNegaの確信度の損失合計を
# ミニバッチのPositive DBoxの総数で割る
loss_c /= N
```

MultiBoxLossクラスの定義

MultiBoxLossクラスを定義します。「ssd.py」の11番目の定義コードとして、以下のように入力します。

▼MultiBoxLossクラスを定義する（ssd.py）

```
'''
11. SSDの損失関数のクラス
'''
# 関数matchを記述したmatch.pyをインポート
from match import match

class MultiBoxLoss(nn.Module):
    '''SSDの損失関数のクラス

    Attributes:
      jaccard_thresh(float): 背景のDBoxに分類するときのジャッカード係数の閾値(0.5)
      negpos_ratio(int): 背景のDBoxを絞り込むときの割合(Positive DBoxの「3」倍)
      device(torch.device): 使用するデバイス(CPUまたはGPU)
    '''
    def __init__(self, jaccard_thresh=0.5, neg_pos=3, device='cpu'):
        super(MultiBoxLoss, self).__init__()
        # 関数match()に渡すジャッカード係数の閾値(0.5)をセット
        self.jaccard_thresh = jaccard_thresh
        # Negative DBoxを絞り込むときの割合(Positive DBoxの「3」倍)をセット
        self.negpos_ratio = neg_pos
        # 使用するデバイスの情報(CPUまたはGPU)をセット
        self.device = device

    def forward(self, predictions, targets):
        '''損失関数を適用してlocとconfの出力の誤差(損失)を求める

        Parameters:
          predictions(tuple):
            SSDの訓練時の出力(loc, conf, DBox)
            ・locの出力(バッチサイズ, 8732, 4[Δcx, Δcy, Δw, Δh])
            ・confの出力(バッチサイズ, 8732, 21)
            ・DBoxの情報(8732, 4[cx, cy, width, height])
          targets(Tensor):
```

```
        正解BBoxのアノテーション情報
        (バッチサイズ, 物体数, 5[xmin, ymin, xmax, ymax, label_index])

    Returns:
      loss_l(Tensor):
        ミニバッチにおける「Positive DBoxのオフセット情報の損失平均」
      loss_c(Tensor):
        ミニバッチにおける「num_pos+num_negの確信度の損失平均」
    '''
    # ※loc_data:
    #     オフセットの予測値(バッチサイズ, 8732, 4[Δcx, Δcy, Δw, Δh])
    # ※conf_data:
    #     21クラスの予測確信度(バッチサイズ, 8732, 21)
    # ※dbox_list:
    #     DBoxの情報(8732, 4[cx, cy, width, height])
    loc_data, conf_data, dbox_list = predictions

    # ※num_batch: ミニバッチのサイズ
    num_batch = loc_data.size(0)
    # ※num_dbox: DBoxの数(8732)
    num_dbox = loc_data.size(1)
    # ※num_classes: クラス数(21)
    num_classes = conf_data.size(2)

    # ※conf_t_label:
    #      「正解ラベルの教師データ」(8732個のDBox)を格納するためのテンソル
    #      ミニバッチのすべてのデータを格納
    #    (バッチサイズ, 8732[正解ラベル])
    #
    conf_t_label = torch.LongTensor(num_batch, # 1次元はバッチサイズ
                                    num_dbox   # 2次元は8732
                                    ).to(self.device)

    # ※loc_t:
    #   「オフセット値の教師データ」(8732個のDBox)を格納するためのテンソル
    #   ミニバッチのすべてのデータを格納
    #   (バッチサイズ, 8732, 4[Δcx, Δcy, Δw, Δh])
    #
    loc_t = torch.Tensor(num_batch, # 1次元はバッチサイズ
                         num_dbox,  # 2次元は8732
```

```
                        4             # 3次元は4(オフセット情報)
                        ).to(self.device)

        # ----------------------------------------
        # ※loc_t: 1画像あたり8732個のDBoxの教師データ(オフセット値)を登録
        # ※conf_t_label: 1画像あたり8732個の正解ラベルを登録
        # ----------------------------------------
        # ミニバッチの画像1枚ずつ処理
        for idx in range(num_batch):

            # truths: アノテーション情報から取得した正解BBoxの座標(BBoxの数,4)
            truths = targets[idx][:, :-1].to(self.device)
            # labels: アノテーション情報から取得した正解ラベル(BBoxの数,)
            labels = targets[idx][:, -1].to(self.device)
            # dbox: DBoxの情報のコピー(8732, 4[cx, cy, width, height])
            dbox = dbox_list.to(self.device)
            # variance: DBoxのオフセット値を求めるときの係数のリスト
            variance = [0.1, 0.2]

            # 関数matchを実行して教師データloc_t、conf_t_labelの内容を更新
            #
            # loc_t:「教師データ」オフセット値
            #    (バッチサイズ, 8732,4[Δcx, Δcy, Δw, Δh])のidxの位置に
            #    現在の画像の教師データ(8732,4[Δcx, Δcy, Δw, Δh])が追加される
            #
            # conf_t_label:「教師データ」正解ラベル
            #    (バッチサイズ, 8732[正解ラベル])のidxの位置に
            #    現在の画像の教師データ(8732[正解ラベル],)が追加される
            #    このときIoU値が0.5より小さいDBoxのラベルは背景(0)に振り分ける
            match(
                self.jaccard_thresh, # 背景に振り分けるときのIoU値の閾値(0.5)
                truths,              # 現在の画像中の正解BBoxの座標情報(BBoxの数,4)
                dbox,                # DBoxの情報(8732, 4[cx,cy,width,height])
                variance,            # オフセット値計算時の係数リスト[0.1, 0.2]
                labels,              # 正解ラベル[物体1のラベル, 物体2のラベル, …]
                loc_t,               # ミニバッチのオフセット値の教師データを格納するテンソル
                conf_t_label,        # ミニバッチの正解ラベルを格納するテンソル
                idx)                 # バッチの何番目の画像かを示すインデックス

        # ----------------------------------------------------
```

```
        # 物体を検出したPositive DBoxのオフセット情報の損失「loss_l」を計算
        # -----------------------------------------------------

        # ※pos_mask:
        #     Positive DBoxを取り出すためのTrue(1)、False(0)のマスク
        #     (バッチサイズ, 8732)
        #
        # 正解ラベルの並びconf_t_label(バッチサイズ,8732[正解ラベル])を利用して
        # 背景の0をFalse(0)、それ以外をTrue(1)にしたテンソルを作成
        pos_mask = conf_t_label > 0

        # ※pos_idx:
        #     pos_mask(バッチサイズ,8732)をオフセット抽出用として
        #     (バッチサイズ,8732,4)に拡張
        #
        # locが出力する「オフセットの予測値」と同じ形状にする
        # loc_data(バッチサイズ, 8732, 4[Δcx, Δcy, Δw, Δh])
        pos_idx = pos_mask.unsqueeze(pos_mask.dim()).expand_as(loc_data)

        # ※loc_p:
        #   画像1枚におけるPositive DBoxの「オフセットの予測値」を抽出
        #   (バッチサイズ,
        #    Positiveの数(8732-Negative),
        #    4[Δcx,Δcy,Δw,Δh]) ←予測値
        #
        # locの出力(バッチサイズ, 8732, 4[Δcx, Δcy, Δw, Δh])を
        # pos_idx(バッチサイズ,8732,4)でマスクしてPositiveのオフセット値を抽出
        # view(-1, 4)でDBoxの数(8732)がPositiveの数に調整される
        loc_p = loc_data[pos_idx].view(-1, 4)

        # ※loc_t:
        #     画像1枚におけるPositive DBoxの「教師データ(オフセット値)」
        #     (バッチサイズ,
        #      Positiveの数(8732-Negative),
        #      4[Δcx,Δcy,Δw,Δh]) ←正解のオフセット値
        #
        # オフセット値教師データloc_t(バッチサイズ,8732,4[Δcx,Δcy,Δw,Δh])を
        # pos_idx(バッチサイズ,8732,4)でマスクしてPositiveのオフセット値を抽出
        # view(-1, 4)でDBoxの数(8732)がPositiveの数に調整される
        loc_t = loc_t[pos_idx].view(-1, 4)
```

```
        # ※loss_l(要素数1のテンソル):
        #       オフセット予測値の損失合計
        #
        # ミニバッチのすべての画像についてPositive DBoxの
        # 予測オフセット値の損失を求め、合計する
        loss_l = F.smooth_l1_loss(
            loc_p, # locが出力したPositive DBoxのオフセットの予測値
            loc_t, # Positive DBoxのオフセット値の教師データ
            reduction='sum') # 出力される損失値を合算する

        # ---------------------------------------
        # ※loss_c:
        #       21クラスの予測値(確信度)の損失を求める
        # ---------------------------------------

        # ※batch_conf:
        #       8732個のDBoxの21クラスに対する予測値(確信度): バッチデータすべて
        #       (バッチサイズ×8732, 21[確信度])
        #
        # conf_data(バッチサイズ,8732,21[確信度])から確信度を抽出
        batch_conf = conf_data.view(
            -1,             # 0の次元はバッチサイズ×8732に調整
            num_classes) # 1の次元は21

        # ※loss_c
        #       正解ラベルに対する予測値(確信度)の損失(クロスエントロピー誤差)
        #       (バッチサイズ×8732[損失],)
        #
        # One-hot表現のbatch_confに対し、正解ラベルconf_t_labelは
        # 内部でOne-hot化されて処理 → 正解ラベルごとに損失を出力
        loss_c = F.cross_entropy(
            # 21クラスの確信度(バッチサイズ×8732, 21)
            batch_conf,
            # (バッチサイズ, 8732[正解ラベル])を(バッチサイズ×8732,)にする
            conf_t_label.view(-1),
            # 正解ラベルに対する損失(バッチサイズ×8732,)をそのまま出力
            reduction='none')

        # -----------------
```

```
        # ※neg_mask:
        #       Hard Negative MiningのためのNegative DBox抽出用のマスクを作成
        #
        #       21クラスの予測値(確信度)の損失が上位のDBoxを抽出する際に
        #       (Positiveの数×3)のNegative DBoxを除くためのTrue/Falseのマスク
        # ----------------

        # ※num_pos: 画像1枚中のPositive DBoxの数(バッチサイズ, Positiveの数)
        #
        # pos_mask(バッチサイズ,8732)のTrueを数値の1にして
        # sum(1, keepdim=True)で合計する
        num_pos = pos_mask.long().sum(1, keepdim=True)

        # ※loss_c: (バッチサイズ, 8732[確信度の損失])
        #
        # loss_c(バッチサイズ×8732[正解ラベルに対する損失],)に
        # view(num_batch, -1)を適用して(バッチサイズ, 8732)にする
        loss_c = loss_c.view(num_batch, -1)

        # ※loss_c: (バッチサイズ, 8732[確信度の損失(Positiveのみ0]))
        #
        # Positiveを抽出するマスクpos_mask(バッチサイズ,8732)を利用して
        # Positive Boxの正解ラベルに対する損失をすべて0にする
        loss_c[pos_mask] = 0

        # ※loss_idx:
        #       8732個の損失を降順で並べたときのDBoxのインデックス
        #       (バッチサイズ, 8732[DBoxのインデックス])
        #
        # loss_c(バッチサイズ, 8732[Positiveの損失のみ0に変更])から
        # 損失の値(1の次元)を降順で並べ、元の位置(loss_c)のインデックスを取得
        _, loss_idx = loss_c.sort(1, descending=True)

        # ※idx_rank:
        #       loss_cのDBoxごとの損失の大きさの順位
        #       (バッチサイズ, 8732[順位(0～)])
        #
        # loss_idxをインデックス値の昇順で並べ替えることで元のloss_cの並びにして
        # loss_idxのインデックス値(損失の順位を示す)を取得
        #
```

```
        # idx_rank[0]に格納された値はloss_c[0]のDBoxの損失の大きさの順位
        _, idx_rank = loss_idx.sort(1)

        # ※num_neg: (バッチサイズ[Negative DBoxの上限数])
        #
        # num_pos: 画像1枚中のPositive DBoxの数(バッチサイズ, Positiveの数)
        # 1画像あたり抽出するNegative DBox(背景のDBox)の数=Positiveの数×3
        num_neg = torch.clamp(
            num_pos*self.negpos_ratio,
            max=num_dbox) # 上限値はnum_dbox: DBoxの数(8732)


        # ※neg_mask:
        #     Negative DBoxの損失上位のDBoxをPositive×3の数だけ抽出するマスク
        #     (バッチサイズ, 8732[True or False])
        #
        # 1.num_neg(バッチサイズ[Negative DBoxの上限数])の形状を
        # バッチデータごとに並べて
        # (バッチサイズ,8732[Negative DBoxの上限数])にする
        #
        # 2.idx_rank(バッチサイズ, 8732[損失値の順位(0～)])と
        # num_neg(バッチサイズ,8732[Negative DBoxの上限数])を比較
        #
        # 3.Negativeの上限数までの損失上位のNegative DBoxをTrue、
        # 上限数を超える損失下位のNegative DBoxをFalseにする
        neg_mask = idx_rank < (num_neg).expand_as(idx_rank)

        # -----------------------------------------------------
        # ※pos_idx_mask: Positive DBoxの予測確信度を取り出すマスクを作成
        #
        # ※neg_idx_mask: Negative DBoxの損失上位の予測確信度を
        #                 取り出すマスクを作成(Positive×3の数)
        # -----------------------------------------------------

        # ※pos_idx_mask:
        #     Positive DBoxの予測確信度を取り出すマスク
        #     pos_maskを21クラス対応に拡張(バッチサイズ, 8732, 21)
        #
        # pos_mask: Positive DBoxを取り出すためのマスク
        # (バッチサイズ, 8732)
```

```
        # ↓
        # (バッチサイズ, 8732, 1) 2の次元(3)にサイズ1の次元を挿入
        # ↓
        # (バッチサイズ, 8732, 21) conf_data: 21クラスの予測確信度
        #                         (バッチサイズ, 8732, 21)と同じ形状に拡張
        pos_idx_mask = pos_mask.unsqueeze(2).expand_as(conf_data)

        # ※neg_idx_mask:
        #   Negative DBoxの損失上位のDBoxを取り出すマスクneg_maskを
        #   予測確信度を抽出できるように21クラス対応に拡張(バッチサイズ,8732,21)
        #
        # neg_mask: Negative DBoxの損失上位のDBoxを抽出するためのマスク
        # (バッチサイズ, 8732)
        # ↓
        # (バッチサイズ, 8732, 1) 2の次元(3)にサイズ1の次元を挿入
        # ↓
        # (バッチサイズ, 8732, 21) conf_data: 21クラスの予測確信度
        #                         (バッチサイズ, 8732, 21)と同じ形状に拡張
        neg_idx_mask = neg_mask.unsqueeze(2).expand_as(conf_data)

        # -----------------
        # ※conf_hnm:
        #   Positive DBoxとHard Negative MiningしたNegative DBoxの予測確信度
        # ※conf_t_label_hnm
        #   conf_hnmに対する教師データ(正解ラベル)
        # ※loss_c
        #   Positive DBoxとHard Negative MiningしたNegative DBoxにおける
        #   予測確信度の損失合計(要素数1)
        # -----------------

        # ※conf_hnm:
        #     (バッチサイズ,
        #      画像1枚中のPositiveの数 + HNMしたNegativeの数,
        #      21)
        #     ・Positive DBoxの予測確信度(21クラス)
        #     ・損失上位のNegative DBoxの予測確信度(21クラス)
        #
        # 1. pos_idx_mask + neg_idx_maskでDBoxのインデックスごとの
        # True/Falseをまとめる
        # 2. pos_idx_mask + neg_idx_maskからgt(0)で0より大きいTrue(1)の
```

```
        # インデックスを取得
        # 3. conf_data(21クラスの予測確信度(バッチサイズ, 8732, 21))
        # から2で取得したインデックスの予測確信度を取得
        # 4. view(-1, num_classes)で21クラスごとに整列
        conf_hnm = conf_data[(pos_idx_mask + neg_idx_mask).gt(0)
                             ].view(-1, num_classes)

        # ※conf_t_label_hnm:
        #     (バッチサイズ, 画像1枚中のPositiveの数 + HNMしたNegativeの数)
        #     ・Positive DBoxの正解ラベル
        #     ・損失上位のNegative DBoxの正解ラベル
        #
        # 正解ラベルの教師データconf_t_label(バッチサイズ,8732[正解ラベル])から
        # 予測確信度と同じようにpos_maskとneg_maskの正解ラベルを取り出す
        conf_t_label_hnm = conf_t_label[(pos_mask+neg_mask).gt(0)]

        # ※loss_c
        #     Positive DBoxとHard Negative MiningしたNegative DBoxの
        #     予測確信度の損失
        #     (バッチサイズ, 画像1枚中のPositiveとHNMしたNegativeの損失)
        #     ↓
        #     [確信度の損失の合計,]
        #
        # One-hot表現のconf_hnmに対し、正解ラベルconf_t_label_hnmは
        # 内部でOne-hot化されて処理
        loss_c = F.cross_entropy(
            conf_hnm,          # Posiと損失上位のNegaの予測確信度(21クラス)
            conf_t_label_hnm,  # Posiと損失上位のNegaの正解ラベル
            reduction='sum')   # すべての損失値を合計

        # -----------------
        # ※loss_l:
        #   ミニバッチにおける「Positive DBoxのオフセット情報の損失平均」を求める
        # ※loss_c:
        #   ミニバッチにおける「Positive DBoxの確信度の損失平均」を求める
        # -----------------

        # ※N(int):
        # ミニバッチにおけるすべてのPositive DBoxの数
        #
```

```
        # num_pos(バッチサイズ, 画像1枚中のPositiveの数)の合計を求める
        N = num_pos.sum()

        # ※loss_l:
        #     ミニバッチにおけるPositive DBoxのオフセット情報の損失平均
        #
        # ミニバッチにおけるPositive DBoxのオフセット情報の損失合計を
        # ミニバッチのPositive DBoxの総数で割る
        loss_l /= N

        # ※loss_c:
        #     ミニバッチにおけるPositive DBoxの確信度の損失平均
        #
        # ミニバッチにおけるPosiと損失上位のNegaの確信度の損失合計を
        # ミニバッチのPositive DBoxの総数で割る
        loss_c /= N

        return loss_l, loss_c
```

2.9 SSDモデルの学習プログラム

SSDモデルでVOC2012データセットの学習を行います。本書では、Google Colabを利用して学習を行うことにします。データの数が膨大で、なおかつネットワークの層も深いので、CPUが搭載された一般的なPCだと学習が終了するまで少なく見積もっても丸一日以上はかかります。また、一般的なPCに搭載されているメモリ容量*では、メモリオーバーでクラッシュする恐れがあるので、お手元のPCでの実行はお勧めしません。ぜひとも、GPUと専用のメモリが使える環境で実行してもらえればと思います。

2.9.1 「Googleドライブ」にデータ一式をアップロードする

Googleドライブに、これまでに作成したモジュールとVOC2012のデータ一式をアップロードします。

■Googleドライブの「ObjectDetection」フォルダーへのアップロード

Googleドライブの任意の場所に「ObjectDetection」フォルダーを作成しましょう。作成が済んだら、PCの「object_detection」フォルダー内に作成した以下のモジュールとVOC2012データセットが格納された「data」フォルダー、学習済み重みが格納された「weights」フォルダーをGoogleドライブの「ObjectDetection」内にアップロードします。

▼Googleドライブの「ObjectDetection」フォルダーにコピーするモジュールとフォルダー

・augmentations.py
・match.py
・ssd.py
・voc.py
・「data」フォルダー
　VOC2012のデータセット一式が格納された「VOCdevkit」フォルダーを格納。
・「weights」フォルダー
　学習済み重みssd300_mAP_77.43_v2.pth、vgg16_reducedfc.pthを格納。

データセットが格納された「data」フォルダーは、サイズが約3.7GBあるため、多くの場合、アップロードが完了するまでに数時間を要する**ので注意してください。

* 16GBのメモリを積んだCPUマシンで試しに実行したところ、ものの数秒でクラッシュしました。
** 筆者の環境では9時間程度を要しました。

2.9.2 Colabノートブックで学習プログラムを実行する

現在、Googleドライブの「ObjectDetection」フォルダーに、以下のモジュールとフォルダーがアップロードされています。

- 「data」フォルダー
- 「weights」フォルダー
- augmentations.py
- match.py
- ssd.py
- voc.py

SSDモデルの学習は、「ObjectDetection」フォルダー以下に「SSD_Training.ipynb」という名前のノートブックを作成し、このノートブックから行うことにしましょう。

One point　Colabノートブックの作成

Googleドライブの画面左のメニューで「マイドライブ」以下の「object_detection」フォルダーを表示し、これを選択した状態でメニュー上部の[新規]ボタンをクリックします。[その他]➡[Google Coraboratory]を選択すると新規のノートブックが作成されます。ノートブックの画面上部のファイル名をクリックして「SSD_Training」に変更します。

■ドライブのマウント

ノートブックからPythonのモジュールやデータセットを読み込めるように、「ドライブのマウント」を行います。画面左のサイドバーのフォルダー型のアイコンをクリックします。

▼「ドライブのマウント」を行う

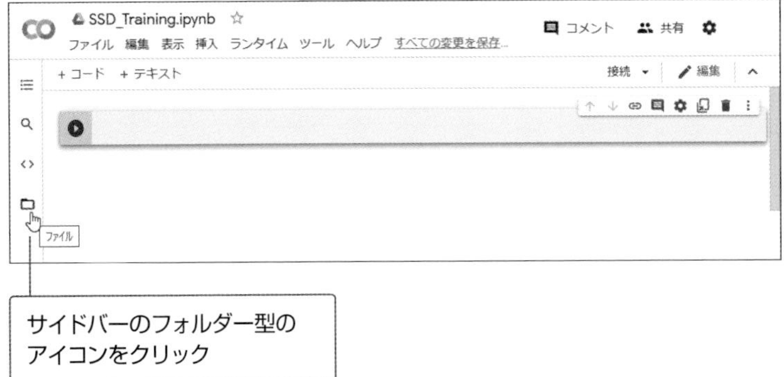

［ファイル］タブが展開されるので、［ドライブをマウント］のアイコンをクリックします。

▼「ドライブのマウント」を実行

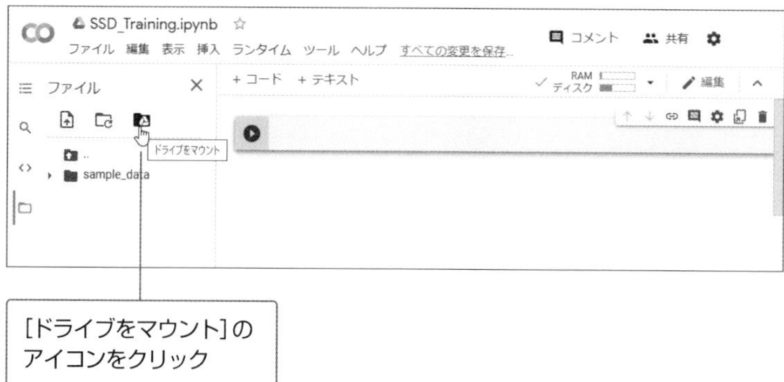

確認が求められるので、［Google ドライブに接続］をクリックします。

▼ノートブックからGoogle ドライブのファイルへのアクセス許可

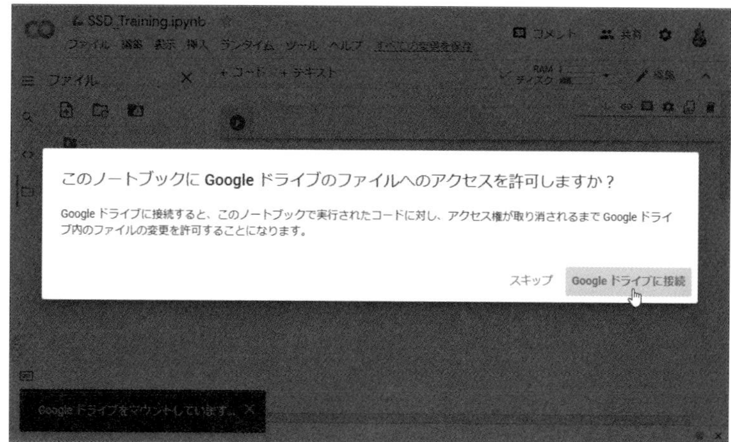

ドライブのマウントが完了すると、［ファイル］タブにドライブ上のディレクトリの構造が表示され、ノートブックから各ファイルにアクセスできるようになります。

▼「ドライブのマウント」が完了したところ

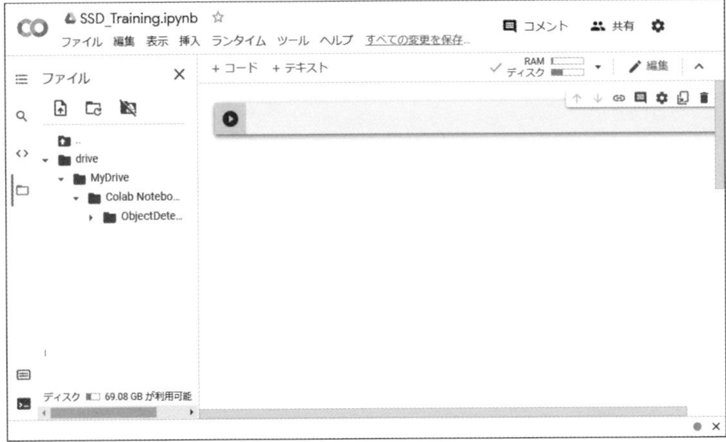

■GPUの設定

ノートブックは、デフォルトでCPUを使用するようになっているので、GPUを使用するように設定を変えましょう。

❶ノートブックの［編集］メニューをクリックして［ノートブックの設定］を選択します。
❷［ノートブックの設定］ダイアログの［ハードウェア アクセラレータ］のドロップダウンメニューから［GPU］を選択して［保存］ボタンをクリックします。

PyTorchでは、プログラムをCPUに対応させるのか、それともGPUに対応させるのかをプログラム内で指定します。ただ、環境が変わるたびにプログラムを書き換える必要がないように、

```
device = torch.device('cuda' if torch.cuda.is_available() else 'cpu')
```

というコードがよく使われます。if文における

```
条件がTrueのときに返す値  if  条件式  else  条件がFalseのときに返す値
```

の書き方を使って、

```
torch.cudaが利用可能であれば'cuda'、そうでなければ'cpu'
```

を引数にして、torch.deviceオブジェクトを生成します。上記のコードで、使用可能なデバイスが取得できますので、デバイスを指定したいTensorオブジェクトに対して

```
model = MLP(2, 2, 1).to(device)
```

のようにto()メソッドで使用可能なデバイスの割り当てを行えば設定完了です。上記の場合はMLPというモデルで使用されるパラメーター（torch.Tensorオブジェクト）の操作に対して使用可能なデバイスが設定されます。

●torch.device()

torch.Tensor（PyTorchでテンソルを表現するオブジェクト）が割り当てられるデバイスを表すオブジェクトを生成します。

<table>
<tr><td>書式</td><td colspan="2">torch.device(type)</td></tr>
<tr><td>パラメーター</td><td>type</td><td>デバイスのタイプを指定します。
CPUの場合は、
　torch.device('cpu')
GPUの場合は、
　torch.device('cuda')
のように、'cpu'または'cuda'を指定します。</td></tr>
</table>

●torch.cuda.is_available()

GPUを使用する仕組みであるtorch.cudaが利用可能かどうかを示すブール値を返します。

ノートブック「SSD_Training」の1番目のセルに次のように入力して、セルを実行します。

▼GPUが使用可能であればデバイスに割り当てる（SSD_Training.ipynb）

セル1

```
import torch
# GPUが使用可能であれば割り当てる
device = torch.device('cuda' if torch.cuda.is_available() else 'cpu')
print('使用されるデバイス：', device)
```

▼出力

```
使用されるデバイス： cuda
```

■「ObjectDetection」フォルダー内のモジュールをインポート可能にする

「ObjectDetection」フォルダー内のPythonのモジュールをインポートできるように、Googleドライブのルートディレクトリから「ObjectDetection」に至るパスをsys.pathに登録します。

One point　ドライブ上のファイルパスの取得

Googleドライブ上のパスについては、Colabノートブックの画面左の［ファイル］タブで「ObjectDetection」を右クリックして［パスをコピー］を選択するとルートディレクトリからのパスをコピーできるので、そのままコード内に貼り付けるようにしましょう。

▼「ObjectDetection」内のモジュールをインポート可能にする（SSD_Training.ipynb）

セル2

```
import sys

# モジュールのインポートが行えるように「ObjectDetection」のパスを登録
sys.path.append('/content/drive/MyDrive/Colab Notebooks/ObjectDetection')
```

■データローダーの作成

torch.utils.dataをインポートし、さらにvoc.pyから必要なクラスや関数をインポートして、前処理後のデータからミニバッチを抽出するデータローダーを作成します。

▼データローダーの作成（SSD_Training.ipynb）

セル3

```
import torch.utils.data as data
# vocモジュールからインポート
from voc import make_filepath_list, GetBBoxAndLabel, DataTransform, ¥
                PreprocessVOC2012, multiobject_collate_fn

# データセットの親フォルダーのパス
rootpath = '/content/drive/MyDrive/Colab Notebooks/ObjectDetection/data/VOCdevkit/VOC2012/'
# 訓練用、検証用の画像、アノテーションデータのファイルパスのリストを作成
train_img_list, train_anno_list, val_img_list, val_anno_list = make_filepath_list(
    rootpath)

# VOC2012の正解ラベルのリスト
```

```
voc_classes = [
    'aeroplane', 'bicycle', 'bird', 'boat', 'bottle',
    'bus', 'car', 'cat', 'chair', 'cow',
    'diningtable', 'dog', 'horse', 'motorbike',
    'person', 'pottedplant', 'sheep', 'sofa', 'train',
    'tvmonitor']

# データセットのRGBの平均値(R)123,(G)117,(B)104をOpenCVのBGRの並びに合わせて
# (104, 117, 123)のタプルにする
color_mean = (104, 117, 123)

# 画像の入力サイズを300×300にする
input_size = 300

# DataTransformでVOC2012データセットを前処理して以下のデータを取得
#  ・前処理後のイメージ[R,G,B](Tensor)
#  ・BBoxとラベル(ndarray)
#  ・イメージの高さ、幅(int)
train_dataset = PreprocessVOC2012(
    train_img_list,                               # イメージのパスリスト
    train_anno_list,                              # アノテーションのパスリスト
    phase='train',                                # 訓練モード
    transform=DataTransform(input_size, color_mean), # 前処理オブジェクト
    get_bbox_label=GetBBoxAndLabel(voc_classes))     # BBoxとラベル取得

val_dataset = PreprocessVOC2012(
    val_img_list,                                 # イメージのパスリスト
    val_anno_list,                                # アノテーションのパスリスト
    phase='val',                                  # 訓練モード
    transform=DataTransform(input_size, color_mean), # 前処理オブジェクト
    get_bbox_label=GetBBoxAndLabel(voc_classes))     # BBoxとラベル取得

batch_size = 32 # 1バッチあたりのデータ数は32

# 訓練用のミニバッチを生成するデーターローダー
train_dataloader = data.DataLoader(
    train_dataset,                      # 前処理した訓練データ
    batch_size=batch_size,              # バッチサイズ
    shuffle=True,                       # ミニバッチ抽出の際にシャッフルする
    collate_fn=multiobject_collate_fn)  # ミニバッチ生成関数
```

```
# 検証用のミニバッチを生成するデータローダー
val_dataloader = data.DataLoader(
    val_dataset,                           # 前処理した検証データ
    batch_size=batch_size,                 # バッチサイズ
    shuffle=False,                         # ミニバッチ抽出の際にシャッフルしない
    collate_fn=multiobject_collate_fn)  # ミニバッチ生成関数

# 辞書オブジェクトにまとめる
dataloaders_dict = {'train': train_dataloader, 'val': val_dataloader}
```

■SSDモデルの生成

モデルのサマリを出力するためのライブラリtorchinfoをpipコマンドでインストールしておきます。

▼torchinfoをインストール

```
セル4
pip install torchinfo
```

SSDモデルを生成します。torch.nn、torch.nn.initに加え、ssd.pyのインポートも行います。

▼SSDモデルの生成（SSD_Training.ipynb）

```
セル5
import torch.nn as nn
import torch.nn.init as init
from ssd import SSD # ssdモジュールのインポート
from torchinfo import summary

# SSDモデルの設定値
ssd_cfg = {
    'classes_num': 21,                           # 背景クラスを含めた合計クラス数
    'input_size': 300,                           # 画像の入力サイズ
    'dbox_num': [4, 6, 6, 6, 4, 4],              # DBoxのアスペクト比の種類
    'feature_maps': [38, 19, 10, 5, 3, 1],       # 各sourceの画像サイズ
    'steps': [8, 16, 32, 64, 100, 300],          # DBOXの大きさを決める
    'min_sizes': [30, 60, 111, 162, 213, 264], # DBOXの大きさを決める
    'max_sizes': [60, 111, 162, 213, 264, 315],          # DBOXの大きさを決める
    'aspect_ratios': [[2], [2, 3], [2, 3], [2, 3], [2], [2]],
```

```
}

# SSDモデルを生成
net = SSD(phase='train',        # 訓練モード
          cfg=ssd_cfg)  # 設定値のdictオブジェクト

# SSDの初期の重みを設定
# VGG16の学習済み重みを取得
vgg_weights = torch.load(
    '/content/drive/MyDrive/Colab Notebooks/ObjectDetection/weights/vgg16_reducedfc.pth')
# SSDのvggネットワークの重みとしてロード
net.vgg.load_state_dict(vgg_weights)

# SSDモデルのvgg以外のネットワークの重みはHeの初期値で初期化
def weights_init(m):
    if isinstance(m, nn.Conv2d):
        init.kaiming_normal_(m.weight.data)
        if m.bias is not None: # バイアス項がある場合
            nn.init.constant_(m.bias, 0.0)

# Heの初期値を適用
net.extras.apply(weights_init) # extrasネットワーク
net.loc.apply(weights_init)     # locネットワーク
net.conf.apply(weights_init)    # confネットワーク

# SSDモデルのサマリを出力
summary(
    net,
    # バッチを含む入力のサイズを設定
    input_size=(batch_size, 3, 300, 300),
    # レイヤーへの入力、出力のサイズとパラメーター数を出力
    col_names=['input_size','output_size', 'num_params'])
```

▼出力

```
===========================================================================================
Layer (type:depth-idx)    put Shape              Output Shape           Param #
===========================================================================================
SSD                                              --                     --
├─ModuleList: 1-1         --                     --                     --
├─ModuleList: 1-2         --                     --                     --
├─ModuleList: 1-3         --                     --                     --
├─ModuleList: 1-4         --                     --                     --
├─ModuleList: 1-1         --                     --                     --
│    └─Conv2d: 2-1        [32, 3, 300, 300]      [32, 64, 300, 300]     1,792
```

```
│      └─ReLU: 2-2           [32, 64, 300, 300]      [32, 64, 300, 300]      --
│      └─Conv2d: 2-3         [32, 64, 300, 300]      [32, 64, 300, 300]      36,928
│      └─ReLU: 2-4           [32, 64, 300, 300]      [32, 64, 300, 300]      --
│      └─MaxPool2d: 2-5      [32, 64, 300, 300]      [32, 64, 150, 150]       --
│      └─Conv2d: 2-6         [32, 64, 150, 150]      [32, 128, 150, 150]     73,856
│      └─ReLU: 2-7           [32, 128, 150, 150]     [32, 128, 150, 150]     --
│      └─Conv2d: 2-8         [32, 128, 150, 150]     [32, 128, 150, 150]     147,584
│      └─ReLU: 2-9           [32, 128, 150, 150]     [32, 128, 150, 150]     --
│      └─MaxPool2d: 2-10     [32, 128, 150, 150]     [32, 128, 75, 75]       --
│      └─Conv2d: 2-11        [32, 128, 75, 75]       [32, 256, 75, 75]       295,168
│      └─ReLU: 2-12          [32, 256, 75, 75]       [32, 256, 75, 75]       --
│      └─Conv2d: 2-13        [32, 256, 75, 75]       [32, 256, 75, 75]       590,080
│      └─ReLU: 2-14          [32, 256, 75, 75]       [32, 256, 75, 75]       --
│      └─Conv2d: 2-15        [32, 256, 75, 75]       [32, 256, 75, 75]       590,080
│      └─ReLU: 2-16          [32, 256, 75, 75]       [32, 256, 75, 75]       --
│      └─MaxPool2d: 2-17     [32, 256, 75, 75]       [32, 256, 38, 38]       --
│      └─Conv2d: 2-18        [32, 256, 38, 38]       [32, 512, 38, 38]       1,180,160
│      └─ReLU: 2-19          [32, 512, 38, 38]       [32, 512, 38, 38]       --
│      └─Conv2d: 2-20        [32, 512, 38, 38]       [32, 512, 38, 38]       2,359,808
│      └─ReLU: 2-21          [32, 512, 38, 38]       [32, 512, 38, 38]       --
│      └─Conv2d: 2-22        [32, 512, 38, 38]       [32, 512, 38, 38]       2,359,808
│      └─ReLU: 2-23          [32, 512, 38, 38]       [32, 512, 38, 38]       --
├─L2Norm: 1-5                [32, 512, 38, 38]       [32, 512, 38, 38]       512
├─ModuleList: 1-1            --                      --                      --
│      └─MaxPool2d: 2-24     [32, 512, 38, 38]       [32, 512, 19, 19]       --
│      └─Conv2d: 2-25        [32, 512, 19, 19]       [32, 512, 19, 19]       2,359,808
│      └─ReLU: 2-26          [32, 512, 19, 19]       [32, 512, 19, 19]       --
│      └─Conv2d: 2-27        [32, 512, 19, 19]       [32, 512, 19, 19]       2,359,808
│      └─ReLU: 2-28          [32, 512, 19, 19]       [32, 512, 19, 19]       --
│      └─Conv2d: 2-29        [32, 512, 19, 19]       [32, 512, 19, 19]       2,359,808
│      └─ReLU: 2-30          [32, 512, 19, 19]       [32, 512, 19, 19]       --
│      └─MaxPool2d: 2-31     [32, 512, 19, 19]       [32, 512, 19, 19]       --
│      └─Conv2d: 2-32        [32, 512, 19, 19]       [32, 1024, 19, 19]      4,719,616
│      └─ReLU: 2-33          [32, 1024, 19, 19]      [32, 1024, 19, 19]      --
│      └─Conv2d: 2-34        [32, 1024, 19, 19]      [32, 1024, 19, 19]      1,049,600
│      └─ReLU: 2-35          [32, 1024, 19, 19]      [32, 1024, 19, 19]      --
├─ModuleList: 1-2            --                      --                      --
│      └─Conv2d: 2-36        [32, 1024, 19, 19]      [32, 256, 19, 19]       262,400
│      └─Conv2d: 2-37        [32, 256, 19, 19]       [32, 512, 10, 10]       1,180,160
│      └─Conv2d: 2-38        [32, 512, 10, 10]       [32, 128, 10, 10]       65,664
│      └─Conv2d: 2-39        [32, 128, 10, 10]       [32, 256, 5, 5]         295,168
│      └─Conv2d: 2-40        [32, 256, 5, 5]         [32, 128, 5, 5]         32,896
│      └─Conv2d: 2-41        [32, 128, 5, 5]         [32, 256, 3, 3]         295,168
│      └─Conv2d: 2-42        [32, 256, 3, 3]         [32, 128, 3, 3]         32,896
│      └─Conv2d: 2-43        [32, 128, 3, 3]         [32, 256, 1, 1]         295,168
├─ModuleList: 1-3            --                      --                      --
│      └─Conv2d: 2-44        [32, 512, 38, 38]       [32, 16, 38, 38]        73,744
├─ModuleList: 1-4            --                      --                      --
│      └─Conv2d: 2-45        [32, 512, 38, 38]       [32, 84, 38, 38]        387,156
├─ModuleList: 1-3            --                      --                      --
│      └─Conv2d: 2-46        [32, 1024, 19, 19]      [32, 24, 19, 19]        221,208
├─ModuleList: 1-4            --                      --                      --
│      └─Conv2d: 2-47        [32, 1024, 19, 19]      [32, 126, 19, 19]       1,161,342
├─ModuleList: 1-3            --                      --                      --
│      └─Conv2d: 2-48        [32, 512, 10, 10]       [32, 24, 10, 10]        110,616
├─ModuleList: 1-4            --                      --                      --
│      └─Conv2d: 2-49        [32, 512, 10, 10]       [32, 126, 10, 10]       580,734
```

```
├─ModuleList: 1-3              --                    --                    --
│    └─Conv2d: 2-50            [32, 256, 5, 5]       [32, 24, 5, 5]        55,320
├─ModuleList: 1-4              --                    --                    --
│    └─Conv2d: 2-51            [32, 256, 5, 5]       [32, 126, 5, 5]       290,430
├─ModuleList: 1-3              --                    --                    --
│    └─Conv2d: 2-52            [32, 256, 3, 3]       [32, 16, 3, 3]        36,880
├─ModuleList: 1-4              --                    --                    --
│    └─Conv2d: 2-53            [32, 256, 3, 3]       [32, 84, 3, 3]        193,620
├─ModuleList: 1-3              --                    --                    --
│    └─Conv2d: 2-54            [32, 256, 1, 1]       [32, 16, 1, 1]        36,880
├─ModuleList: 1-4              --                    --                    --
│    └─Conv2d: 2-55            [32, 256, 1, 1]       [32, 84, 1, 1]        193,620
==========================================================================================
Total params: 26,285,486
Trainable params: 26,285,486
Non-trainable params: 0
Total mult-adds (T): 1.00
==========================================================================================
Input size (MB): 34.56
Forward/backward pass size (MB): 6717.23
Params size (MB): 105.14
Estimated Total Size (MB): 6856.93
==========================================================================================
```

■損失関数とオプティマイザーの作成

損失関数と勾配降下法による重みの更新を行うオプティマイザーを生成します。torch.optimに加え、ssd.pyからMultiBoxLossクラスのインポートを行います。

▼損失関数とオプティマイザーの作成（SSD_Training.ipynb）

セル6

```
import torch.optim as optim
from ssd import MultiBoxLoss

# 損失関数のオブジェクトを生成
criterion = MultiBoxLoss(
    jaccard_thresh=0.5, # 背景のDBoxに分類するときのIoUの閾値
    neg_pos=3,          # 背景のDBoxの数はPositive DBoxの何倍にするか
    device=device)      # ネットワークのTensorに割り当てるデバイス

# 勾配降下アルゴリズムを使用するオプティマイザーを生成
optimizer = optim.SGD(
    net.parameters(),   # SSDモデルのパラメーター
    lr=1e-3,            # 学習率
    momentum=0.9,       # 慣性項に割り当てる係数
```

```
    weight_decay=5e-4)  # 重み更新時のL2正則化の係数
```

■学習と同時に検証を行う関数を実行する

学習しながら同時に検証を行う関数train()を作成し、実行します。train()関数では、ミニバッチのサイズを32として、1回の学習（1エポック）につき179回ミニバッチを抽出して（179ステップで）5,717個の訓練データをすべて学習します。検証は10ステップごとに行うこととし、5,823個の検証データを182（5823 ÷ 32 ≒ 182）ステップで検証します。

バイアスや重みとしてのパラメーター値は、1エポックが終了するたびに「weights」フォルダー以下に「ssd_weights（エポック番号）.pth」として保存します。

▼SSDモデルの学習を行う関数（SSD_Training.ipynb）

セル7

```
import time
import pandas as pd

def train(net, dataloaders_dict, criterion, optimizer, num_epochs):
    '''
    Parameters:
      net(object): SSDモデル
      dataloaders_dict(objectのdict): データーローダー
      criterion(object): 損失関数
      optimizer(object): オプティマイザー
      num_epochs(object): 学習回数
    '''
    # SSDモデルでGPUを使用
    net.to(device)

    # ネットワークの構成に対して最適なアルゴリズムを見つけて高速化させる
    torch.backends.cudnn.benchmark = True

    iteration = 1           # イテレーション（ステップ）カウンター
    epoch_train_loss = 0.0  # 訓練1エポックごとの損失和
    epoch_val_loss = 0.0    # 検証1エポックごとの損失和
    logs = []               # 損失のログを記録するリスト

    # 学習または検証のエポックごとのループ
    for epoch in range(num_epochs):
        # 開始時刻を保存
```

```
        t_epoch_start = time.time()
        t_iter_start = time.time()

        # 現在のエポック数を出力
        print('-------------------------------------------')
        print('Epoch {}/{}'.format(epoch+1, num_epochs))
        print('-------------------------------------------')

        # エポック10回につき検証を1回行う
        for phase in ['train', 'val']:
            # エポックが10回に達するまではモデルを訓練モードにする
            if phase == 'train':
                net.train()  # モデルを訓練モードにする
            else:
                # エポックが10回に達していたらモデルを検証モードにして検証開始
                if((epoch+1) % 10 == 0):
                    net.eval()   # モデルを検証モードにする
                    print('-------------------------------------------')
                    print('(validation)')
                else:
                    # 10回に達していなければ次のエポックに進む
                    continue

            # 1ステップにおけるミニバッチを使用した学習または検証
            # データローダーをイテレートしてミニバッチを抽出
            for images, targets in dataloaders_dict[phase]:
                # 画像データにデバイスを割り当てる
                images = images.to(device)
                # 教師データ(正解BBoxのアノテーション情報)
                # (バッチサイズ, 物体数, 5[xmin, ymin, xmax, ymax, label_index])
                # にデバイスを割り当てる
                targets = [ann.to(device) for ann in targets]

                # optimizerが保持する勾配を0で初期化(累積しないように)
                optimizer.zero_grad()

                # 順伝播(forward)とバックプロパゲーション(訓練時のみ)
                with torch.set_grad_enabled(phase == 'train'):
                    # 順伝播(forward)を行って(loc, conf, dbox_list)を取得
                    # ・locの出力(バッチサイズ, 8732, 4[Δcx, Δcy, Δw, Δh])
```

```
            # ・confの出力（バッチサイズ, 8732, 21)
            # ・DBoxの情報（8732, 4[cx, cy, width, height])
            outputs = net(images)

            # Positive DBoxのオフセット情報の損失平均
            # ミニバッチにおけるPositive DBoxの確信度の損失平均
            loss_l, loss_c = criterion(outputs, targets)
            # 2つの損失を合計する
            loss = loss_l + loss_c

            # 訓練時はバックプロパゲーションによるパラメーター更新を行う
            if phase == 'train':
                loss.backward()  # バックプロパゲーション

                # 勾配が大きすぎると不安定になるので
                # clipで勾配の上限を2.0に制限する
                nn.utils.clip_grad_value_( net.parameters(),
                                          clip_value=2.0)
                # 勾配降下法の更新式を適用してバイアス、重みを更新
                optimizer.step()

                # ミニバッチを10個処理（10ステップ）ごとに損失を出力
                if (iteration % 10 == 0):
                    # 10ステップの所要時間を取得
                    t_iter_finish = time.time()
                    duration = t_iter_finish - t_iter_start
                    # ステップ数、損失、所要時間を出力
                    print('ステップ( {} )  loss: {:.4f} -- time: {:.4f} sec.'.format(
                        iteration, loss.item(), duration))
                    t_iter_start = time.time()

                # エポックの損失をepoch_train_lossに加算する
                epoch_train_loss += loss.item()
                # ステップ数を1増やす
                iteration += 1

            # 検証モードでは順伝播後の損失の記録のみを行う
            else:
                epoch_val_loss += loss.item()
```

```
        # epochのphaseごとのlossと正解率
        # エポック終了時の時刻を取得
        t_epoch_finish = time.time()
        print('-------------------------------------')
        # 訓練データの損失と検証データの損失を出力
        print('train_loss: {:.4f} - val_loss: {:.4f}'.format(
            epoch_train_loss, epoch_val_loss))
        # エポック終了までに要した時間を取得
        print('time:  {:.4f} sec.'.format(t_epoch_finish - t_epoch_start))
        # 次のエポックの開始時刻を取得
        t_epoch_start = time.time()

        # エポックごとに損失をdictオブジェクトに保存
        log_epoch = {'epoch': epoch+1,
                     'train_loss': epoch_train_loss,
                     'val_loss': epoch_val_loss}
        # ログのリストに追加
        logs.append(log_epoch)
        # ログのリストをデータフレームに変換
        df = pd.DataFrame(logs)
        # ログファイルに保存
        df.to_csv('/content/drive/MyDrive/Colab Notebooks/ObjectDetection/epoch_loss.csv')

        # 訓練時の損失和を0で初期化
        epoch_train_loss = 0.0
        # 検証時の損失和を0で初期化
        epoch_val_loss = 0.0

        # 1エポック終了ごとにモデルのパラメーター値を保存
        if ((epoch+1) % 10 == 0):
            torch.save(
                net.state_dict(),
'/content/drive/MyDrive/Colab Notebooks/ObjectDetection/weights/ssd_weights' +
                str(epoch+1) + '.pth')
            print('--saved weights--')
```

●学習と検証を実施

作成したtrain()関数を実行して、学習と検証を開始します。

▼学習と検証を開始 (SSD_Training.ipynb)

```
セル8
%%time
num_epochs= 50                   # 学習回数(エポック数)は50

train(net,                       # SSDモデル
      dataloaders_dict,          # データローダー
      criterion,                 # 損失関数
      optimizer,                 # オプティマイザー
      num_epochs=num_epochs)     # エポック数
```

▼出力

```
-------------------------------------
Epoch 1/50
-------------------------------------
ステップ( 10 )  loss: 15.8088 -- time: 155.6018 sec.
ステップ( 20 )  loss: 14.4070 -- time: 149.8018 sec.
ステップ( 30 )  loss: 13.2663 -- time: 151.4182 sec.
ステップ( 40 )  loss: 9.9608 -- time: 143.5411 sec.
ステップ( 50 )  loss: 10.5070 -- time: 141.6216 sec.
ステップ( 60 )  loss: 9.2285 -- time: 138.0947 sec.
ステップ( 70 )  loss: 8.9010 -- time: 143.8600 sec.
ステップ( 80 )  loss: 9.2219 -- time: 149.6833 sec.
ステップ( 90 )  loss: 9.2701 -- time: 151.8873 sec.
ステップ( 100 )  loss: 8.7607 -- time: 141.7137 sec.
ステップ( 110 )  loss: 8.5571 -- time: 142.6121 sec.
ステップ( 120 )  loss: 8.3364 -- time: 144.3121 sec.
ステップ( 130 )  loss: 9.1103 -- time: 141.4426 sec.
ステップ( 140 )  loss: 8.2370 -- time: 141.3249 sec.
ステップ( 150 )  loss: 9.4319 -- time: 149.9188 sec.
ステップ( 160 )  loss: 7.6598 -- time: 146.3489 sec.
ステップ( 170 )  loss: 8.1135 -- time: 155.9441 sec.
-------------------------------------
train_loss: 1798.9626 - val_loss: 0.0000
time:  2636.6414 sec.
-------------------------------------
```

```
...
```

```
Epoch 50/50
ステップ( 8780 )  loss: 3.1639 -- time: 16.6422 sec.
ステップ( 8790 )  loss: 3.5662 -- time: 18.4837 sec.
..........途中省略.........
ステップ( 8940 )  loss: 3.1266 -- time: 18.3439 sec.
ステップ( 8950 )  loss: 3.1333 -- time: 18.0883 sec.
(validation)
train_loss: 619.2510 - val_loss(Every 10 epochs): 697.8000
time:  487.1431 sec.
--saved weights--
CPU times: user 4h 48min 42s, sys: 4min 54s, total: 4h 53min 37s
Wall time: 6h 17min 40s
```


バッチサイズ32で50エポックの学習を行いましたので、トータルで8,950ステップで学習したことになります。SSDの論文では50,000ステップをかけて学習していますが、本書では5時間程度(GPU使用)で終えるようにしました。

結果を見てみると、50エポックに達したあとも、訓練、検証共に損失が低下しそうです。環境が許せばエポック数をさらに増やすとよい結果が得られるでしょう。

One point　Colab Pro

Google Colabでは、利用状況によって比較的高速なGPUが割り当てられることがあり、この場合は学習がスムーズに進みます。先の実行例では、1エポック目は10ステップあたり140～155秒(2分半程度)かかっていたのに対し、2エポック目以降は10ステップあたり17～18秒程度になっています。

ただし、実行するタイミングによっては、これよりも低速なGPUが割り当てられることもあるので、この場合は2エポック以降であっても10ステップを終了するのに分単位の時間を要します。そうなると、Google Colabの連続使用時間は12時間なので、制限時間内に学習が終了するのか心配です。もし、本書の例よりも大幅に時間がかかるようでしたら、いったん処理を中止し、ノートブックを再起動([ランタイム]メニューの[ランタイムを再起動]を選択)してGPUの再割り当てを受ける、という手もあります。それでもダメな場合は、エポック数を20回くらいにして学習させてみるとよいかと思います。

なお、Google Colabには、「Colab Pro」(月額1,072円)という有料版があって、この場合は連続使用時間が24時間まで、無償版より高速なGPUと多くのメモリ(25GB)が割り当てられます。登録はいつでも解除できるとのことなので、月額負担で最善の環境を用意したいときは検討してみるのもよいかと思います。

COLUMN 誤差逆伝播における重みの更新式

誤差逆伝播（バックプロパゲーション）では、どのような計算で重みが更新されるのか見ておきましょう。

●最終の出力ユニットにおける重みの更新式

ある第l層のk番目のニューロンからの出力を$u_k^{(l)}$とします。ここで、$u_k^{(l)}$で損失関数Eを偏微分したものを$\delta_k^{(l)}$（δは「デルタ」）と置くことにします。

$$\delta_k^{(l)} = \frac{\partial E}{\partial u_k^{(l)}}$$

この式は、バイアスを除くすべての層のユニットで定義されます。この$\delta_k^{(l)}$を使って、最終の出力を行う層をLとしたときの重み$w_{(j)i}^{(L)}$の勾配降下法による更新式は、

▼勾配降下法の更新式

$$w_{(j)i}^{(L)} := w_{(j)i}^{(L)} - \eta \frac{\partial E}{\partial w_{(j)i}^{(L)}}$$

となります。(j)は重みのリンク先のユニットの番号、iはリンク元のユニットの番号です。$w_{(j)i}^{(L)}$はL層のユニット(j)にリンクする重み、リンク元は1つ前の層のユニットiということになります。

このときの$\partial E / \partial w_{(j)i}^{(L)}$について偏微分すると

$$\frac{\partial E}{\partial w_{(j)i}^{(L)}} = \frac{\partial E}{\partial u_j^{(L)}} \frac{\partial u_j^{(L)}}{\partial w_{(j)i}^{(L)}} = \delta_j^{(L)} o_i^{(L-1)}$$

となります。$o_i^{(L-1)}$は最終出力より1つ手前の層におけるi番目のユニットからの出力値を示しています。この式を用いると、勾配降下法での出力層の重みの更新式は、

▼勾配降下法での出力層の重みの更新式

$$w_{(j)i}^{(L)} := w_{(j)i}^{(L)} - \eta \delta_j^{(L)} o_i^{(L-1)}$$

のようにシンプルに表せます。このときの$\delta_j^{(L)}$を展開すると次のようになります。

▼$\delta_j^{(L)}$の展開

$$\delta_j^{(L)} = \frac{\partial E}{\partial u_j^{(L)}} = \frac{\partial E}{\partial o_j^{(L)}} \frac{\partial o_j^{(L)}}{\partial u_j^{(L)}} = \left(o_j^{(L)} - t_j\right) f'\left(u_j^{(L)}\right)$$

f'は、活性化関数の導関数です。活性化関数がシグモイド関数の場合は、

$$f'(x) = (1 - f(x))f(x)$$

になります。

●出力以外のユニットの重みの更新式

出力層以外の任意の第l層における重みの更新式は次のようになります。

▼出力層以外の重みの更新式

$$w_{(i)h}^{(l)} := w_{(i)h}^{(l)} - \eta \delta_i^{(l)} o_h^{(l-1)}$$

$\delta_i^{(l)}$は、出力層の重み$w_{(j)i}^{(L)}$の更新式、

$$w_{(j)i}^{(L)} := w_{(j)i}^{(L)} - \eta\left(\left(o_j^{(L)} - t_j\right) f'\left(u_j^{(L)}\right) o_i^{(L-1)}\right)$$

の$\left(o_j^{(L)} - t_j\right) f'\left(u_j^{(L)}\right)$の部分に相当しますが、$\delta_i^{(l)}$の展開式は、出力層のときとは異なるものになります。

▼$\delta_i^{(l)}$の展開式への当てはめ（$\odot$はアダマール積を示す）

$$\begin{aligned}\delta_i^{(l)} &= \frac{\partial E}{\partial o_i^{(l)}} \frac{\partial o_i^{(l)}}{\partial u_i^{(l)}} \\ &= \left(\sum_{j=1}^{n} \delta_j^{(l+1)} w_{(j)i}^{(l+1)}\right) \odot f'\left(u_i^{(l)}\right)\end{aligned}$$

●畳み込みニューラルネットワークの場合

重みの更新式

$$w_{(i)h}^{(l)} := w_{(i)h}^{(l)} - \eta \delta_i^{(l)} o_h^{(l-1)}$$

のもとになる勾配降下法の更新式、

$$w_{(j)i}^{(L)} := w_{(j)i}^{(L)} - \eta \frac{\partial E}{\partial w_{(j)i}^{(L)}}$$

における$\partial E/\partial w_{(j)i}^{(L)}$は、

$$\frac{\partial E}{\partial w_{(j)i}^{(L)}} = \frac{\partial E}{\partial u_j^{(L)}} \frac{\partial u_j^{(L)}}{\partial w_{(j)i}^{(L)}} = \delta_j^{(L)} o_i^{(L-1)}$$

となります。多層パーセプトロンにおいては、「1ユニット(ニューロン)から出力される値(特徴量)は1個」なのでこれでよいのですが、畳み込み層の場合は異なります。畳み込み層では、入力されるすべての特徴量に対して畳み込み演算を行った結果、「1ユニット(フィルター)から複数の特徴量が出力される」ことになります。

▼畳み込み演算によって1ユニットから複数の特徴量が出力される

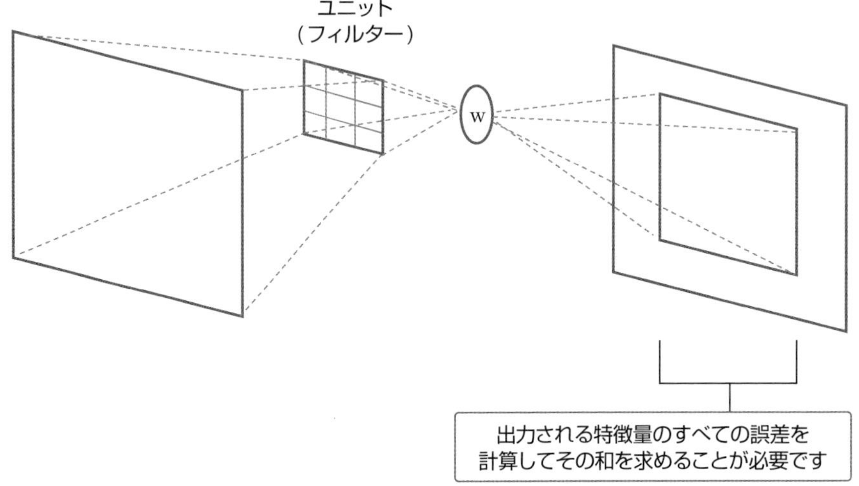

このことから、$\partial E/\partial w_{(j)i}^{(L)} = \delta_j^{(L)} o_i^{(L-1)}$の$\delta_j^{(L)} o_i^{(L-1)}$については、1ユニットから複数の特徴量が出力されることを考慮して次のように計算することが必要になります。

▼畳み込み層における$\boldsymbol{\delta_j^{(L)} o_i^{(L-1)}}$の計算

$$\frac{\partial E}{\partial w_{(j)i}^{(L)}} = \sum_{1}^{n} \delta_j^{(L)} o_i^{(L-1)}$$

総和の記号が追加されました。「1個の重み$w_{(j)i}^{(L)}$に対し、iと(j)は対象の重みにリンクするすべてのアウトプットについての組み合わせであり、総和記号Σはそのiと(j)のn個の組み合わせについての和」となります。この結果、総和記号Σによる和には、特定の重みにリンクする特徴量マップのすべての特徴量についての情報が含められることになります。

2.10 学習済みモデルでの推論の実施

50エポックの学習が完了すると、「weights」フォルダー以下に更新後のパラメーター値(重み)が格納された「ssd_weights50.pth」が保存されます。この重みをSSDモデルに読み込み、任意の写真を使って物体検出を行ってみることにしましょう。

2.10.1 ノートブックを作成して物体検出を実施

Googleドライブの「ObjectDetection」以下にノートブック「Predict_SSD.ipynb」を作成し、ドライブのマウントを行っておきましょう。

■検証モードのSSDモデルを生成して学習済み重みをセット

モジュールのインポートが行えるように「ObjectDetection」のパスを登録し、SSDモデルを生成します。

▼「ObjectDetection」のパスを登録(ObjectDetection/Predict_SSD.ipynb)

セル1

```
import sys
sys.path.append('/content/drive/MyDrive/Colab Notebooks/ObjectDetection')

from ssd import SSD # SSDクラスをインポート
```

▼SSDモデルを生成し、学習済み重みをセット

セル2

```
# VOC2012の正解ラベルのリスト
voc_classes = [
    'aeroplane', 'bicycle', 'bird', 'boat', 'bottle',
    'bus', 'car', 'cat', 'chair', 'cow',
    'diningtable', 'dog', 'horse', 'motorbike',
    'person', 'pottedplant', 'sheep', 'sofa', 'train',
    'tvmonitor']

# SSDモデルの設定値
ssd_cfg = {
    'classes_num': 21,                        # 背景クラスを含めた合計クラス数
    'input_size': 300,                        # 画像の入力サイズ
    'dbox_num': [4, 6, 6, 6, 4, 4],           # 出力するDBoxのアスペクト比の種類
    'feature_maps': [38, 19, 10, 5, 3, 1],    # 各sourceの画像サイズ
```

```
    'steps': [8, 16, 32, 64, 100, 300],          # DBOXの大きさを決める
    'min_sizes': [30, 60, 111, 162, 213, 264],   # DBOXの大きさを決める
    'max_sizes': [60, 111, 162, 213, 264, 315],  # DBOXの大きさを決める
    'aspect_ratios': [[2], [2, 3], [2, 3], [2, 3], [2], [2]],
}

# 推論モードのSSDモデルを生成
net = SSD(phase='test', cfg=ssd_cfg)
# 学習済みの重みを設定
net_weights = torch.load(
    '/content/drive/MyDrive/Colab Notebooks/ObjectDetection/weights/ssd_weights50.pth',
    map_location={'cuda:0': 'cpu'})

# 重みをロードする
net.load_state_dict(net_weights)
print('SSDモデルの準備完了')
```

▼出力

```
SSDモデルの準備完了
```

■SSDモデルに画像を入力する

カラー写真をSSDモデルに入力して、物体検出を行います。写真は、人物と自転車が写っているものを用意*しました。検証用の前処理を行って、推論モードのSSDモデルに入力して確信度上位200個のBBoxの座標と確信度を取得します。

▼SSDモデルで物体検出を実施(ObjectDetection/Predict_SSD.ipynb)

```
セル3
import cv2  # OpenCV2
from voc import DataTransform    # DataTransformクラス
import matplotlib.pyplot as plt # Matplotlib
%matplotlib inline


# 画像の読み込み
image_file_path = '/content/drive/MyDrive/Colab Notebooks/ObjectDetection/data/girl.jpg'
```

* 「Pixabay」(https://pixabay.com/ja/)のフリー画像素材を利用しました。

```
img = cv2.imread(image_file_path)    # 画像の読み込み[高さ,幅,[B,G,R]]
height, width, channels = img.shape  # 画像の高さ、幅、チャネル数を取得

# 画像を出力
plt.imshow(cv2.cvtColor(img, cv2.COLOR_BGR2RGB))
plt.show()

# 前処理クラスを生成
color_mean = (104, 117, 123) # VOC2012の(BGR)の平均値
input_size = 300             # 画像の入力サイズは300×300
transform = DataTransform(input_size, color_mean)

# 検証用の前処理を実施
phase = 'val'
img_transformed, boxes, labels = transform(
    img,   # 画像
    phase, # 処理モード
    '',    # BBoxの正解座標、正解ラベルはないので''
    '')
# BGRの並びをRGBの順に変更
img = torch.from_numpy(img_transformed[:, :, (2, 1, 0)]).permute(2, 0, 1)

# SSDで物体検出を実施
net.eval()           # SSDモデルを推論モードにする
x = img.unsqueeze(0) # 0の次元を追加してミニバッチ化(1, 3, 300, 300)
detections = net(x)  # SSDモデルに入力

# detections(1,
#             21[クラス数],
#             200[確信度上位のBBox数],
#             5[確信度、xmin, ymin, xmax, ymax])
print(detections.shape)
# 予測値を出力
print(detections)
```

▼出力

```
torch.Size([1, 21, 200, 5])
tensor([[[[0.0000, 0.0000, 0.0000, 0.0000, 0.0000],
          [0.0000, 0.0000, 0.0000, 0.0000, 0.0000],
          [0.0000, 0.0000, 0.0000, 0.0000, 0.0000],
          ...途中省略...,
          [0.0000, 0.0000, 0.0000, 0.0000, 0.0000],
          [0.0000, 0.0000, 0.0000, 0.0000, 0.0000],
          [0.0000, 0.0000, 0.0000, 0.0000, 0.0000]],

         [[0.0114, 0.4838, 0.1941, 0.6393, 0.3817],
          [0.0102, 0.7047, 0.7115, 0.8009, 0.7998],
          [0.0000, 0.0000, 0.0000, 0.0000, 0.0000],
          ...途中省略...,
          [0.0000, 0.0000, 0.0000, 0.0000, 0.0000],
          [0.0000, 0.0000, 0.0000, 0.0000, 0.0000],
          [0.0000, 0.0000, 0.0000, 0.0000, 0.0000]]]],
       grad_fn=<DetectBackward>)
```

2.10.2 検出結果を写真上に描画する

検出結果として、

(1, 21[クラス数], 200[確信度上位のBBox数], 5[確信度、xmin, ymin, xmax, ymax])

のデータが得られました。これを実際に確認できるように、バウンディングボックスと予測したラベル、確信度を写真上に描画します。

■検出から描画までを行うSSDPredictionsクラス

Spyderでモジュール「ssd_predictions.py」を作成し、SSDモデルに入力して検出を行うところから描画までの一連の処理をSSDPredictionsクラスとして定義します。定義が済みましたら、Googleドライブの「ObjectDetection」以下にアップロードします。

▼SSDPredictionsクラス (ssd_predictions.py)

```
import numpy as np
import matplotlib.pyplot as plt
import cv2  # OpenCVライブラリ
import torch

#from utils.ssd_model import DataTransform
from voc import DataTransform

class SSDPredictions():
    '''SSDモデルで物体検出を行うクラス

    Attributes:
      eval_categories(list): クラス名(str)
      net(object): SSDモデル
      transform(object): 前処理クラス
    '''
    def __init__(self, eval_categories, net):
        self.eval_categories = eval_categories # クラス名のリストを取得
        self.net = net                         # SSDモデル
        color_mean = (104, 117, 123)           # VOCデータの色の平均値(BGR)
        input_size = 300                       # 画像の入力サイズは300×300
        # 前処理を行うDataTransformオブジェクトを生成
        self.transform = DataTransform(input_size, color_mean)
```

```
    def show(self, image_file_path, confidence_threshold):
        '''物体検出の結果を出力する

        Parameters:
          image_file_path(str): 画像のファイルパス
          confidence_threshold(float): 確信度の閾値
        '''
        # SSDモデルで物体検出を行い、確信度が閾値以上のBBoxの情報を取得
        rgb_img, predict_bbox, pre_dict_label_index, scores = self.ssd_predict(
            image_file_path,                          # 画像のファイルパス
            confidence_threshold)                     # 確信度の閾値

        # 検出結果を写真上に描画する
        self.draw(rgb_img,                            # 画像のRGB値
                  bbox=predict_bbox,                  # 物体を検出したBBoxのリスト
                  label_index=pre_dict_label_index,   # 物体のラベルのインデックス
                  scores=scores,                      # 物体の確信度
                  label_names=self.eval_categories)   # クラス名のリスト

    def ssd_predict(self, image_file_path, confidence_threshold=0.5):
        '''SSDで物体検出を行い、確信度が高いBBoxの情報を返す

        Parameters:
          image_file_path(str): 画像のファイルパス
          confidence_threshold(float): 確信度の閾値

        Returns: 1画像中で物体を検出したBBoxの情報
          rgb_img: 画像のRGB値
          predict_bbox: 物体を検出したBBoxの情報
          pre_dict_label_index: 物体を検出したBBoxが予測する正解ラベル
          scores: 各BBoxごとの確信度
        '''
        # 画像データを取得
        img = cv2.imread(image_file_path)
        # 高さ, 幅, RGB値の要素数をカウントして画像のサイズとチャネル数を取得
        height, width, channels = img.shape
        # BGRからRGBへ変換
        rgb_img = cv2.cvtColor(img, cv2.COLOR_BGR2RGB)
```

```
# 画像の前処理
phase = 'val'
img_transformed, boxes, labels = self.transform(
    img,   # OpenCV2で読み込んだイメージデータ
    phase, # 'val'
    '',    # アノテーションは存在しないので''
    '')
# img_transformed(ndarray)の形状は(高さのピクセル数,幅のピクセル数,3)
# 3はBGRの並びなのでこれをRGBの順に変更
# (3, 高さのピクセル数, 幅のピクセル数)の形状の3階テンソルにする
img = torch.from_numpy(
    img_transformed[:, :, (2, 1, 0)]).permute(2, 0, 1)

# 学習済みSSDモデルで予測
self.net.eval()         # ネットワークを推論モードにする
x = img.unsqueeze(0)  # imgの形状をミニバッチの(1,3,300,300)にする
# detections: 1枚の画像の各物体に対するBBoxの情報が格納される
# (1, 21(クラス), 200(Top200のBBox), 5)
# 最後の次元の5は[BBoxの確信度, xmin, ymin, width, height]
detections = self.net(x)

# confidence_threshold:
predict_bbox = []
pre_dict_label_index = []
scores = []
detections = detections.cpu().detach().numpy()

# 検出結果から確信度の閾値以上のBBoxのインデックスを抽出
# find_index(tuple): ([0次元のインデックス],
#                     [1次元のインデックス],
#                     [2次元のインデックス],
#                     [3次元のインデックス],)
find_index = np.where(detections[:, 0:, :, 0] >= confidence_threshold)

# detections: (閾値以上のBBox数, 5)
detections = detections[find_index]

# find_index[1]のクラスのインデックスの数(21)回ループする
for i in range(len(find_index[1])):
    if (find_index[1][i]) > 0: # クラスのインデックス0以外に対して処理
```

```
                sc = detections[i][0]  # detectionsから確信度を取得
                # BBoxの座標[xmin, ymin, width, height]のそれぞれと
                # 画像の[width, height, width, height]を掛け算する
                bbox = detections[i][1:] * [width, height, width, height]
                # find_indexの1の次元の値を-1(背景0を引いて元の状態に戻す)
                label_ind = find_index[1][i]-1
                # BBoxのリストに追加
                predict_bbox.append(bbox)
                # 物体のラベルを追加
                pre_dict_label_index.append(label_ind)
                # 確信度のリストに追加
                scores.append(sc)

        # 1枚の画像のRGB値、BBox、物体のラベル、確信度を返す
        return rgb_img, predict_bbox, pre_dict_label_index, scores

    def draw(self, rgb_img, bbox, label_index, scores, label_names):
        '''物体検出の予測結果を写真上に描画する関数。

        Parameters:
          rgb_img: 画像のRGB値
          bbox(list): 物体を検出したBBoxのリスト
          label_index(list): 物体のラベルへのインデックス
          scores(list): 物体の確信度
          label_names(list): ラベル名の配列
        '''
        # クラスの数を取得
        num_classes = len(label_names)
        # BBoxの枠の色をクラスごとに設定
        colors = plt.cm.hsv(np.linspace(0, 1, num_classes)).tolist()

        # 画像を表示
        plt.figure(figsize=(10, 10))
        plt.imshow(rgb_img)
        currentAxis = plt.gca()

        # 物体を検出したBBoxの数だけループ
        for i, bb in enumerate(bbox):
            # 予測した正解ラベルを取得
            label_name = label_names[label_index[i]]
```

```
# ラベルに応じてBBoxの枠の色を変える
color = colors[label_index[i]]

# 物体名と確信度をBBoxの枠上に表示する
# 例：person：0.92
if scores is not None:
    sc = scores[i]
    display_txt = '%s: %.2f' % (label_name, sc)
else:
    display_txt = '%s: ans' % (label_name)

# BBoxの座標を取得
xy = (bb[0], bb[1])
width = bb[2] - bb[0]
height = bb[3] - bb[1]

# BBoxを描画
currentAxis.add_patch(plt.Rectangle(
    xy,
    width,
    height,
    fill=False,
    edgecolor=color,
    linewidth=2)
    )

# BBoxの枠の左上にラベルを描画
currentAxis.text(
    xy[0],
    xy[1],
    display_txt,
    bbox={'facecolor': color, 'alpha': 0.5}
    )
```

■物体検出を行って検出結果を描画する

Colabノートブック「Predict_SSD.ipynb」の4番目のセルに次のように入力して、検出結果を描画してみます。

▼検出結果を描画（ObjectDetection/Predict_SSD.ipynb）

セル4

```
import sys
from ssd_predictions import SSDPredictions

# ファイルパス
image_file_path = '/content/drive/MyDrive/Colab Notebooks/ObjectDetection/data/girl.jpg'

# 予測と、予測結果を画像で描画する
ssd = SSDPredictions(eval_categories=voc_classes, net=net)
# BBoxを抽出する際の閾値を0.6にする
ssd.show(image_file_path, confidence_threshold=0.6)
```

▼出力

人物の確信度は0.83、バイクの確信度は0.84となっています。

人物と犬の写真*も検出にかけてみました。

▼出力

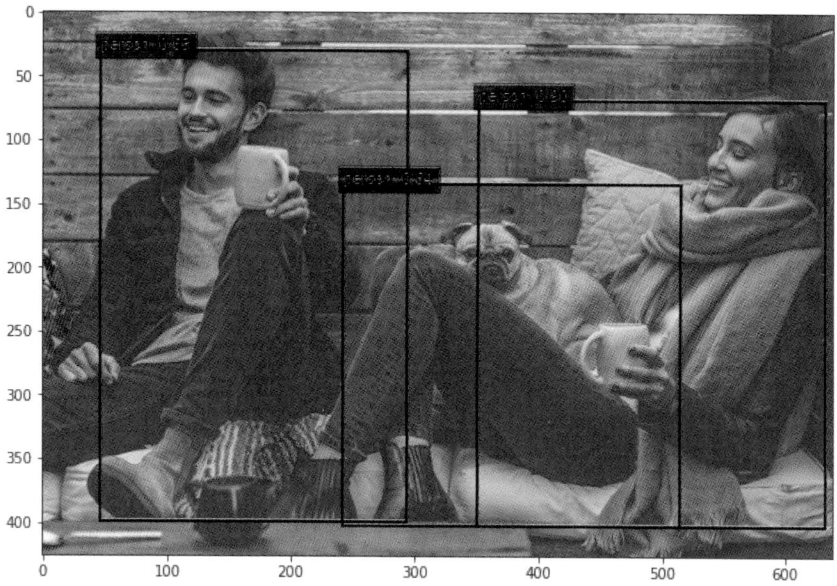

左右の人物は「person：0.63」「person：0.90」となりました。中央の犬は「person：0.64」と誤検出され、バウンディングボックスも物体よりも大きな範囲を囲んでいます。

＊ Pixabay「man-2425121_640.jpg」

次に自転車で走っている集団の写真*を検出にかけてみました。

▼出力

人物が2体、自転車が1台のみ検出されました。それぞれ「person：0.80」「bicycle：0.71」「person：0.80」と表示されています。

■学習済みの重み「ssd300_mAP_77.43_v2.pth」に取り替えてみる

ダウンロード済みの学習済み重み「ssd300_mAP_77.43_v2.pth」をモデルにセットして、もう一度同じ画像について検出にかけてみます。SSDモデルに重みをセットするコードについて、

```
net_weights = torch.load(
    '/content/drive/MyDrive/Colab Notebooks/ObjectDetection/weights/ssd300_mAP_77.43_v2.pth',
    map_location={'cuda:0': 'cpu'})
```

のようにファイル名の部分を書き換えます。

* Pixabay「cycling-4397606_640.jpg」

▼出力

女性とバイクの写真については、「person：0.90」「motorbike：1.00」とバイクについては確信度が1.0に達しています。前回は前タイヤの先の部分がボックスから外れていましたが、今度はちゃんとボックス内に収まっています。

▼出力

人物と犬が写った写真では、「person：0.91」「dog：0.98」「person：0.90」と的中しました。中央の犬もうまくボックス内に収まっています。

▼出力

前後に人物が重なっている2カ所を除いて、すべての人物を検出しています。自転車については5台が検出されています。

3章 「FasterRCNN+Inception ResNetV2」による物体検出

3.1 TensorFlow Hubの物体検出モデル「FasterRCNN+InceptionResNetV2」

「Faster R-CNN」は、2015年にMicrosoftが発明した物体検出アルゴリズムです。Googleの「TensorFlow Hub」では様々なタイプの学習済みモデルを公開していて、Faster R-CNNを用いた学習済みモデルも公開されています。

3.1.1 「FasterRCNN+InceptionResNetV2」の概要

TensorFlow Hubで公開されている物体検出用モデルの1つ、

「FasterRCNN+InceptionResNetV2」
（正式名称は「faster_rcnn/openimages_v4/inception_resnet_v2」

は、名前からもわかるようにFaster R-CNNとInception-ResNet-v2を組み合わせたモデルです。

Inception-ResNet-v2 は、ImageNetデータベースの100万枚を超えるイメージで学習済みの畳み込みニューラルネットワークです。164の層で構成されていて、入力されたイメージを1,000のカテゴリ（キーボード、マウス、鉛筆、動物など）に分類します。

3.2 「FasterRCNN+InceptionResNetV2」で物体検出を体験してみる

「FasterRCNN+InceptionResNetV2」で物体検出を行ってみます。プログラムの実行にあたっては、tensorflow_hubをはじめとするいくつかのライブラリが必要ですが、最新のバージョンを利用できることから、Google Colabのノートブック上で実行することにします。

3.2.1 Colabノートブックを作成

Googleドライブの任意の場所に、プログラム実行用のノートブックを作成します。物体検出を実行するプログラムは、「TensorFlow Hub」のチュートリアルで紹介されているものをそのまま利用します。

プログラムでは、物体検出に使う写真もWeb上からダウンロードするようになっていますので、事前に用意するのは実行用のノートブックだけです。必要なライブラリについてもColabに用意されています。

3.2.2 物体検出の実施

TensorFlow Hubのチュートリアル

「Object Detection*」

で紹介されているプログラムを利用して、物体検出を行ってみます。

■風景写真を物体検出にかける

ライブラリのインポート、必要な関数の定義を行い、「FasterRCNN+InceptionResNetV2」による物体検出、検出結果の出力までを行います。

▼ライブラリのインポート

セル1

```
# TensorFlow,TensorFlow Hub
import tensorflow as tf
import tensorflow_hub as hub
# イメージの出力のためのライブラリ
import matplotlib.pyplot as plt
```

* https://www.tensorflow.org/hub/tutorials/object_detection

```
# イメージのダウンロードのためのライブラリ
import tempfile
from six.moves.urllib.request import urlopen
from six import BytesIO
# イメージの出力のためのライブラリ
import numpy as np
from PIL import Image
from PIL import ImageColor
from PIL import ImageDraw
from PIL import ImageFont
from PIL import ImageOps
# 処理時間を計測するためのライブラリ
import time

# 利用可能なGPUデバイスを確認
print('The following GPU devices are available: %s' % tf.test.gpu_device_name())
```

▼出力

```
The following GPU devices are available:
```

▼イメージの描画・出力を行う関数群

セル2

```
def display_image(image):
    '''イメージを出力する
    '''
    fig = plt.figure(figsize=(20, 15))
    plt.grid(False)
    plt.imshow(image)

def download_and_resize_image(
    url, new_width=256, new_height=256, display=False):
    '''イメージをダウンロードして指定のサイズにリサイズする
    '''
    _, filename = tempfile.mkstemp(suffix='.jpg')
    response = urlopen(url)
    image_data = response.read()
    image_data = BytesIO(image_data)
    pil_image = Image.open(image_data)
    pil_image = ImageOps.fit(pil_image, (new_width, new_height), Image.ANTIALIAS)
    pil_image_rgb = pil_image.convert('RGB')
```

```
    pil_image_rgb.save(filename, format='JPEG', quality=90)
    print('Image downloaded to %s.' % filename)
    if display:
        display_image(pil_image)
    return filename # イメージのパスを返す

def draw_bounding_box_on_image(image,
                               ymin, xmin, ymax, xmax,
                               color,
                               font,
                               thickness=4,
                               display_str_list=()):
    '''イメージ上にバウンディングボックスを描画する
    '''
    draw = ImageDraw.Draw(image)
    im_width, im_height = image.size
    (left, right, top, bottom) = (xmin * im_width, xmax * im_width,
                                  ymin * im_height, ymax * im_height)
    draw.line(
        [(left, top), (left, bottom), (right, bottom), (right, top),(left, top)],
        width=thickness,
        fill=color)

    # バウンディングボックスの上部に表示するラベルが画像の上部を超える場合は、
    # ラベルをバウンディングボックスの下部に表示する
    display_str_heights = [font.getsize(ds)[1] for ds in display_str_list]
    # ラベルに表示する文字列の上下にマージンを設定
    total_display_str_height = (1 + 2 * 0.05) * sum(display_str_heights)

    if top > total_display_str_height:
        text_bottom = top
    else:
        text_bottom = top + total_display_str_height
    # ラベルに表示する文字列のリストを逆順で出力
    for display_str in display_str_list[::-1]:
        text_width, text_height = font.getsize(display_str)
        margin = np.ceil(0.05 * text_height)
        draw.rectangle([(left, text_bottom - text_height - 2 * margin),
                        (left + text_width, text_bottom)],
                       fill=color)
```

```
        draw.text((left + margin, text_bottom - text_height - margin),
                  display_str,
                  fill='black',
                  font=font)
        text_bottom -= text_height - 2 * margin

def draw_boxes(image, boxes, class_names, scores, max_boxes=10, min_score=0.1):
    '''書式設定されたスコアと正解ラベルのラベル付きの
       バウンディングボックスを画像に重ねる
    '''
    colors = list(ImageColor.colormap.values())

    try:
        font = ImageFont.truetype(
            '/usr/share/fonts/truetype/liberation/LiberationSansNarrow-Regular.ttf',
            25)
    except IOError:
        print('Font not found, using default font.')
        font = ImageFont.load_default()

    for i in range(min(boxes.shape[0], max_boxes)):
        if scores[i] >= min_score:
        ymin, xmin, ymax, xmax = tuple(boxes[i])
        display_str = '{}: {}%'.format(class_names[i].decode('ascii'),
                                       int(100 * scores[i]))
        color = colors[hash(class_names[i]) % len(colors)]
        image_pil = Image.fromarray(np.uint8(image)).convert('RGB')
        draw_bounding_box_on_image(
            image_pil,
            ymin,
            xmin,
            ymax,
            xmax,
            color,
            font,
            display_str_list=[display_str])
        np.copyto(image, np.array(image_pil))
    return image
```

▼物体検出に使用する画像を「Wikimedia Commons」からダウンロード

セル3

```
# Author: Matti Blume
# Library, Duckdalben, Hamburg (P1080611-Pano).jpg
# https://commons.wikimedia.org/wiki/File:Library,_Duckdalben,_Hamburg_(P1080611-Pano).jpg
image_url = 'https://upload.wikimedia.org/wikipedia/commons/f/fb/Library%2C_Duckdalben%2C_Hamburg_%28P1080611-Pano%29.jpg'
# 画像をダウンロードしてリサイズし、ファイルパスを取得
downloaded_image_path = download_and_resize_image(image_url, 1280, 856, True)
```

▼出力

▼物体検出に使用するモジュールをダウンロード

セル4

```
# オブジェクト検出モジュールを選択し、ダウンロードされた画像に適用
# モジュールは以下のどれかを使用
#
# FasterRCNN+InceptionResNet V2: 高精度
# https://tfhub.dev/google/faster_rcnn/openimages_v4/inception_resnet_v2/1
#
# ssd+mobilenet V2: 小規模で高速
# https://tfhub.dev/google/openimages_v4/ssd/mobilenet_v2/1

# FasterRCNN+InceptionResNet V2を使用
```

```
module_handle = 'https://tfhub.dev/google/faster_rcnn/openimages_v4/inception_resnet_v2/1'

detector = hub.load(module_handle).signatures['default']
```


▼出力

```
INFO:tensorflow:Saver not created because there are no variables in the graph to restore
INFO:tensorflow:Saver not created because there are no variables in the graph to restore
```

▼物体検出に使用する画像データを検出用にデコードする関数

セル5

```
def load_img(path):
    img = tf.io.read_file(path)
    img = tf.image.decode_jpeg(img, channels=3)
    return img
```

▼物体検出を実行し、検出結果を反映した画像を返す関数

セル6

```
def run_detector(detector, path):
    img = load_img(path)

    converted_img  = tf.image.convert_image_dtype(img, tf.float32)[tf.newaxis, ...]
    start_time = time.time()
    result = detector(converted_img)
    end_time = time.time()

    result = {key:value.numpy() for key,value in result.items()}

    print('Found %d objects.' % len(result['detection_scores']))
    print('Inference time: ', end_time-start_time)
    # バウンディングボックスを画像上に描画する
    image_with_boxes = draw_boxes(
        img.numpy(), result['detection_boxes'],
        result['detection_class_entities'], result['detection_scores'])
    # バウンディングボックスが描画された画像を出力
    display_image(image_with_boxes)
```

▼物体検出を実行し、検出結果を反映させた画像を出力

セル7

```
run_detector(detector, downloaded_image_path)
```

▼出力

■昆虫の写真、スマートフォンの写真、鳥の写真で試してみる

TensorFlow Hubのチュートリアルでは、さらに昆虫の写真、卓上のスマートフォンの写真、鳥の絵画を使って物体検出を行っています。ここでは、別の写真に変えて物体検出を行ってみます。

▼昆虫の写真、スマートフォンの写真、鳥の写真のダウンロード

セル8

```
'''
8. 昆虫の写真、スマートフォンの写真、鳥の絵画のダウンロードとリサイズ
'''
image_urls = [
  # Author: Didier Descouens
  # Golofa claviger MHNT.ZOO.2004.0.457.jpg
  # https://commons.wikimedia.org/wiki/File:Golofa_claviger_MHNT.ZOO.2004.0.457.jpg
  'https://upload.wikimedia.org/wikipedia/commons/c/cf/Golofa_claviger_MHNT.ZOO.2004.0.457.jpg',
  # Author: Takashi Hososhima
  # Traditional cell phone vs Smart phone.jpg
  # https://commons.wikimedia.org/wiki/File:Traditional_cell_phone_vs_Smart_phone.jpg
  'https://upload.wikimedia.org/wikipedia/commons/7/7b/Traditional_cell_phone_vs_Smart_phone.jpg',
```

```
    # Author: Savithri Singh
    # Streak-throated Woodpecker AMSM6495.jpg
    # https://commons.wikimedia.org/wiki/File:Streak-throated_Woodpecker_AMSM6495.jpg
    'https://upload.wikimedia.org/wikipedia/commons/8/8c/Streak-throated_Woodpecker_AMSM6495.jpg',
    ]

# ダウンロードした画像を640×480にリサイズし、検証用にデータのデコードを行う関数
def detect_img(image_url):
    start_time = time.time()
    image_path = download_and_resize_image(image_url, 640, 480)
    run_detector(detector, image_path)
    end_time = time.time()
    print('Inference time:',end_time-start_time)
```


▼1枚目の画像に物体検出を行って結果を出力

セル9

```
detect_img(image_urls[0])
```

▼出力

Image downloaded to /tmp/tmp5pbd63lo.jpg.
Found 100 objects.
Inference time: 30.52326011657715
Inference time: 31.277454137802124

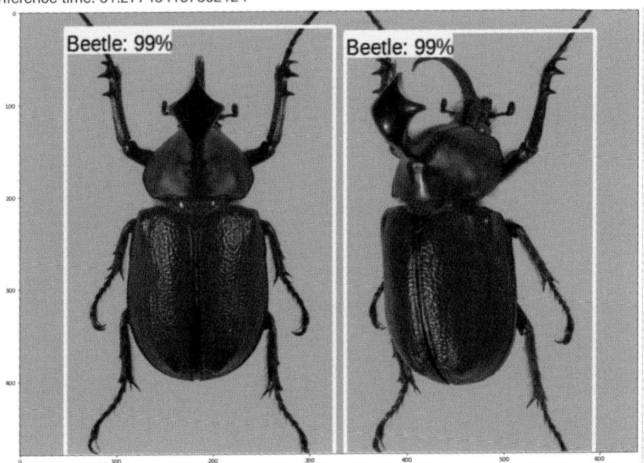

▼2枚目の画像に物体検出を行って結果を出力

セル10

```
detect_img(image_urls[1])
```

▼出力

Image downloaded to /tmp/tmpwoetn_gr.jpg.
Found 100 objects.
Inference time: 23.655152320861816
Inference time: 25.597177982330322

Mobile phone: 45%
Person: 22%
Human hand: 32%
: 91%
Clothing: 26%
Fashion accessory: 32
Person: 23%

▼3枚目の画像に物体検出を行って結果を出力

セル11

```
detect_img(image_urls[2])
```

▼出力

```
Image downloaded to /tmp/tmpg7na1i7r.jpg.
Found 100 objects.
Inference time: 27.68156385421753
Inference time: 28.012845993041992
```

Image downloaded to /tmp/tmpt4iqtwxf.jpg.
Found 100 objects.
Inference time: 30.017890691757202
Inference time: 30.26341199874878

章 オートエンコーダー

4.1 オートエンコーダー（PyTorch）

オートエンコーダー（Autoencoder）は、画像の圧縮と復元を通じて、入力画像に近い画像を復元する、機械学習のモデルです。

4.1.1 オートエンコーダーのメカニズム

オートエンコーダーは、入力層、隠れ層、出力層で構成されます。ここでは、入力層、隠れ層、出力層で構成されるシンプルな多層パーセプトロン（MLP）を使うことにします。

オートエンコーダーは、入力した画像を圧縮するエンコーダーと、圧縮された画像を元の状態に復元するデコーダーで構成されます。教師データは入力画像なので、デコーダーからの出力と入力画像との誤差を損失関数で測定し、この値をもとに誤差逆伝播（バックプロパゲーション）を行って重みを更新する、という手順で学習を行います。うまく学習できれば、エンコーダーからの出力をデコーダーで元の画像どおりに復元させることができます。

■3層構造のオートエンコーダー

学習に使用するデータとして、手書き数字のモノクロ画像が収録された「MNIST」を使用します。

●入力層

MNISTの1枚の画像は、グレースケールのピクセル値の28×28すなわち(28, 28)のデータです。このデータを(784,)の形状にフラット化します。

●隠れ層（エンコーダー）

エンコーダーとしての隠れ層には200ユニットを配置して、活性化関数にはReLU関数を使います。

(784,)

の形状をしたテンソルの各要素が200ユニットにリンクされ、ReLU関数で活性化されたあと、

(200,)

の形状のテンソルとして出力されます。

●出力層（デコーダー）

デコーダーとしての出力層には、入力画像のテンソル(784,)の形状に合わせて、784ユニットを配置し、シグモイド関数で活性化して出力します。

(200,)

の形状をしたテンソルの各要素が784ユニットにリンクされ、シグモイド関数で活性化されたあと、

(784,)

のように、入力時と同じ形状のテンソルが出力されます。

以上の処理は、次の式で表すことができます。

$$y = \mathrm{sigmoid}\left[\left(\boldsymbol{w_2} \cdot \mathrm{ReLU}(\boldsymbol{w_1} \cdot \boldsymbol{x} + \boldsymbol{b_1})\right) + \boldsymbol{b_2}\right]$$

$\boldsymbol{w_1}$ はエンコーダーの重み行列、$\boldsymbol{b_1}$ はバイアスを示しています。$\boldsymbol{w_2}$はデコーダーの重み行列、$\boldsymbol{b_2}$はバイアスです。

●損失関数

損失は、二値分類に特化したバイナリクロスエントロピー（BCE：Binary Cross Entropy）を用いて測定します。

▼バイナリクロスエントロピー誤差

$$E(\boldsymbol{w}) = -\sum_{i=1}^{n}[\, t_i \log f_{\boldsymbol{w}}(\boldsymbol{x_i}) + (1 - t_i)\log(1 - f_{\boldsymbol{w}}(\boldsymbol{x_i}))]$$

$_i$は入力画像、すなわち正解とするデータです。$f_{\boldsymbol{w}}(\boldsymbol{x_i})$は入力画像に活性化関数$f_w$を適用した値で、エンコーダーからの出力です。上記の式で誤差（損失）が求められます。

●バックプロパゲーション（誤差逆伝播）

バックプロパゲーションによる重みの更新は、次の式によって計算します。

▼重みの更新式

$$w_{(i)h}^{(l)} := w_{(i)h}^{(l)} - \eta\delta_i^{(l)} o_h^{(l-1)}$$

▼出力層における$\delta_j^{(L)}$

$$\delta_j^{(L)} = \left(o_j^{(L)} - t_j\right) f'\left(u_j^{(L)}\right)$$

4.1.2 PyTorchによるオートエンコーダーの実装

PyTorchでオートエンコーダーを実装します。

■オートエンコーダーを実装して手書き数字を学習する

Googleドライブの任意の場所に「Autoencoder_PyTorch」フォルダーを作成し、この中にノートブック「Autoencoder_MNIST_PyTorch.ipynb」を作成します。作成が済んだら、ドライブのマウントを行って、次のようにセルに入力して実行しましょう。

▼MNISTデータセットのダウンロード(Autoencoder_PyTorch/Autoencoder_MNIST_PyTorch.ipynb)

セル1

```
import torchvision
import torchvision.transforms as transforms
from torch.utils.data import DataLoader

# トランスフォームオブジェクトを生成
transform = transforms.Compose(
    [transforms.ToTensor(), # Tensorオブジェクトに変換
     lambda x: x.view(-1)]) # データの形状を(28, 28)から(784,)に変換

# MNISTの訓練用データ
mnist_train = torchvision.datasets.MNIST(
    # ノートブックと同じ「Autoencoder_PyTorch」以下の「mnist_root」に保存
    # Autoencoder_PyTorchのパスを事前に取得しておく
    root='/content/drive/MyDrive/Colab Notebooks/Autoencoder/Autoencoder_PyTorch/mnist_root',
    download=True,          # ダウンロードを許可
    train=True,             # 訓練データを指定
```

```
    transform=transform) # トランスフォームオブジェクト

# MNISTのテスト用データ
mnist_test = torchvision.datasets.MNIST(
    # ノートブックと同じ「Autoencoder_PyTorch」以下の「mnist_root」に保存
    # Autoencoder_PyTorchのパスを事前に取得しておく
    root='/content/drive/MyDrive/Colab Notebooks/Autoencoder/Autoencoder_PyTorch/mnist_root',
    download=True,        # ダウンロードを許可
    train=False,          # テストデータを指定
    transform=transform) # トランスフォームオブジェクト

# データローダーを生成
train_dataloader = DataLoader(mnist_train,     # 訓練データ
                              batch_size=124, # ミニバッチのサイズ
                              shuffle=True)    # 抽出時にシャッフル

test_dataloader = DataLoader(mnist_test,       # テストデータ
                             batch_size=1,     # テストなので1
                             shuffle=False)    # 抽出時にシャッフルしない
```

▼デバイスの確認

セル2

```
import torch

device = torch.device('cuda' if torch.cuda.is_available() else 'cpu')
print(device)
```

▼出力

```
cpu
```

▼オートエンコーダーを生成するクラス

セル3

```
import torch.nn as nn

class Autoencoder(nn.Module):
    def __init__(self, device='cpu'):
        super().__init__()
        self.device = device
        self.l1 = nn.Linear(784, 200)  # エンコーダー(200ユニット)
        self.l2 = nn.Linear(200, 784)  # エンコーダー(784ユニット)
```

```
    def forward(self, x):
        h = self.l1(x)          # エンコーダーに入力
        h = torch.relu(h)       # ReLU関数を適用

        h = self.l2(h)          # デコーダーに入力
        y = torch.sigmoid(h) # シグモイド関数を適用

        return y
```

▼オートエンコーダーの生成

セル4

```
import torch.optim as optimizers

# オートエンコーダーを生成
model = Autoencoder(device=device).to(device)
# 損失関数はバイナリクロスエントロピー誤差
criterion = nn.BCELoss()
# オプティマイザー(最適化関数)をAdamに設定
optimizer = optimizers.Adam(model.parameters())
```

▼学習を行う

セル5

```
# エポック数
epochs = 10

# 学習の実行
for epoch in range(epochs):
    train_loss = 0.
    # ミニバッチのループ(ステップ)
    for (x, _) in train_dataloader:
        x = x.to(device)              # デバイスの割り当て
        model.train()                 # 訓練モードにする
        preds = model(x)              # モデルの出力を取得
        loss = criterion(preds, x)  # 入力xと復元predsの誤差を取得
        optimizer.zero_grad()        # 勾配を0で初期化
        loss.backward()               # 誤差の勾配を計算
        optimizer.step()              # パラメーターの更新

        train_loss += loss.item() # 誤差(損失)の更新
    # 1エポックあたりの損失を求める
```

```
    train_loss /= len(train_dataloader)
    # 1エポックごとに損失を出力
    print('Epoch({}) -- Loss: {:.3f}'.format(
        epoch+1,
        train_loss
    ))
```

▼出力

```
Epoch(1) -- Loss: 0.163
Epoch(2) -- Loss: 0.090
Epoch(3) -- Loss: 0.077
Epoch(4) -- Loss: 0.072
Epoch(5) -- Loss: 0.070
Epoch(6) -- Loss: 0.068
Epoch(7) -- Loss: 0.068
Epoch(8) -- Loss: 0.067
Epoch(9) -- Loss: 0.067
Epoch(10) -- Loss: 0.066
CPU times: user 1min 47s, sys: 568 ms, total: 1min 47s
Wall time: 1min 48s
```

■復元された画像を表示してみる

学習が済みましたら、入力された画像と復元された画像を並べて表示してみます。

▼入力画像と復元された画像を出力

セル6

```
import matplotlib.pyplot as plt
%matplotlib inline

# テストデータを1個取り出す
x, _ = next(iter(test_dataloader))
x = x.to(device)

# ネットワークを評価モードにする
model.eval()
# テストデータを入力して結果を取得
x_rec = model(x)

# 入力画像、復元画像を表示
```

```
for i, image in enumerate([x, x_rec]):
    image = image.view(28, 28).detach().cpu().numpy()
    plt.subplot(1, 2, i+1)
    plt.imshow(image, cmap='binary_r')
    plt.axis('off')
plt.show()
```


▼出力

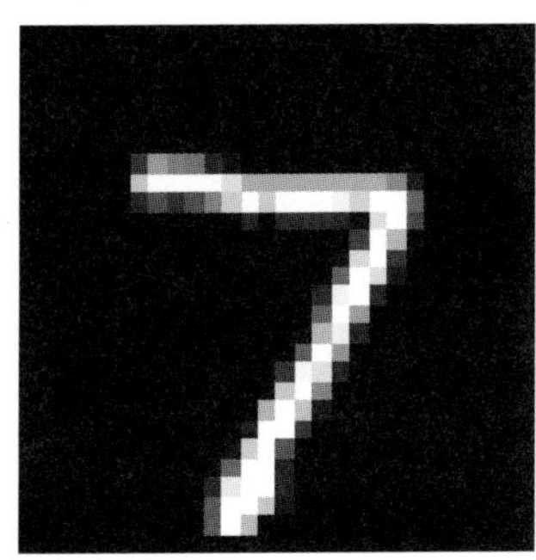

左側の入力画像に対して、右側の復元された画像がほぼ同じ状態になっています。

4.2 畳み込みオートエンコーダー(TensorFlow)

オートエンコーダーは、多層パーセプトロン(MLP)のように層を深くできるだけでなく、畳み込み層(Convolution Layer)を用いた畳み込みオートエンコーダー*にすることもできます。

4.2.1 畳み込みオートエンコーダーのメカニズム

畳み込みオートエンコーダーの仕組みを見ていきましょう。

■エンコーダー

オートエンコーダーのエンコーダーには、3層の畳み込み層を配置し、入力の深さ(チャネル)、つまり特徴量マップの数を増やしながらプーリング層によって空間次元(高さと幅)を削減します。

題材とするデータセットは、Fashion-MNISTです。10種類のファッションアイテムのモノクロ画像(28 × 28)が収録されています。

畳み込みとプーリングによって、1画像あたり(28, 28, 1)のテンソルは最終的に(3, 3, 64)にまで空間次元が削減され、同時に深さ(チャネル数)としての特徴量マップの数が増えます。

■デコーダー

デコーダーは、縮小された画像を元のサイズに拡大し、拡張された深さ(チャネル)を元の次元にまで戻す処理を行います。このために、転置畳み込み層を3層配置して、畳み込みとは反対の変換を行い、入力時の形状に戻すようにします。

* 「Stacked Convolutional Auto-Encoders for Hierarchical Feature Extraction」
Jonathan Masci, Ueli Meier, Dan Ciresan, and Jürgen Schmidhuber (https://homl.info/convae)

▼エンコーダーの構造

入力画像(28,28)のチャネルの次元を増やす — (バッチサイズ, 28, 28, 1)

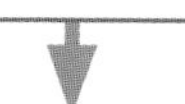

畳み込み層1（フィルター3×3を16個） — 出力(バッチサイズ, 28, 28, 16)

プーリング層(2×2) — 出力(バッチサイズ, 14, 14, 16)

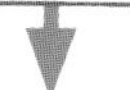

畳み込み層2（フィルター3×3を32個） — 出力(バッチサイズ, 14, 14, 32)

プーリング層(2×2) — 出力(バッチサイズ, 7, 7, 32)

畳み込み層3（フィルター3×3を64個） — 出力(バッチサイズ, 7, 7, 64)

プーリング層(2×2) — 出力(バッチサイズ, 3, 3, 64)

▼デコーダーの構造

入力 — (バッチサイズ, 3, 3, 64)

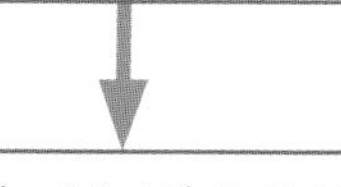

転置畳み込み層1
・フィルター3×3を32個
・ストライドを2にして縦横のサイズを倍にする
— 出力(バッチサイズ, 7, 7, 32)

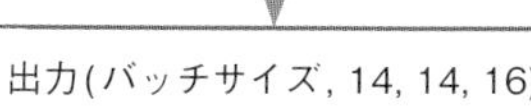

転置畳み込み層2
・フィルター3×3を16個
・ストライドを2にして縦横のサイズを倍にする
— 出力(バッチサイズ, 14, 14, 16)

転置畳み込み層3
・フィルター3×3を1個
・ストライドを2にして縦横のサイズを倍にする
— 出力(バッチサイズ, 28, 28, 1)

形状の変換 — (バッチサイズ, 28, 28)

4.2.2 TensorFlowによる畳み込みオートエンコーダーの実装

TensorFlowで畳み込みオートエンコーダーを実装します。題材には、10種類のファッションアイテムのモノクロ画像を収録した「Fashion-MNIST」を使用します。

■畳み込みオートエンコーダーを実装してファッションアイテムの画像を学習する

Googleドライブに「Autoencoder_TensorFlow」フォルダーを作成し、この中にノートブック「Autoencoder_Fashion-MNIST_TensorFlow.ipynb」を作成し、次のようにセルに入力して実行しましょう。

▼Fashion-MNISTのダウンロード(Autoencoder_TensorFlow/Autoencoder_Fashion-MNIST_TensorFlow.ipynb)

セル1

```
from tensorflow import keras
import numpy as np

#  Fashion-MNISTをダウンロード
(X_train_full, y_train_full), ¥
(X_test, y_test) = keras.datasets.fashion_mnist.load_data()
# 訓練データのピクセル値を255で割って0.0～1.0の範囲に正規化
X_train_full = X_train_full.astype(np.float32) / 255
# テストデータのピクセル値を255で割って0.0～1.0の範囲に正規化
X_test = X_test.astype(np.float32) / 255
# 訓練データ、テストデータ共に5000個のデータを使用する
X_train, X_valid = X_train_full[:-5000], X_train_full[-5000:]
y_train, y_valid = y_train_full[:-5000], y_train_full[-5000:]
```

▼エンコーダーとデコーダーのモデルを作成

セル2

```
# エンコーダーのモデル
encoder = keras.models.Sequential([
    # 畳み込み演算のため、入力データ(28, 28)にチャネルの次元を追加
    # 出力(バッチサイズ, 28, 28, 1)
    keras.layers.Reshape([28, 28, 1],
                         input_shape=[28, 28]),

    # 畳み込み層1: 出力(バッチサイズ, 28, 28, 16)
```

```
    keras.layers.Conv2D( 16,                    # フィルター数16
                        kernel_size=3,          # フィルターサイズ3×3
                        padding='SAME',         # ゼロパディングする
                        activation='selu'),     # 活性化関数はSELU
    # プーリング層: 出力(バッチサイズ, 14, 14, 16)
    keras.layers.MaxPool2D(pool_size=2),        # 2×2のプーリングを適用

    # 畳み込み層2: 出力(バッチサイズ, 14, 14, 32)
    keras.layers.Conv2D( 32,                    # フィルター数32
                        kernel_size=3,          # フィルターサイズ3×3
                        padding='SAME',         # ゼロパディングする
                        activation='selu'),     # 活性化関数はSELU
    # プーリング層: 出力(バッチサイズ, 7, 7, 32)
    keras.layers.MaxPool2D(pool_size=2),        # 2×2のプーリングを適用

    # 畳み込み層3: 出力(バッチサイズ, 7, 7, 64)
    keras.layers.Conv2D( 64,                    # フィルター数64
                        kernel_size=3,          # フィルターサイズ3×3
                        padding='SAME',         # ゼロパディングする
                        activation='selu'),     # 活性化関数はSELU
    # プーリング層: 出力(バッチサイズ, 3, 3, 64)
    keras.layers.MaxPool2D(pool_size=2)         # 2×2のプーリングを適用
])

# デコーダーのモデル
# 転置畳み込みで畳み込みとは反対の変換を行い、入力時の形状に変換する
decoder = keras.models.Sequential([
    # 転置畳み込み層1: 出力(バッチサイズ, 7, 7, 32)
    keras.layers.Conv2DTranspose(
        32,                         # フィルター数32
        kernel_size=3,              # フィルターサイズ3×3
        strides=2,                  # ストライドを2にして特徴量マップのサイズを倍にする
        padding='VALID',            # パディングすると(6,6)になるのでパディングは
                                    # 行わず(7,7)になるようにする
        activation='selu',          # 活性化関数はSELU
        input_shape=[3, 3, 64]),    # 入力テンソルの形状は(バッチサイズ, 3, 3, 64)

    # 転置畳み込み層2: 出力(バッチサイズ, 14, 14, 16)
    keras.layers.Conv2DTranspose(
        16,                         # フィルター数16
        kernel_size=3,              # フィルターサイズ3×3
```

```
        strides=2,              # ストライドを2にして特徴量マップのサイズを倍にする
        padding='SAME',         # パディングしないと(15,15)になるので
                                # パディングして(14,14)にする
        activation='selu'),     # 活性化関数はSELU

    # 転置畳み込み層3: 出力(バッチサイズ, 28, 28, 1)
    keras.layers.Conv2DTranspose(
        1,                      # フィルター数1
        kernel_size=3,          # フィルターサイズ3×3
        strides=2,              # ストライドを2にして特徴量マップのサイズを倍にする
        padding='SAME',         # パディングしないと(29,29)になるので
                                # パディングして(28,28)にする
        activation='sigmoid'),# 活性化関数はシグモイド
    # チャネルの次元をなくして(バッチサイズ, 28, 28)の形状にする
    keras.layers.Reshape([28, 28])
])

# サマリを出力
encoder.summary()
decoder.summary()
```

▼出力

```
Model: "sequential"
_________________________________________________________________
Layer (type)                 Output Shape              Param #
=================================================================
reshape (Reshape)            (None, 28, 28, 1)         0
_________________________________________________________________
conv2d (Conv2D)              (None, 28, 28, 16)        160
_________________________________________________________________
max_pooling2d (MaxPooling2D) (None, 14, 14, 16)        0
_________________________________________________________________
conv2d_1 (Conv2D)            (None, 14, 14, 32)        4640
_________________________________________________________________
max_pooling2d_1 (MaxPooling2 (None, 7, 7, 32)          0
_________________________________________________________________
conv2d_2 (Conv2D)            (None, 7, 7, 64)          18496
_________________________________________________________________
max_pooling2d_2 (MaxPooling2 (None, 3, 3, 64)          0
=================================================================
Total params: 23,296
Trainable params: 23,296
Non-trainable params: 0
_________________________________________________________________
Model: "sequential_1"
_________________________________________________________________
Layer (type)                 Output Shape              Param #
=================================================================
conv2d_transpose (Conv2DTran (None, 7, 7, 32)          18464
_________________________________________________________________
```

```
conv2d_transpose_1 (Conv2DTr        (None, 14, 14, 16)        4624
conv2d_transpose_2 (Conv2DTr        (None, 28, 28, 1)         145
reshape_1 (Reshape)                 (None, 28, 28)            0
=================================================================
Total params: 23,233
Trainable params: 23,233
Non-trainable params: 0
```


▼モデルのコンパイル

セル3

```
import tensorflow as tf

def rounded_accuracy(y_true, y_pred):
    '''学習評価用として正解率を求める
    '''
    # 出力を最も近い整数に丸めて二値分類の正解率を求める
    return keras.metrics.binary_accuracy(tf.round(y_true), # 正解ラベル
                                         tf.round(y_pred)) # 予測値

# エンコーダーとデコーダーを1つのモデル(Sequentialオブジェクト)にまとめる
autoencoder = keras.models.Sequential([encoder, decoder])

#モデルのコンパイル
autoencoder.compile(
    loss='binary_crossentropy',                      # 損失はバイナリクロスエントロピー誤差
    optimizer=keras.optimizers.SGD(learning_rate=1.0), # SGDを使う
    metrics=[rounded_accuracy])                      # 学習評価として正解率を指定
```

▼学習を行う

セル4

```
%%time
history = autoencoder.fit(
    X_train,
    X_train,
    batch_size=32, # ミニバッチのサイズはデフォルトの32
    epochs=5,      # エポック数は5
    # テストデータを検証に使用
    validation_data=(X_valid, X_valid)
    )
```

▼出力

```
Epoch 1/5
1719/1719 [==============================] - 69s 40ms/step
 - loss: 0.3027 - rounded_accuracy: 0.9183 - val_loss: 0.2832 - val_rounded_accuracy: 0.9371
Epoch 2/5
1719/1719 [==============================] - 70s 41ms/step
 - loss: 0.2752 - rounded_accuracy: 0.9419 - val_loss: 0.2762 - val_rounded_accuracy: 0.9406
Epoch 3/5
1719/1719 [==============================] - 69s 40ms/step
 - loss: 0.2706 - rounded_accuracy: 0.9465 - val_loss: 0.2706 - val_rounded_accuracy: 0.9469
Epoch 4/5
1719/1719 [==============================] - 69s 40ms/step
 - loss: 0.2682 - rounded_accuracy: 0.9490 - val_loss: 0.2675 - val_rounded_accuracy: 0.9517
Epoch 5/5
1719/1719 [==============================] - 68s 39ms/step
 - loss: 0.2664 - rounded_accuracy: 0.9509 - val_loss: 0.2686 - val_rounded_accuracy: 0.9490
CPU times: user 8min 52s, sys: 43.5 s, total: 9min 36s
Wall time: 6min 22s
```

■学習結果を出力してみる

入力画像と、復元された画像を並べて表示してみます。

▼結果を出力する関数

セル5

```
import matplotlib.pyplot as plt
%matplotlib inline

def plot_image(image):
    '''イメージのプロットを行う
    '''
    plt.imshow(image, cmap='binary')
    plt.axis('off')

def show_result(model, images=X_valid, num_images=5):
    '''入力したイメージと復元したイメージを出力する
    '''
    reconstructions = model.predict(images[:num_images])
    fig = plt.figure(figsize=(num_images * 1.5, 3))
```

```
    for image_index in range(num_images):
        plt.subplot(2,
                    num_images,
                    1 + image_index)
        plot_image(images[image_index])
        plt.subplot(2,
                    num_images,
                    1 + num_images + image_index)
        plot_image(reconstructions[image_index])
```

▼画像を出力

```
セル6
show_result(autoencoder)
plt.show()
```

▼出力(上が入力画像、下が復元された画像)

4.3 畳み込みオートエンコーダーによるノイズ除去（TensorFlow）

オートエンコーダーには、入力画像にノイズを加えたあと、元のノイズなしの入力画像を復元できるように学習させるものがあります。論文「Stacked Denoising Autoencoders: Learning Useful Representations in a Deep Network with a Local Denoising Criterion」*では、ノイズ除去スタックオートエンコーダーが提案されています。

4.3.1 ノイズ除去畳み込みオートエンコーダーのメカニズム

オートエンコーダーには、入力画像にノイズを加えたうえで、ノイズのない元の状態の画像を出力するように学習させるものがあります。入力の段階でノイズを加え、次元空間（高さと幅）を削減しつつ、特徴量マップの数を増やします（入力の深さを増やす）。

今回は、畳み込み層、プーリング層からフラット化を経て全結合層から出力するエンコーダーを用意し、これと逆の手順で画像を復元するようにします。

▼エンコーダーの構造

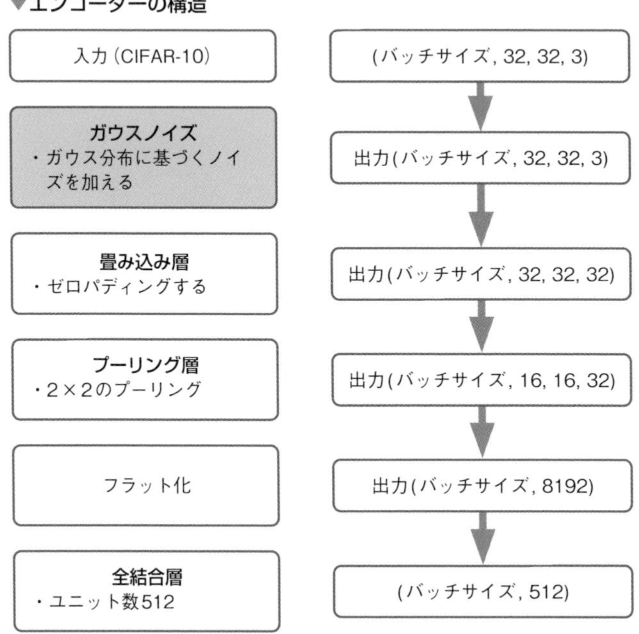

＊「Stacked Denoising Autoencoders: Learning Useful Representations in a Deep Network with a Local Denoising Criterion」（2010）
Pascal Vincent, Hugo Larochelle, Isabelle Lajoie, Yoshua Bengio, Pierre-Antoine Manzagol
（https://homl.info/114）

ノイズに使用するガウス分布は、統計学で用いられる「正規分布」のことで、正規分布するデータから抽出されたものをノイズとして利用したものを「ガウスノイズ」と呼びます。ガウス分布は、データが平均値の付近に集積するのが特徴で、分布の状況をグラフにすると平均値を基準に左右対称のグラフになります。TensorFlowのtf.keras.layers.GaussianNoise()は、ガウスノイズを加えるためのレイヤー(層)を生成します。

●tf.keras.layers.GaussianNoise()

書式	tf.keras.layers.GaussianNoise(stddev, ** kwargs)	
パラメーター	stddev	ガウス分布(正規分布)における標準偏差を指定します。

▼デコーダーの構造

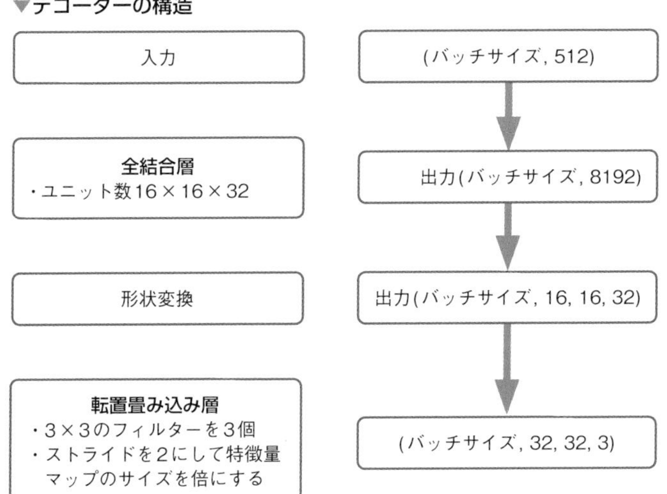

4.3.2 TensorFlowによるノイズ除去畳み込みオートエンコーダーの実装

TensorFlowでノイズ除去畳み込みオートエンコーダーを実装します。題材には、10種類の物体のカラー画像を収録した「CIFAR-10」を使用します。1枚の画像は32×32のサイズで、3チャネルのRGB値で構成されます。

■ノイズ除去畳み込みオートエンコーダーを実装して学習する

Googleドライブに「NoiseReduction_TensorFlow」フォルダーを作成し、この中にノートブック「NoiseReduction_CIFAR10_TensorFlow.ipynb」を作成します。作成が済んだら、ドライブのマウントを行って、次のようにセルに入力して実行しましょう。

▼CIFAR-10データセットのダウンロード（NoiseReduction_TensorFlow/NoiseReduction_CIFAR10_TensorFlow.ipynb）

セル1

```
from tensorflow import keras

# CIFAR-10をダウンロードして訓練、テストデータをまとめる
[X_train, y_train], [X_test, y_test] = keras.datasets.cifar10.load_data()

# データのピクセル値を255で割って0.0～1.0の範囲に正規化
X_train = X_train / 255
X_test = X_test / 255
```

▼エンコーダーとデコーダーのモデルを作成

セル2

```
import tensorflow as tf
import numpy as np

# エンコーダーのモデル
denoise_encoder = keras.models.Sequential([
    # 入力画像にガウスノイズを加える：出力(バッチサイズ, 32, 32, 3)
    keras.layers.GaussianNoise(
        0.1,                          # ノイズ分布の標準偏差
        input_shape=[32, 32, 3]), # 入力画像の形状

    # 畳み込み層：出力(バッチサイズ, 32, 32, 32)
    keras.layers.Conv2D(32,                   # フィルターの数は32
```

```
                        kernel_size=3,        # フィルターサイズは3×3
                        padding='same',       # ゼロパディングを行う
                        activation='relu'),   # 活性化はReLU関数
    # プーリング層：出力(バッチサイズ, 16, 16, 32)
    keras.layers.MaxPool2D(), # プーリングはデフォルトの2×2

    # フラット化する：出力(バッチサイズ, 8192)
    keras.layers.Flatten(),
    # 全結合層：出力(バッチサイズ, 512)
    keras.layers.Dense(512,                   # ユニット数512
                       activation='relu'),    # 活性化はReLU関数
])

# デコーダーのモデル
denoise_decoder = keras.models.Sequential([
    # 全結合層：出力(バッチサイズ, 8192)
    keras.layers.Dense(16 * 16 * 32,          # ユニット数8192
                       activation='relu',     # 活性化はReLU関数
                       input_shape=[512]),    # 入力はフラット化されたデータ

    # テンソルの形状を(16, 16, 32)にする
    keras.layers.Reshape([16, 16, 32]),

    # 転置畳み込み層：出力(バッチサイズ, 32, 32, 3)
    keras.layers.Conv2DTranspose(
        filters=3,               # フィルター数3
        kernel_size=3,           # フィルターサイズは3×3
        strides=2,               # ストライドを2にして特徴量マップのサイズを倍にする
        padding='same',          # パディングしないと(33,33)になるので
                                 # パディングして(32,32にする)
        activation='sigmoid')    # 活性化はシグモイド関数
])

# サマリを出力
denoise_encoder.summary()
denoise_decoder.summary()
```

▼出力

```
Model: "sequential"
_________________________________________________________________
Layer (type)                 Output Shape              Param #
=================================================================
gaussian_noise (GaussianNois (None, 32, 32, 3)         0
_________________________________________________________________
conv2d (Conv2D)              (None, 32, 32, 32)        896
_________________________________________________________________
max_pooling2d (MaxPooling2D) (None, 16, 16, 32)        0
_________________________________________________________________
flatten (Flatten)            (None, 8192)              0
_________________________________________________________________
dense (Dense)                (None, 512)               4194816
=================================================================
Total params: 4,195,712
Trainable params: 4,195,712
Non-trainable params: 0
_________________________________________________________________
Model: "sequential_1"
_________________________________________________________________
Layer (type)                 Output Shape              Param #
=================================================================
dense_1 (Dense)              (None, 8192)              4202496
_________________________________________________________________
reshape (Reshape)            (None, 16, 16, 32)        0
_________________________________________________________________
conv2d_transpose (Conv2DTran (None, 32, 32, 3)         867
=================================================================
Total params: 4,203,363
Trainable params: 4,203,363
Non-trainable params: 0
_________________________________________________________________
```

▼モデルのコンパイル

セル3

```
# エンコーダーとデコーダーを1つのモデル(Sequentialオブジェクト)にまとめる
denoise_autoencoder = keras.models.Sequential(
    [denoise_encoder, denoise_decoder])

#モデルのコンパイル
denoise_autoencoder.compile(
    loss='binary_crossentropy', # 損失はバイナリクロスエントロピー誤差
    optimizer=keras.optimizers.Nadam(), # NAdamを使う
    metrics=['mse']) # 学習評価は平均二乗誤差(MSE)で行う
```

▼学習を行う

セル4

```
%%time
history = denoise_autoencoder.fit(
```

```
    X_train,
    X_train,
    epochs=10,
    validation_data=(X_test, X_test))
```

▼出力

```
Epoch 1/10
1563/1563 [==============================] - 295s 188ms/step
 - loss: 0.5923 - mse: 0.0181 - val_loss: 0.5820 - val_mse: 0.0131
Epoch 2/10
1563/1563 [==============================] - 288s 184ms/step
 - loss: 0.5711 - mse: 0.0093 - val_loss: 0.5746 - val_mse: 0.0102
Epoch 3/10
1563/1563 [==============================] - 289s 185ms/step
 - loss: 0.5662 - mse: 0.0075 - val_loss: 0.5702 - val_mse: 0.0084
Epoch 4/10
1563/1563 [==============================] - 289s 185ms/step
 - loss: 0.5639 - mse: 0.0066 - val_loss: 0.5680 - val_mse: 0.0076
Epoch 5/10
1563/1563 [==============================] - 289s 185ms/step
 - loss: 0.5627 - mse: 0.0061 - val_loss: 0.5666 - val_mse: 0.0070
Epoch 6/10
1563/1563 [==============================] - 292s 187ms/step
 - loss: 0.5619 - mse: 0.0058 - val_loss: 0.5649 - val_mse: 0.0064
Epoch 7/10
1563/1563 [==============================] - 290s 185ms/step
 - loss: 0.5612 - mse: 0.0056 - val_loss: 0.5643 - val_mse: 0.0062
Epoch 8/10
1563/1563 [==============================] - 291s 186ms/step
 - loss: 0.5608 - mse: 0.0054 - val_loss: 0.5640 - val_mse: 0.0061
Epoch 9/10
1563/1563 [==============================] - 291s 186ms/step
 - loss: 0.5606 - mse: 0.0053 - val_loss: 0.5633 - val_mse: 0.0058
Epoch 10/10
1563/1563 [==============================] - 291s 186ms/step
 - loss: 0.5603 - mse: 0.0052 - val_loss: 0.5628 - val_mse: 0.0057
CPU times: user 1h 27min 6s, sys: 2min 53s, total: 1h 30min
Wall time: 49min 24s
```

■ノイズを加えた画像と復元した画像を出力する

オリジナルの画像とノイズを加えた画像、復元した画像を並べて出力してみます。

▼オリジナルの画像とノイズを加えた画像、復元した画像を出力

セル5

```
import matplotlib.pyplot as plt
%matplotlib inline

# 使用する画像の枚数
n_images = 10
# データセットから画像を抽出
new_images = X_test[:n_images]
# ランダムにノイズを加える
new_images_noisy = new_images + np.random.randn(n_images, 32, 32, 3) * 0.1
# オートエンコーダーに入力して復元画像を取得
new_images_denoised = denoise_autoencoder.predict(new_images_noisy)

# 描画範囲は幅600ピクセル、高さは画像の枚数10×2ピクセル
plt.figure(figsize=(6, n_images * 2))
# オリジナルの画像、ノイズを加えた画像、復元画像を出力
for index in range(n_images):
    # オリジナルの画像を出力
    plt.subplot(n_images, 3, index * 3 + 1)
    plt.imshow(new_images[index])
    plt.axis('off')
    if index == 0:
        plt.title('Original')
    # ノイズを加えた画像を出力
    plt.subplot(n_images, 3, index * 3 + 2)
    plt.imshow(np.clip(new_images_noisy[index], 0., 1.))
    plt.axis('off')
    if index == 0:
        plt.title('Noisy')
    # 復元された画像を出力
    plt.subplot(n_images, 3, index * 3 + 3)
    plt.imshow(new_images_denoised[index])
    plt.axis('off')
    if index == 0:
```

```
        plt.title('Denoised')
plt.show()
```


▼出力

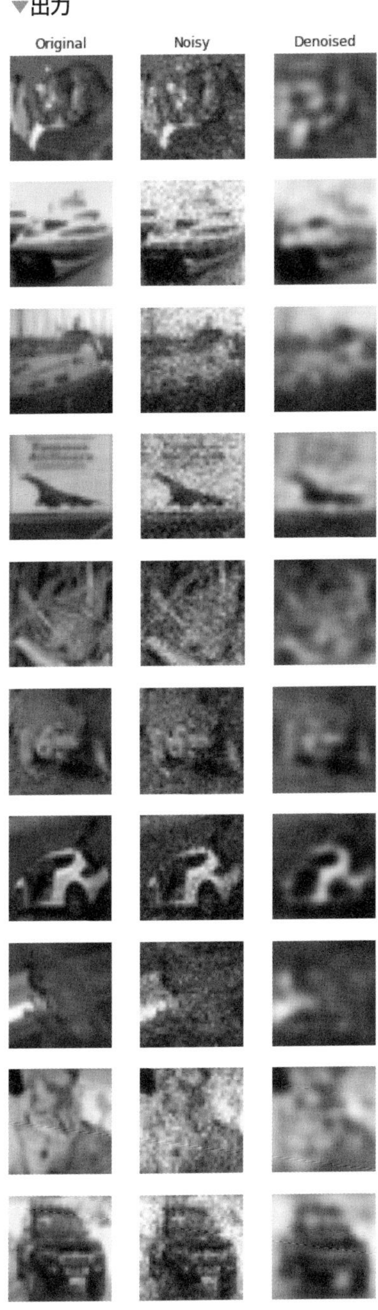

4.4 変分オートエンコーダー(PyTorch)

変分オートエンコーダー(VAE:Variational Autoencoder)*は、オートエンコーダーの発展モデルです。オートエンコーダーは、エンコーダーとデコーダーをセットで使う「復元型」のモデルでしたが、変分オートエンコーダーは学習済みのエンコーダーを用いて画像を生成できるのが大きな特徴です。

4.4.1 変分オートエンコーダーのメカニズム

オートエンコーダーは、エンコーダーで画像を圧縮し、デコーダーで画像を復元しました。ただ、エンコーダーからの出力はどのような分布になるのかは不明なうえ、この出力値がないとデコーダーは元の画像を復元することはできません。

これに対し、変分オートエンコーダーでは、エンコーダーからの出力を標準正規分布からサンプリングしたデータに変換してから学習を行います。このことで、デコーダーへの入力画像を標準正規分布に従って標準化すれば、デコーダー単独で画像を生成できるようになる、というのがVAEの考え方です。

▼エンコーダーの処理

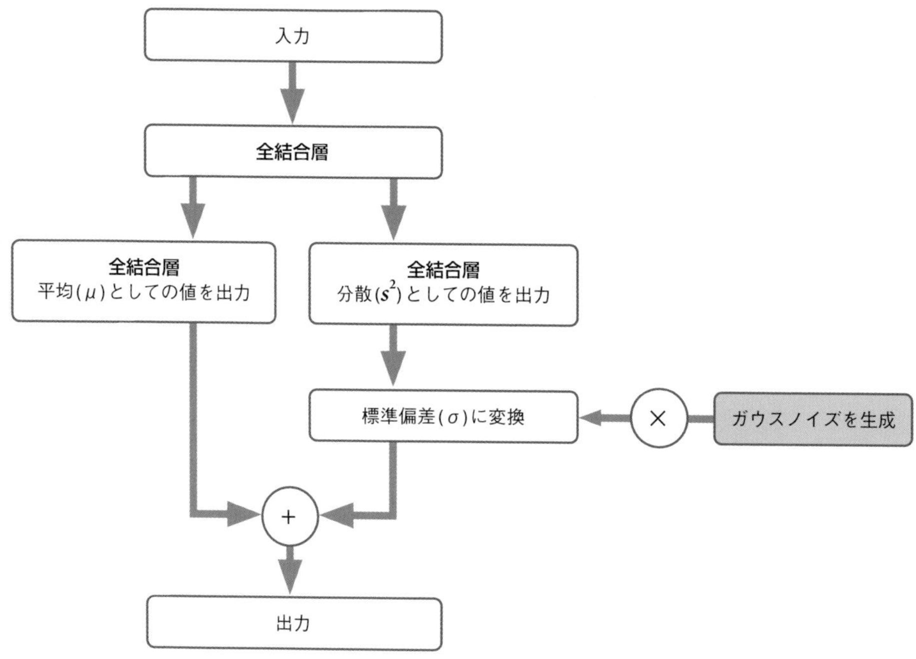

*「Auto-Encoding Variational Bayes」(2013)
Diederik P. Kingma, Max Welling (https://homl.info/115)

■変分オートエンコーダーの損失関数

変分オートエンコーダーの損失関数は、オートエンコーダーと同様に、生成画像とオリジナルの画像との誤差をバイナリクロスエントロピー誤差として測定します。

▼バイナリクロスエントロピー誤差

$$E(\boldsymbol{w}) = -\sum_{i=1}^{n}[\, t_i \log f_{\boldsymbol{w}}(\boldsymbol{x_i}) + (1 - t_i)\log(1 - f_{\boldsymbol{w}}(\boldsymbol{x_i}))]$$

なお、この式で求められるのは、オートエンコーダーが入力を再現する際の再構築ロス(復元画像と入力画像の誤差)です。実装の際は、Σ以下で求めた総和から平均値を計算するようにします。

これに加え、変分オートエンコーダーでは、もう1つの損失関数が必要になります。オートエンコーダーがガウス分布からサンプリングしたときの損失です。ガウス分布とプログラミングによって生成された分布との損失です。これを「潜在損失」と呼び、次の式で取得します。

▼変分オートエンコーダーの潜在ロス

$$L = -\frac{1}{2}\sum_{j=1}^{k}\left(1 + \log \sigma_j^2 - \mu_j^2 - \sigma_j^2\right)$$

Lは潜在ロス、jは出力の次元、μ_jとσ_jはエンコーダー内部で出力されるj番目の平均と標準偏差です。エンコーダーが出力する値とガウス分布が一致すれば損失は0になりますが、エンコーダー内部で出力される平均(μ)と標準偏差(σ)がガウス分布から外れると損失が発生します。実装の際は、Σ以下で求めた総和から平均値を求めたうえで$-1/2$を掛けるようにします。

4.4.2 PyTorchによる畳み込みオートエンコーダーの実装

PyTorchで変分オートエンコーダーを実装します。題材には、「MNIST」データセットを使用します。

■変分オートエンコーダーを実装する

Googleドライブに「VAE_PyTorch」フォルダーを作成し、この中にノートブック「VAE_MNIST_PyTorch.ipynb」を作成します。作成が済んだら、ドライブのマウントを行って、次のようにセルに入力して実行しましょう。

最初にMNISTデータセットをダウンロードして、データローダーを生成するところまでをプログラミングします。

▼MNISTのダウンロード(VAE_PyTorch/VAE_MNIST_PyTorch.ipynb)

セル1

```
import torchvision
import torchvision.transforms as transforms
from torch.utils.data import DataLoader

# トランスフォームオブジェクトを生成
transform = transforms.Compose(
    [transforms.ToTensor(), # Tensorオブジェクトに変換
     lambda x: x.view(-1)]) # データの形状を(28, 28)から(784,)に変換

# MNISTの訓練用データ
mnist_train = torchvision.datasets.MNIST(
    # ノートブックと同じ「VAE_PyTorch」以下の「mnist_root」に保存
    # VAE_PyTorchのパスを事前に取得しておく
    root='/content/drive/MyDrive/Colab Notebooks/Autoencoder/VAE_PyTorch/mnist_root',
    download=True,         # ダウンロードを許可
    train=True,            # 訓練データを指定
    transform=transform)   # トランスフォームオブジェクト

# MNISTのテスト用データ
mnist_test = torchvision.datasets.MNIST(
    # ノートブックと同じ「VAE_PyTorch」以下の「mnist_root」に保存
    # VAE_PyTorchのパスを事前に取得しておく
    root='/content/drive/MyDrive/Colab Notebooks/Autoencoder/VAE_PyTorch/mnist_root',
    download=True,         # ダウンロードを許可
```

```
    train=False,          # テストデータを指定
    transform=transform) # トランスフォームオブジェクト

# データローダーを生成
train_dataloader = DataLoader(mnist_train,     # 訓練データ
                              batch_size=64,   # ミニバッチのサイズ
                              shuffle=True)    # 抽出時にシャッフル
test_dataloader = DataLoader(mnist_test,       # テストデータ
                             batch_size=1,     # テストなので1
                             shuffle=False)    # 抽出時にシャッフルしない
```


使用可能なデバイスを確認します。変分オートエンコーダーの学習にはそれほど時間がかからないので、ここではGPUは使用していません。

▼デバイスの確認

セル2

```
import torch

device = torch.device('cuda' if torch.cuda.is_available() else 'cpu')
print(device)
```

▼出力

```
cpu
```

エンコーダーを生成するためのクラスを定義します。レイヤー(層)として、

・l1層:ユニット数200の全結合層
・l_mean層:平均としての値を出力するためのユニット数10の全結合層
・l_var層:分散としての値を出力するためのユニット数10の全結合層

を配置します。

forward()メソッドでは、画像をl1層に入力し、その出力をl_mean層とl_var層に振り分けます。活性化関数を適用したあと、それぞれの出力値を戻り値として返すようにします。

▼変分オートエンコーダーのクラスを定義

セル3

```
import torch.nn.functional as F

class VariationalEncoder(nn.Module):
```

```
    '''エンコーダー

    Attributes:
      device: 使用するデバイス
      l1: 全結合層
      l_mean: 全結合層(平均値を出力する層)
      l_var: 全結合層(分散を出力する層)
    '''
    def __init__(self, device='cpu'):
        super().__init__()
        self.device = device
        # 全結合層: 入力784に対して200ユニットを配置
        self.l1 = nn.Linear(784, 200)
        # 全結合層: 入力200に対して10ユニットを配置
        self.l_mean = nn.Linear(200, 10)
        # 全結合層: 入力200に対して10ユニットを配置
        self.l_var = nn.Linear(200, 10)

    def forward(self, x):
        # 784次元から200次元に減少させる
        h = self.l1(x)
        # l1の出力をReLU関数で活性化する
        h = torch.relu(h)
        # 200次元から10次元に減少させる
        mean = self.l_mean(h)
        # 200次元から10次元に減少させる
        var = self.l_var(h)
        # l_varの出力をソフトプラス関数で活性化する
        var = F.softplus(var)

        # l_meanとl_varの出力を返す
        return mean, var
```

デコーダーのクラスを定義します。エンコードされたデータについて、エンコードとは逆の処理を行って入力画像を復元する処理になります。

▼デコーダーのクラス

セル4

```
import torch.nn as nn

class VariationalDecoder(nn.Module):
    '''デコーダー

    Attributes:
      device: 使用するデバイス
      l1: 全結合層(200ユニット)
      l2: 全結合層(784ユニット)
    '''
    def __init__(self, device='cpu'):
        super().__init__()
        self.device = device
        # 全結合層1: 入力10に対して200ユニットを配置
        self.l1 = nn.Linear(10, 200)
        # 全結合層1: 入力200に対して784ユニットを配置
        self.l2 = nn.Linear(200, 784)

    def forward(self, x):
        # l1に入力して10次元から200次元に拡大
        h = self.l1(x)
        # ReLU関数で活性化
        h = torch.relu(h)
        # l2に入力して200次元から784次元に拡大
        h = self.l2(h)
        # シグモイド関数で活性化
        y = torch.sigmoid(h)

        return y
```

エンコーダーとデコーダーを実装する変分オートエンコーダーとして、VAEクラスを作成します。forward()メソッドで定義する順伝播の処理では、エンコーダーのl_mean層とl_var層の出力から潜在変数を作成し、これをエンコーダーの出力とします。潜在変数は、標準正規分布からサンプリングした値をl_var層の出力(平方根をとる)に掛け、これにl_mean層の出力値を合算したものになります。

▼潜在変数の作成

```
# 平均0、分散1の標準正規分布から1_meanの出力値の数だけサンプリング
eps = torch.randn(mean.size()).to(self.device)
# (1_varの出力の平方根(標準偏差)×サンプリングした値)で求めた
# ガウスノイズと1_meanの出力との和(線形和)を求める
z = mean + torch.sqrt(var) * eps
```

この処理については、メソッドlatent_variable()を作成し、このメソッド内で行います。損失については、先にお話しした2つの関数を次のように実装します。

▼バイナリクロスエントロピー誤差(再構成ロスとして)

$$E(\boldsymbol{w}) = -\sum_{i=1}^{n}[\, t_i \log f_{\boldsymbol{w}}(\boldsymbol{x}_i) + (1 - t_i)\log(1 - f_{\boldsymbol{w}}(\boldsymbol{x}_i))]$$

▼実装

```
reconst_loss =  - torch.mean(torch.sum(
    x * torch.log(y) + (1 - x)*torch.log(1 - y), dim=1))
```

▼変分オートエンコーダーの潜在ロス

$$L = -\frac{1}{2}\sum_{j=1}^{k}\left(1 + \log\sigma_j^2 - \mu_j^2 - \sigma_j^2\right)$$

▼実装

```
latent_loss = - 1/2 * torch.mean(
    torch.sum(1 + torch.log(var) - mean**2 - var, dim=1))
```

varは1_var層が出力する分散なので、式中のσ^2に相当します。では、VAEクラスを作成しましょう。

▼変分オートエンコーダーのクラス

セル5

```
class VAE(nn.Module):
    '''変分オートエンコーダーのクラス

    Attributes:
      device: 使用するデバイス
      encoder: エンコーダーのモデル
      decoder: デコーダーのモデル
    '''
    def __init__(self, device='cpu'):
        '''deviceを設定し、エンコーダーとデコーダーの
           モデルを生成する
        '''
        super().__init__()
        self.device = device
        self.encoder = VariationalEncoder(device=device)
        self.decoder = VariationalDecoder(device=device)

    def forward(self, x):
        '''順伝播処理
        '''
        # エンコーダーに入力し、l_meanとl_varの出力を得る
        mean, var = self.encoder(x)
        # l_meanとl_varの出力から潜在変数を作成
        z = self.latent_variable(mean, var)
        # デコーダーに入力して生成画像を取得
        y = self.decoder(z)
        # 生成画像と潜在変数を返す
        return y, z

    def latent_variable(self, mean, var):
        '''潜在変数を作成する
        '''
        # 平均0、分散1の標準正規分布からl_meanの出力値の数だけサンプリング
        eps = torch.randn(mean.size()).to(self.device)
        # (l_varの出力の平方根(標準偏差)×サンプリングした値)で求めた
        # ガウスノイズとl_meanの出力との和(線形和)を求める
        z = mean + torch.sqrt(var) * eps
        return z
```

```
    def lower_bound(self, x):
        '''損失関数

        再構築ロスと潜在ロスの合計を求める
        '''
        # l_meanの出力とl_varの出力を取得
        mean, var = self.encoder(x)
        # 潜在変数を作成
        z = self.latent_variable(mean, var)
        # 潜在変数をデコーダーに入力して画像を生成する
        y = self.decoder(z)
        # 再構築ロスとして
        # バイナリクロスエントロピー誤差の平均値を求める
        reconst_loss =  - torch.mean(
            torch.sum(x * torch.log(y) + (1 - x)*torch.log(1 - y),
                      dim=1))
        # 潜在ロスを求める
        latent_loss = - 1/2 * torch.mean(
            torch.sum(1 + torch.log(var) - mean**2 - var,
                      dim=1))
        # 再構成ロス + 潜在ロス
        loss =  reconst_loss + latent_loss

        return loss
```

変分オートエンコーダーをインスタンス化して、損失関数とオプティマイザー(最適化関数)を設定します。

▼変分オートエンコーダーの生成

セル6

```
import torch.optim as optimizers

# 変分オートエンコーダーを生成
model = VAE(device=device).to(device)
# VAEの損失関数を設定
criterion = model.lower_bound
# オプティマイザー(最適化関数)をAdamに設定
optimizer = optimizers.Adam(model.parameters())
```

```
# モデルの構造を出力
print(model)
```

▼出力

```
VAE(
  (encoder): Encoder(
    (l1): Linear(in_features=784, out_features=200, bias=True)
    (l_mean): Linear(in_features=200, out_features=10, bias=True)
    (l_var): Linear(in_features=200, out_features=10, bias=True)
  )
  (decoder): Decoder(
    (l1): Linear(in_features=10, out_features=200, bias=True)
    (out): Linear(in_features=200, out_features=784, bias=True)
  )
)
```


学習回数(エポック)を10にして、学習を行います。

▼学習を行う

セル7

```
%%time
# エポック数
epochs = 10
# 学習の実行
for epoch in range(epochs):
    train_loss = 0.
    # バッチサイズのループ
    for (x, _) in train_dataloader:
        x = x.to(device)            # デバイスの割り当て
        model.train()               # 訓練モードにする
        loss = criterion(x)         # 入力xと復元画像の誤差を取得
        optimizer.zero_grad()       # 勾配を0で初期化
        loss.backward()             # 誤差の勾配を計算
        optimizer.step()            # パラメーターの更新
        train_loss += loss.item()   # 誤差(損失)の更新
    # 1エポックにおける損失の平均を求める
    train_loss /= len(train_dataloader)
    # エポックごとに損失を出力
```

```
    print('Epoch({}) -- loss: {:.3f}'.format(
        epoch+1,
        train_loss
    ))
```

▼出力

```
Epoch(1) -- loss: 158.503
Epoch(2) -- loss: 126.059
Epoch(3) -- loss: 120.923
Epoch(4) -- loss: 118.287
Epoch(5) -- loss: 116.588
Epoch(6) -- loss: 115.483
Epoch(7) -- loss: 114.595
Epoch(8) -- loss: 113.966
Epoch(9) -- loss: 113.447
Epoch(10) -- loss: 112.931
CPU times: user 2min 3s, sys: 911 ms, total: 2min 4s
Wall time: 2min 4s
```

■変分オートエンコーダーに入力した結果を出力する

学習済みの変分オートエンコーダーにMNISTのテストデータを入力して、エンコーダーで生成された画像を入力画像と並べて出力してみましょう。

▼変分オートエンコーダーに入力した結果を出力

セル8

```
import matplotlib.pyplot as plt
%matplotlib inline
# モデルを検証モードにする
model.eval()
# 描画範囲
fig = plt.figure(figsize=(15, 6))

# テスト用データローダーからミニバッチを抽出
for x, t in test_dataloader:

    # オリジナル画像の描画
    # ミニバッチから10個のデータを取り出して描画する
```

```
for i, img in enumerate(
        # バッチデータを(バッチサイズ,28,28)の形状にして
        # 画像データ(28,28)を10個抽出し、ndarrayに変換
        x.view(-1, 28, 28).detach().numpy()[:10]
        ):
    ax = fig.add_subplot(2, 10, i+1, xticks=[], yticks=[])
    ax.imshow(img, 'gray')
x = x.to(device)

# VAEで生成された画像の描画
# オリジナルの画像をVAEに入力して画像を生成
y, z = model(x)
# (バッチサイズ, 784)を(バッチサイズ, 28, 28)に変換
y = y.view(-1, 28, 28)
# 生成された画像の冒頭10個を抽出して描画する
for i, img in enumerate(
        # 生成画像のテンソルをndarrayに変換して冒頭の10個を抽出
        y.cpu().detach().numpy()[:10]
        ):
    ax = fig.add_subplot(3, 10, i+11, xticks=[], yticks=[])
    ax.imshow(img, 'gray')
break
```

▼出力(上が入力画像、下が生成された画像)

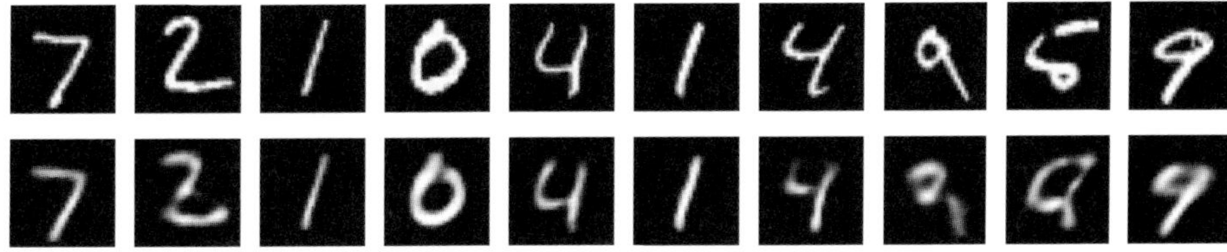

■デコーダーに任意のデータを入力して画像を生成する

デコーダーに任意のデータを入力して画像を生成してみます。入力データは、標準正規分布から10個の値をランダムに抽出し、これを1枚の画像データとします。うまくいけば、0～9の手書きの数字を生成してくれるはずです。

▼デコーダーに入力して画像を生成

セル9

```
# デコーダーに入力するバッチデータの数
batch_size=10
# 10次元のデータを標準正規分布から
# バッチサイズの数だけサンプリング
z = torch.randn(batch_size, 10, device = device)

# VAEモデルを評価モードにする
model.eval()
# デコーダーにサンプリングデータを入力
images = model.decoder(z)

# 出力されたデータの形状を(バッチサイズ,28,28)にする
images = images.view(-1, 28, 28)
# detach().cpu()でテンソルを抽出してndarrayに変換
images = images.detach().cpu().numpy()

# 生成された画像をインデックスと共に抽出して描画する
for i, image in enumerate(images):
    plt.subplot(2, 5, i+1)              # 2×4のマス目に描画
    plt.imshow(image, cmap='binary_r')  # グレースケールで描画
    plt.axis('off')
plt.tight_layout()
plt.show()
```

▼出力

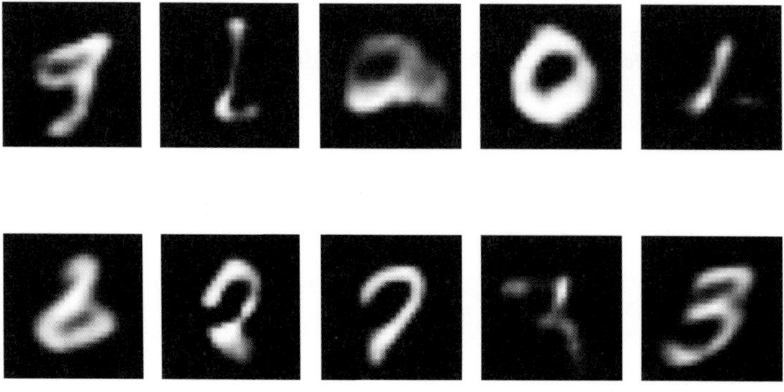

中には何の数字かわからないものもありますが、生成された画像は手書きの数字の特徴を持っていることがわかります。

4.5 変分オートエンコーダー(TensorFlow)

変分オートエンコーダーをTensorFlowで実装してみます。題材には、「Fashion-MNIST」データセットを使用します。

4.5.1 変分オートエンコーダーのメカニズム

エンコーダーの層を深くして、(28, 28)の形状を(784,)にフラット化した特徴量を784➡150➡100➡10にサイズダウンし、サンプリング層を経て(10,)の形状のテンソルを出力します。バッチデータを考慮すると出力されるテンソルの形状は(バッチサイズ, 10)になります。

▼エンコーダーの構造

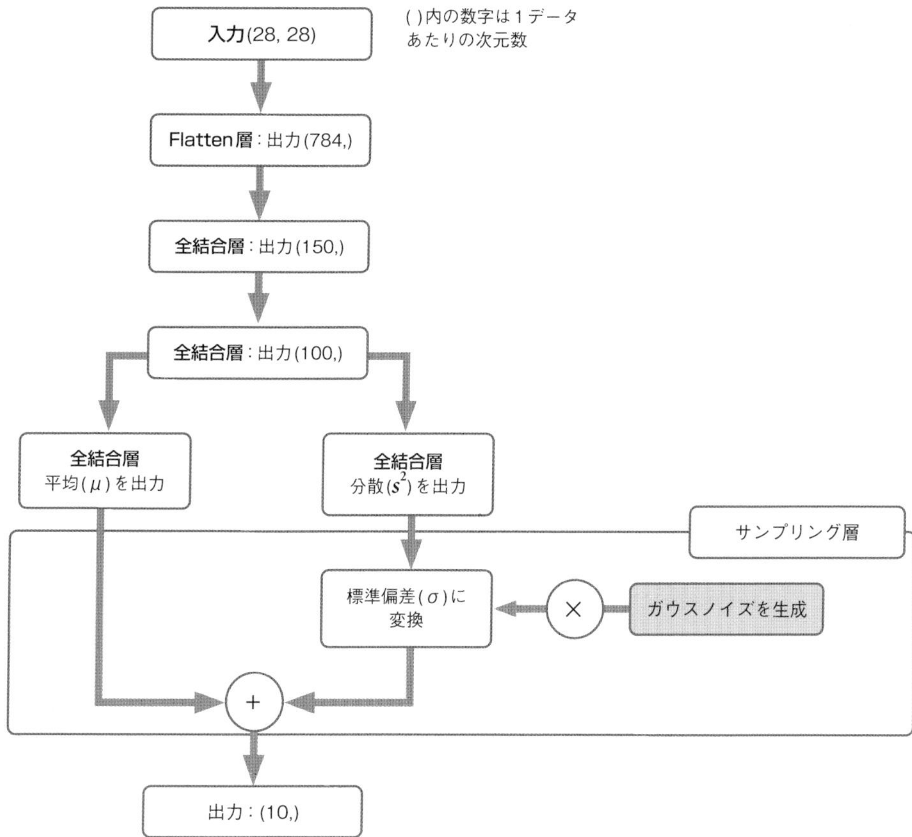

■潜在ロスの計算

今回は、潜在ロスを次の式で求めます。

▼変分オートエンコーダーの潜在ロス

$$L = -\frac{1}{2}\sum_{j=1}^{k}\left(1 + \gamma_j - \exp(\gamma_j) - \mu_j^2\right)$$

この式は、エンコーダーがσ^2(分散)を出力するのではなく、$\gamma_j = \log(\sigma^2)$を出力するものとして、先の潜在ロスの式を書き換えたものです。この方法の方が計算が安定し、学習速度が向上するとされています。実装は、次のようになります。

▼潜在ロスの計算

```
latent_loss = -0.5 * K.sum(
    1 + output_var - K.exp(output_var) - K.square(output_mean),
    axis=-1)
```

4.5.2 TensorFlowによる変分オートエンコーダーの実装

TensorFlowで変分オートエンコーダーを実装します。

■変分オートエンコーダーを実装する

Googleドライブに「VAE_TensorFlow」フォルダーを作成し、この中にノートブック「VAE_FashionMNIST_TensorFlow.ipynb」を作成します。作成が済んだら、次のようにセルに入力して実行しましょう。

▼Fashion-MNISTデータセットの用意(VAE_TensorFlow/VAE_FashionMNIST_TensorFlow.ipynb)

セル1

```
from tensorflow import keras
import numpy as np

#  Fashion-MNISTをダウンロード
(X_train_full, y_train_full), ¥
(X_test, y_test) = keras.datasets.fashion_mnist.load_data()
# 訓練データのピクセル値を255で割って0.0〜1.0の範囲に正規化
```

```
X_train_full = X_train_full.astype(np.float32) / 255
# テストデータのピクセル値を255で割って0.0〜1.0の範囲に正規化
X_test = X_test.astype(np.float32) / 255
# 訓練データ、検証データ共に5000個のデータを使用する
X_train, X_valid = X_train_full[:-5000], X_train_full[-5000:]
y_train, y_valid = y_train_full[:-5000], y_train_full[-5000:]
```


▼サンプリング層

セル2

```
import tensorflow as tf

K = keras.backend
class Sampling(keras.layers.Layer):
    def call(self, inputs):
        mean, log_var = inputs
        return K.random_normal(tf.shape(log_var)) * K.exp(log_var / 2) + mean
```

▼学習評価用として正解率を求める関数

セル3

```
def rounded_accuracy(y_true, y_pred):
    # 出力を最も近い整数に丸めて二値分類の正解率を求める
    return keras.metrics.binary_accuracy(tf.round(y_true), # 正解ラベル
                                         tf.round(y_pred)) # 予測値
```

▼ネットワークモデルの定義

セル4

```
# 潜在変数の次元数
latent_var_size = 10

# エンコーダー
# 入力するテンソルの形状は(バッチサイズ, 28, 28)
inputs = keras.layers.Input(shape=[28, 28])
# Flatten層: 出力(バッチサイズ, 784)
z = keras.layers.Flatten()(inputs)
# 全結合層: 出力(バッチサイズ, 150)
z = keras.layers.Dense(150, activation='selu')(z)
# 全結合層: 出力(バッチサイズ, 100)
z = keras.layers.Dense(100, activation='selu')(z)
# 平均値出力層: 出力(バッチサイズ, 10)
output_mean = keras.layers.Dense(latent_var_size)(z)
```

```
# 分散出力層：出力(バッチサイズ, 10)
output_var = keras.layers.Dense(latent_var_size)(z)
# 潜在変数を作成
latent_var = Sampling()([output_mean, output_var])
# エンコーダーのモデルを作成
variational_encoder = keras.models.Model(
    inputs=[inputs], outputs=[output_mean, output_var, latent_var])
# エンコーダーのサマリを出力
variational_encoder.summary()

# デコーダー
# 入力するテンソルの形状は(バッチサイズ, 10)
decoder_inputs = keras.layers.Input(shape=[latent_var_size])
# 全結合層：出力(バッチサイズ, 100)
x = keras.layers.Dense(100, activation='selu')(decoder_inputs)
# 全結合層：出力(バッチサイズ, 150)
x = keras.layers.Dense(150, activation='selu')(x)
# 全結合層：出力(バッチサイズ, 784)
x = keras.layers.Dense(28 * 28, activation='sigmoid')(x)
# テンソルの形状を変換：出力(バッチサイズ, 28, 28)
outputs = keras.layers.Reshape([28, 28])(x)
# デコーダーのモデルを作成
variational_decoder = keras.models.Model(
    inputs=[decoder_inputs], outputs=[outputs])
# デコーダーのサマリを出力
variational_decoder.summary()

# 変分オートエンコーダー
# エンコーダーに画像を入力
_, _, latent_var = variational_encoder(inputs)
# デコーダーに潜在変数を入力
reconstructions = variational_decoder(latent_var)
# 変分オートエンコーダーのモデルを作成
variational_ae = keras.models.Model(
    inputs=[inputs], outputs=[reconstructions])

# 潜在ロスの計算
latent_loss = -0.5 * K.sum(
    1 + output_var - K.exp(output_var) - K.square(output_mean),
    axis=-1)
```

```
# 平均ロスを計算し、再構築ロスと同じスケールになるように784で割る
variational_ae.add_loss(K.mean(latent_loss) / 784.)
# 変分オートエンコーダーのモデルをコンパイル
variational_ae.compile(
    loss='binary_crossentropy', # バイナリクロスエントロピー誤差
    optimizer='rmsprop',         # オプティマイザーはRMSprop
    metrics=[rounded_accuracy]) # 二値分類の正解率を求める
# モデルのサマリを出力
variational_ae.summary()
```


▼出力

Model: "model"

Layer (type)	Output Shape	Param #	Connected to
input_1 (InputLayer)	[(None, 28, 28)]	0	
flatten (Flatten)	(None, 784)	0	input_1[0][0]
dense (Dense)	(None, 150)	117750	flatten[0][0]
dense_1 (Dense)	(None, 100)	15100	dense[0][0]
dense_2 (Dense)	(None, 10)	1010	dense_1[0][0]
dense_3 (Dense)	(None, 10)	1010	dense_1[0][0]
sampling (Sampling)	(None, 10)	0	dense_2[0][0] dense_3[0][0]

Total params: 134,870

Trainable params: 134,870

Non-trainable params: 0

Model: "model_1"

Layer (type)	Output Shape	Param #
input_2 (InputLayer)	[(None, 10)]	0
dense_4 (Dense)	(None, 100)	1100
dense_5 (Dense)	(None, 150)	15150
dense_6 (Dense)	(None, 784)	118384
reshape (Reshape)	(None, 28, 28)	0

Total params: 134,634

Trainable params: 134,634

Non-trainable params: 0

```
Model: "model_2"
__________________________________________________________________________________________________
Layer (type)                    Output Shape         Param #     Connected to
==================================================================================================
input_1 (InputLayer)            [(None, 28, 28)]     0
__________________________________________________________________________________________________
model (Functional)              [(None, 10), (None,  134870      input_1[0][0]
__________________________________________________________________________________________________
model_1 (Functional)            (None, 28, 28)       134634      model[0][2]
__________________________________________________________________________________________________
flatten (Flatten)               (None, 784)          0           input_1[0][0]
__________________________________________________________________________________________________
dense (Dense)                   (None, 150)          117750      flatten[0][0]
__________________________________________________________________________________________________
dense_1 (Dense)                 (None, 100)          15100       dense[0][0]
__________________________________________________________________________________________________
dense_3 (Dense)                 (None, 10)           1010        dense_1[0][0]
__________________________________________________________________________________________________
tf.__operators__.add (TFOpLambd (None, 10)           0           dense_3[0][0]
__________________________________________________________________________________________________
tf.math.exp (TFOpLambda)        (None, 10)           0           dense_3[0][0]
__________________________________________________________________________________________________
dense_2 (Dense)                 (None, 10)           1010        dense_1[0][0]
__________________________________________________________________________________________________
tf.math.subtract (TFOpLambda)   (None, 10)           0           tf.__operators__.add[0][0]
                                                                 tf.math.exp[0][0]
__________________________________________________________________________________________________
tf.math.square (TFOpLambda)     (None, 10)           0           dense_2[0][0]
__________________________________________________________________________________________________
tf.math.subtract_1 (TFOpLambda) (None, 10)           0           tf.math.subtract[0][0]
                                                                 tf.math.square[0][0]
__________________________________________________________________________________________________
tf.math.reduce_sum (TFOpLambda) (None,)              0           tf.math.subtract_1[0][0]
__________________________________________________________________________________________________
tf.math.multiply (TFOpLambda)   (None,)              0           tf.math.reduce_sum[0][0]
__________________________________________________________________________________________________
tf.math.reduce_mean (TFOpLambda ()                   0           tf.math.multiply[0][0]
__________________________________________________________________________________________________
tf.math.truediv (TFOpLambda)    ()                   0           tf.math.reduce_mean[0][0]
__________________________________________________________________________________________________
add_loss (AddLoss)              ()                   0           tf.math.truediv[0][0]
==================================================================================================
Total params: 269,504
Trainable params: 269,504
Non-trainable params: 0
__________________________________________________________________________________________________
```

▼学習を行う

セル5

```
%%time
history = variational_ae.fit(
    X_train,
    X_train,
    epochs=25,        # 25エポック学習
    batch_size=128, # ミニバッチのサイズは128
    validation_data=(X_valid, X_valid))
```

▼出力

```
Epoch 1/25
430/430 [==============================] - 10s 20ms/step
 - loss: 0.3879 - rounded_accuracy: 0.8630 - val_loss: 0.3597 - val_rounded_accuracy: 0.8794
Epoch 2/25
430/430 [==============================] - 8s 18ms/step
 - loss: 0.3436 - rounded_accuracy: 0.8971 - val_loss: 0.3402 - val_rounded_accuracy: 0.9029
Epoch 3/25
430/430 [==============================] - 8s 18ms/step
 - loss: 0.3333 - rounded_accuracy: 0.9046 - val_loss: 0.3305 - val_rounded_accuracy: 0.9090
.........途中省略.........
Epoch 23/25
430/430 [==============================] - 8s 18ms/step
 - loss: 0.3123 - rounded_accuracy: 0.9218 - val_loss: 0.3165 - val_rounded_accuracy: 0.9175
Epoch 24/25
430/430 [==============================] - 8s 18ms/step
 - loss: 0.3120 - rounded_accuracy: 0.9219 - val_loss: 0.3146 - val_rounded_accuracy: 0.9211
Epoch 25/25
430/430 [==============================] - 8s 18ms/step
 - loss: 0.3119 - rounded_accuracy: 0.9222 - val_loss: 0.3149 - val_rounded_accuracy: 0.9217
```

■入力したイメージと復元したイメージを出力してみる

オリジナルのイメージと復元したイメージを並べて表示してみましょう。

▼画像を出力する関数

セル6

```
import matplotlib.pyplot as plt
%matplotlib inline

def plot_image(image):
    '''イメージのプロットを行う
    '''
    plt.imshow(image, cmap='binary')
    plt.axis('off')

def show_result(model, images=X_valid, num_images=5):
    '''入力したイメージと復元したイメージを出力する
    '''
    # 学習済みのモデルに入力して生成画像を取得
```

```
    reconstructions = model.predict(images[:num_images])
    fig = plt.figure(figsize=(num_images * 1.5, 3))
    for image_index in range(num_images):
        plt.subplot(2,
                    num_images,
                    1 + image_index)
        plot_image(images[image_index])
        plt.subplot(2,
                    num_images,
                    1 + num_images + image_index)
        plot_image(reconstructions[image_index])
```

▼入力したイメージと復元したイメージを出力する

```
セル7
show_result(variational_ae,
            images=X_valid,
            num_images=8)
plt.show()
```

▼出力(上が入力画像、下が復元した画像)

章 GAN（敵対的生成ネットワーク）

5.1 DCGANによる画像生成（PyTorch）

敵対的生成ネットワーク（GAN:Generative Adversarial Networks）*は、2つのネットワークを競わせながら学習させることで、従来の生成モデルより鮮明で本物らしい画像の生成を可能にしました。

5.1.1 GANのメカニズム

GANは生成モデルなので、データの特徴を抽出して学習し、実在しないデータを生成します。生成モデルにはオートエンコーダーや変分オートエンコーダーがありますが、GANはそれらの手法と比べてより鮮明な画像の生成が可能です。

教師なし（ラベルなし）学習を基本としますが、本章の最後に紹介するConditional GANのように、学習と同時にデータに正解ラベルを与えるケースもあります。

■GANの学習の仕組み

GANは、生成器（Generator）と識別器（Discriminator）の2つのネットワークで構成されます。

▼GANの構造

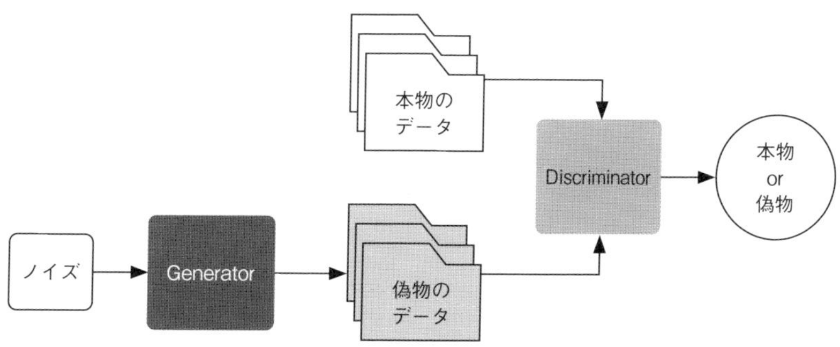

*「Generative Adversarial Networks」（2014）Ian J. Goodfellow, Jean Pouget-Abadie, Mehdi Mirza, Bing Xu, David Warde-Farley, Sherjil Ozair, Aaron Courville, Yoshua Bengio（https://homl.info/gan）

生成器は、生成画像の種（たね）に相当するノイズを入力し、画像（フェイク〈偽〉）を出力します。一方、識別器には本物の画像とフェイク画像が入力され、それぞれが本物かフェイクかを判定します。

学習は次の手順で行われます。

①ノイズを生成器に入力してフェイク画像を生成する。
②フェイク画像を識別器に入力して正解ラベル「0：偽」を出力するように識別器の重みを更新する。
③更新後の識別器に前回と同じフェイク画像を入力して正解ラベル「1：本物」を出力するように生成器の重みを更新する。

①～②は識別器に対する学習で、ノイズから生成された画像をフェイクだと判定できるように学習（重みの更新）を行います。

③は生成器に対する学習です。更新された識別器に②と同じフェイク画像を入力し、これを「本物の画像と判定するように生成器の重みを更新」します。つまり、本物と判定されるようなフェイク画像を出力できるように生成器を訓練するというわけです。訓練を重ねれば、生成器は次第に本物に近い画像を出力するようになることが期待できます。

変分オートエンコーダーは、ノイズを加える過程をモデル化しています。ただし、この方法だと1ピクセル単位で最適化が行われるので、生成画像がぼやけてしまうという問題が発生します。これに対し、GANはニューラルネットワークを用いてノイズを最適化するので、鮮明な画像の生成が期待できます。

5.1.2 DCGANのメカニズム

DCGAN*は、Deep Convolutional Generative Adversarial Networksの略で、2014年に発表されたGANを、より大きな画像を生成できるようにした発展形のGANです。名前からもわかるように、GANで用いられていたCNNを試行錯誤のうえで搭載したディープなCNNになっています。

DCGANの論文では、安定して学習が行えるDCGANを作成するための次の指針が提案されています。

①識別器にはストライド2の畳み込み層を配置し、生成器にはストライド2の転置畳み込み層を配置する。
②生成器の出力層と識別器の入力層を除くすべての層で「バッチ正規化」を行う。
③畳み込み層のみのディープなネットワークとし、全結合型の層は配置しない。

＊「Unsupervised Representation Learning with Deep Convolutional Generative Adversarial Networks」（2015）Alec Radford, Luke Metz, Soumith Chintala（https://homl.info/dcgan）

④生成器では出力層を除くすべての層でReLU関数による活性化を行う。出力層はTanh関数(双曲線正接関数)を使う。
⑤識別器ではすべての層でLeakyReLU関数を使う。

5.1.3 PyTorchによるDCGANの実装

PyTorchでDCGANを実装します。

■DCGANを実装する

Googleドライブの任意の場所に「DCGAN_PyTorch」フォルダーを作成し、この中にノートブック「DCGAN_MNIST_PyTorch.ipynb」と、データセットを保存するフォルダー「mnist」、生成画像を保存するためのフォルダー「result」を作成します。作成が済んだら、ドライブのマウントを行って、次のようにセルに入力して実行しましょう。

▼MNISTのダウンロードとデータローダーの作成(DCGAN_PyTorch/DCGAN_MNIST_PyTorch.ipynb)

セル1

```
import torch
import torchvision.datasets as datasets
import torchvision.transforms as transforms

# MNISTデータセットの訓練データを用意
dataset = datasets.MNIST(
    # mnistフォルダーに保存
    root='/content/drive/MyDrive/Colab Notebooks/GAN/DCGAN_PyTorch/mnist',
    download=True,
    train=True,
    # トランスフォームオブジェクトを設定
    transform=transforms.Compose(
        # Tensorオブジェクトに変換
        [transforms.ToTensor(),
         # データを平均0.5、標準偏差0.5の標準正規分布で正規化
         # チャネル数は1なのでタプルの要素も1
         transforms.Normalize((0.5,), (0.5,))]
         )
    )

# ミニバッチのサイズ
batch_size=50
```

```
# 訓練データをセットしたデータローダーを作成する
dataloader = torch.utils.data.DataLoader(
    dataset,
    batch_size=batch_size, # ミニバッチのサイズは50
    shuffle=True,          # データをシャッフルしてから抽出
    )

# 使用可能なデバイスを確認
device = torch.device('cuda:0' if torch.cuda.is_available() else 'cpu')
print('device:', device)
```

▼出力

```
device: cuda:0
```

識別器のネットワークを構築するクラスを定義します。識別器は以下の層で構成された畳み込みニューラルネットワーク（CNN）です。

●第1層

・畳み込み層

入力テンソルの形状	(バッチサイズ, 1, 28, 28)
フィルターのサイズ	4×4
フィルターの数	128
ストライド	2
パディング	1（上下左右にパディング）
出力テンソルの形状	(バッチサイズ, 128, 14, 14)

・LeakyReLU関数で活性化

●第2層

・畳み込み層

入力テンソルの形状	(バッチサイズ, 128, 14, 14)
フィルターのサイズ	4×4
フィルターの数	128×2＝256
ストライド	2
パディング	1（上下左右にパディング）
出力テンソルの形状	(バッチサイズ, 256, 7, 7)

・バッチ正規化層

・LeakyReLU関数で活性化

●第3層

・畳み込み層

入力テンソルの形状	(バッチサイズ, 256, 7, 7)
フィルターのサイズ	3×3
フィルターの数	128×4＝512
ストライド	2
パディング	0（パディングしない）
出力テンソルの形状	(バッチサイズ, 512, 3, 3)

・バッチ正規化層

・LeakyReLU関数で活性化

●第4層

・畳み込み層

入力テンソルの形状	(バッチサイズ, 512, 3, 3)
フィルターのサイズ	3×3
フィルターの数	1
ストライド	1
パディング	0（パディングしない）
出力テンソルの形状	(バッチサイズ, 1, 1, 1)　※識別信号0.0～1.0を出力

・シグモイド関数で活性化

▼識別器のクラス

セル2

```
import torch.nn as nn

class Discriminator(nn.Module):
    '''識別器のクラス

    Attributes:
      layers: Sequentialオブジェクトのリスト
    '''
    def __init__(self):
        '''識別器のネットワークを構築する
        '''
        super(Discriminator, self).__init__()

        in_ch = 1       # 入力画像のチャネル数
        start_ch = 128 # 先頭層の出力チャネル数

```

```
        # 識別器のネットワークを定義する
        self.layers = nn.ModuleList([
            # 第1層: (bs, 1, 28, 28) -> (bs, 128, 14, 14)
            nn.Sequential(
                # 畳み込み
                nn.Conv2d(in_ch,     # 入力のチャネル数は1
                          start_ch, # フィルター数は128
                          4,        # 4×4のフィルター
                          2,        # ストライドは2
                          1),       # 上下左右にサイズ1のパディング
                # LeakyReLU関数を適用
                # 負の勾配を制御する係数を0.2(デフォルトは0.01)
                nn.LeakyReLU(negative_slope=0.2)
            ),
            # 第2層: (bs, 128, 14, 14) -> (bs, 256, 7, 7)
            nn.Sequential(
                # 畳み込み
                nn.Conv2d(start_ch,     # 入力のチャネル数は128
                          start_ch * 2, # フィルター数は128×2
                          4,            # 4×4のフィルター
                          2,            # ストライドは2
                          1),           # 上下左右にサイズ1のパディング
                # 出力値を正規化する(チャネル数は128×2)
                nn.BatchNorm2d(start_ch * 2),
                # LeakyReLU関数を適用
                nn.LeakyReLU(negative_slope=0.2)
            ),
            # 第3層: (bs, 256, 7, 7) -> (bs, 512, 3, 3)
            nn.Sequential(
                # 畳み込み
                nn.Conv2d(start_ch * 2, # 入力のチャネル数は128×2
                          start_ch * 4, # フィルター数は128×4
                          3,            # 3×3のフィルター
                          2,            # ストライドは2
                          0),           # パディングは0(なし)
                # 出力値を正規化する(チャネル数は128×4)
                nn.BatchNorm2d(start_ch * 4),
                # leaky ReLU関数を適用
                nn.LeakyReLU(negative_slope=0.2)
            ),
```

```
            # 第4層: (bs, 512, 3, 3) -> (bs, 1, 1, 1)
            nn.Sequential(
                nn.Conv2d(start_ch * 4, # 入力のチャネル数は128×4
                          1,            # フィルター数は1
                          3,            # 3×3のフィルター
                          1,            # ストライドは1
                          0),           # パディングは0(なし)
                # 最終出力にはシグモイド関数を適用
                nn.Sigmoid()
            )
        ])

    def forward(self, x):
        '''順伝播処理

        Parameter:
          x: 画像データまたは生成画像
        '''
        # 識別器のネットワークに入力して順伝播する
        for layer in self.layers:
            x = layer(x)

        # 出力されたテンソルの形状をフラット(bs,)にする
        return x.squeeze()
```

生成器のネットワークを構築するクラスを定義します。生成器には転置畳み込み層を配置し、識別器とは逆に特徴量マップを拡大してオリジナルと同じ28×28のサイズの画像を出力します。

●第1層

・転置畳み込み層

入力テンソルの形状	(バッチサイズ, 100, 1, 1)
フィルターのサイズ	3×3
フィルターの数	128×4＝512
ストライド	1
パディング	0(パディングしない)
出力テンソルの形状	(バッチサイズ, 512, 3, 3)

・バッチ正規化層

・ReLU関数で活性化

●第2層

・転置畳み込み層

入力テンソルの形状	(バッチサイズ, 512, 3, 3)
フィルターのサイズ	3×3
フィルターの数	128×2=256
ストライド	2
パディング	0(パディングしない)
出力テンソルの形状	(バッチサイズ, 256, 7, 7)

・バッチ正規化層

・ReLU関数で活性化

●第3層

・転置畳み込み層

入力テンソルの形状	(バッチサイズ, 256, 7, 7)
フィルターのサイズ	4×4
フィルターの数	128
ストライド	2
パディング	1(上下左右にパディング)
出力テンソルの形状	(バッチサイズ, 128, 14, 14)

・バッチ正規化層

・ReLU関数で活性化

●第4層

・転置畳み込み層

入力テンソルの形状	(バッチサイズ, 128, 14, 14)
フィルターのサイズ	4×4
フィルターの数	1
ストライド	2
パディング	1(上下左右にパディング)
出力テンソルの形状	(バッチサイズ, 1, 28, 28) ※オリジナル画像と同じサイズ

・Tanh関数で活性化

▼生成器のクラス

セル3

```
import torch.nn as nn

class Generator(nn.Module):
    '''生成器のクラス

    Attributes:
      layers: Sequentialオブジェクトのリスト
    '''
    def __init__(self):
        '''生成器のネットワークを構築する
        '''
        super(Generator, self).__init__()

        input_dim = 100 # 入力データの次元
        out_ch = 128    # 最終層のチャネル数
        img_ch = 1      # 生成画像のチャネル数

        # 生成器のネットワークを定義する
        self.layers = nn.ModuleList([
            # 第1層: (bs, 100, 1, 1) -> (bs, 512, 3, 3)
            nn.Sequential(
                nn.ConvTranspose2d(input_dim,   # 入力のチャネル数は100
                                   out_ch * 4, # フィルター数は128×4
                                   3,           # 3×3のフィルター
                                   1,           # ストライドは1
                                   0),          # パディングは0(なし)
                # 出力値を正規化する(チャネル数は128×4)
                nn.BatchNorm2d(out_ch * 4),
                # ReLU関数を適用
                nn.ReLU()
            ),
            # 第2層: (bs, 512, 3, 3) -> (bs, 256, 7, 7)
            nn.Sequential(
                nn.ConvTranspose2d(out_ch * 4, # 入力のチャネル数は128×4
                                   out_ch * 2, # フィルター数は128×2
                                   3,           # 3×3のフィルター
                                   2,           # ストライドは2
                                   0),          # パディングは0(なし)
                # 出力値を正規化する(チャネル数は128×2)
```

```
                nn.BatchNorm2d(out_ch * 2),
                # ReLU関数を適用
                nn.ReLU()
            ),
            # 第3層：(bs, 256, 7, 7) -> (bs, 128, 14, 14)
            nn.Sequential(
                nn.ConvTranspose2d(out_ch * 2, # 入力のチャネル数は128×2
                                   out_ch,     # フィルター数は128
                                   4,          # 4×4のフィルター
                                   2,          # ストライドは2
                                   1),         # 上下左右にサイズ1のパディング
                # 出力値を正規化する(チャネル数は128)
                nn.BatchNorm2d(out_ch),
                # ReLU関数を適用
                nn.ReLU()
            ),
            # 第4層：(bs, 128, 14, 14) -> (bs, 1, 28, 28)
            nn.Sequential(
                nn.ConvTranspose2d(out_ch,     # 入力のチャネル数は128
                                   img_ch,     # フィルター数は1
                                   4,          # 4×4のフィルター
                                   2,          # ストライドは2
                                   1),         # 上下左右にサイズ1のパディング
                # Tanh関数を適用
                nn.Tanh()
            )
        ])

    def forward(self, z):
        '''順伝播処理

        Parameter:
          z: 識別器の出力
        '''
        # 生成器のネットワークに入力して順伝播する
        for layer in self.layers:
            z = layer(z)
        return z
```

DCGANの論文では、重みを明示的に初期化していますので、これに従って重みを初期化する関数を定義します。

▼ネットワークの重みを初期化する関数

セル4

```
def weights_init(m):
    '''
    DCGANの論文では重みを正規分布からサンプリングした値で初期化している

    Parameters:
      m: ネットワークのインスタンス
    '''
    classname = m.__class__.__name__
    # 畳み込み層の重み
    if classname.find('Conv') != -1:
        m.weight.data.normal_(0.0, 0.02) # 平均0、標準偏差0.02の正規分布
        m.bias.data.fill_(0) # バイアスのみ0で初期化
    # バッチ正規化層の重み
    elif classname.find('BatchNorm') != -1:
        m.weight.data.normal_(1.0, 0.02) # 平均1.0、標準偏差0.02の正規分布
        m.bias.data.fill_(0) # バイアスのみ0で初期化
```

生成器のクラスGeneratorをインスタンス化して重みを初期化します。

▼生成器をインスタンス化して重みを初期化する

セル5

```
import torchsummary

# 生成器Generator
generator = Generator().to(device)
# 重みを初期化
generator.apply(weights_init)
# 生成器のサマリを出力
torchsummary.summary(generator,
                     (100, 1, 1))  # 入力テンソルの形状
```

▼出力

```
        Layer (type)               Output Shape         Param #
================================================================
   ConvTranspose2d-1            [-1, 512, 3, 3]         461,312
       BatchNorm2d-2            [-1, 512, 3, 3]           1,024
              ReLU-3            [-1, 512, 3, 3]               0
   ConvTranspose2d-4            [-1, 256, 7, 7]       1,179,904
       BatchNorm2d-5            [-1, 256, 7, 7]             512
              ReLU-6            [-1, 256, 7, 7]               0
   ConvTranspose2d-7          [-1, 128, 14, 14]         524,416
       BatchNorm2d-8          [-1, 128, 14, 14]             256
              ReLU-9          [-1, 128, 14, 14]               0
  ConvTranspose2d-10            [-1, 1, 28, 28]           2,049
             Tanh-11            [-1, 1, 28, 28]               0
================================================================
Total params: 2,169,473
Trainable params: 2,169,473
Non-trainable params: 0
----------------------------------------------------------------
Input size (MB): 0.00
Forward/backward pass size (MB): 0.98
Params size (MB): 8.28
Estimated Total Size (MB): 9.26
----------------------------------------------------------------
```

識別器のクラスDiscriminatorをインスタンス化して重みを初期化します。

▼識別器をインスタンス化して重みを初期化する

セル6

```
# 識別器Discriminator
discriminator = Discriminator().to(device)
# 重みの初期化
discriminator.apply(weights_init)
# 識別器のサマリを出力
torchsummary.summary(discriminator,
                     (1, 28, 28)) # 入力テンソルの形状
```

▼出力

Layer (type)	Output Shape	Param #
Conv2d-1	[-1, 128, 14, 14]	2,176
LeakyReLU-2	[-1, 128, 14, 14]	0
Conv2d-3	[-1, 256, 7, 7]	524,544
BatchNorm2d-4	[-1, 256, 7, 7]	512
LeakyReLU-5	[-1, 256, 7, 7]	0
Conv2d-6	[-1, 512, 3, 3]	1,180,160
BatchNorm2d-7	[-1, 512, 3, 3]	1,024
LeakyReLU-8	[-1, 512, 3, 3]	0
Conv2d-9	[-1, 1, 1, 1]	4,609
Sigmoid-10	[-1, 1, 1, 1]	0

```
Total params: 1,713,025
Trainable params: 1,713,025
Non-trainable params: 0
----------------------------------------------------------------
Input size (MB): 0.00
Forward/backward pass size (MB): 0.78
Params size (MB): 6.53
Estimated Total Size (MB): 7.31
```

損失関数には、バイナリクロスエントロピー誤差関数を使用します。識別器と生成器のオプティマイザーにはAdamを使用し、学習率などのデフォルトの設定値を調整します。

▼損失関数とオプティマイザーの設定

セル7

```
import torch.optim as optim

# 損失関数はバイナリクロスエントロピー誤差
criterion = nn.BCELoss()

# 識別器のオプティマイザーを設定
optimizer_ds = optim.Adam(discriminator.parameters(),
                          # デフォルトの学習率0.001を論文で提案されている
                          # 0.0002に変更
                          lr=0.0002,
                          # 指数関数的減衰率としてデフォルトの(0.9, 0.999)
                          # のβ1の値のみ論文で提案されている(0.5, 0.999)に変更
```

```
                                betas=(0.5, 0.999)
                                )

# 生成器のオプティマイザーを設定
optimizer_gn = optim.Adam(generator.parameters(),
                                lr=0.0002,
                                betas=(0.5, 0.999)
                                )
```

学習回数を10にして学習を行います。

▼学習を行う

セル8

```
%%time
import torchvision.utils as vutils

# 学習回数
n_epoch = 10

# 画像の保存先のパス
outf = '/content/drive/MyDrive/Colab Notebooks/GAN/DCGAN_PyTorch/result'

# エポックごとに出力する生成画像のためのノイズを生成
fixed_noise = torch.randn(
    batch_size, gn_input_dim, 1, 1, device=device)

# 学習のループ
for epoch in range(n_epoch):
    print('Epoch {}/{}'.format(epoch + 1, n_epoch))

    # バッチデータのループ(ステップ)
    for itr, data in enumerate(dataloader):
        # ミニバッチのすべての画像を取得
        real_image = data[0].to(device)
        # 画像の枚数を取得(バッチサイズ)
        sample_size = real_image.size(0)

        # 標準正規分布からノイズを生成: 出力(bs, 100, 1, 1)
        noise = torch.randn(sample_size,  # バッチサイズ
```

```
                    gn_input_dim, # 生成器の入力次元100
                    1,            # 1
                    1,            # 1
                    device=device)
# オリジナル画像に対する識別信号の正解値「1」で初期化した
# (bs,)の形状のテンソルを生成
real_target = torch.full((sample_size,),
                         1.,
                         device=device)
# 生成画像に対する識別信号の正解値「0」で初期化した
# (bs,)の形状のテンソルを生成
fake_target = torch.full((sample_size,),
                         0.,
                         device=device)

# -----識別器の学習-----
# 識別器の誤差の勾配を初期化
discriminator.zero_grad()

# 識別器に画像を入力して識別信号を出力
output = discriminator(real_image)
# オリジナル画像に対する識別値の損失を取得
ds_real_err = criterion(output,       # オリジナル画像の識別信号
                        real_target) # 正解ラベル(1)
# 1ステップ(1バッチ)におけるオリジナル画像の識別信号の平均
true_dsout_mean = output.mean().item()

# ノイズを生成器に入力してフェイク画像を生成
fake_image = generator(noise)
# フェイク画像を識別器に入力して識別信号を出力
output = discriminator(fake_image.detach())
# フェイク画像を偽と判定できない場合の損失
ds_fake_err = criterion(output,       # フェイク画像の識別信号
                        fake_target) # 正解ラベル(偽物の0)
# フェイク画像の識別信号の平均
fake_dsout_mean1 = output.mean().item()
# オリジナル画像とフェイク画像に対する識別の損失を合計して
# 識別器としての損失を求める
ds_err = ds_real_err + ds_fake_err
```

```
            # 識別器全体の誤差を逆伝播
            ds_err.backward()
            # 識別器の重みのみを更新(生成器は更新しない)
            optimizer_ds.step()

            # -----生成器の学習-----
            # 生成器の誤差の勾配を初期化
            generator.zero_grad()
            # 更新した識別器に再度フェイク画像を入力して識別信号を取得
            output = discriminator(fake_image)
            # フェイク画像をオリジナル画像と誤認できない場合の損失
            gn_err = criterion(output,        # フェイク画像の識別信号
                               real_target) # 誤認させるのが目的なので正解ラベルは1
            # 更新後の識別器の誤差を逆伝播
            gn_err.backward()
            # 更新後の識別器のフェイク画像に対する識別信号の平均
            fake_dsout_mean2 = output.mean().item()
            # 生成器の重みを更新後の識別誤差の勾配で更新
            optimizer_gn.step()

            # 100ステップごとに結果を出力
            if itr % 100 == 0:
                print(
'({}/{}) ds_loss: {:.3f} - gn_loss: {:.3f} - true_out: {:.3f} - fake_out: {:.3f}>>{:.3f}'
                    .format(
                        itr + 1,            # ステップ数(イテレート回数)
                        len(dataloader),    # ステップ数(1エポックのバッチ数)
                        ds_err.item(),      # 識別器の損失
                        gn_err.item(),      # フェイクをオリジナルと誤認しない損失
                        true_dsout_mean,    # オリジナル画像の識別信号の平均
                        fake_dsout_mean1,   # フェイク画像の識別信号の平均
                        fake_dsout_mean2)   # 更新後識別器のフェイクの識別信号平均
                    )

            # 学習開始直後にオリジナル画像を保存する
            if epoch == 0 and itr == 0:
                vutils.save_image(real_image,
                                  '{}/real_samples.png'.format(outf),
                                  normalize=True,
                                  nrow=10)
```

```
    # 1エポック終了ごとに生成器が生成した画像を保存
    # バッチサイズと同じ数のノイズを生成器に入力
    fake_image = generator(fixed_noise)
    # 画像を保存
    vutils.save_image(
        fake_image.detach(),
        '{}/generated_epoch_{:03d}.png'.format(outf, epoch + 1),
        normalize=True,
        nrow=10)
```

▼出力

```
Epoch 1/10
(1/1200) ds_loss: 2.191 - gn_loss: 2.476 - true_out: 0.700 - fake_out: 0.800>>0.103
(101/1200) ds_loss: 0.335 - gn_loss: 4.603 - true_out: 0.922 - fake_out: 0.205>>0.016
(201/1200) ds_loss: 0.414 - gn_loss: 2.956 - true_out: 0.763 - fake_out: 0.082>>0.075
(301/1200) ds_loss: 0.363 - gn_loss: 3.637 - true_out: 0.897 - fake_out: 0.204>>0.035
.........途中省略.........
(1101/1200) ds_loss: 0.278 - gn_loss: 3.306 - true_out: 0.929 - fake_out: 0.175>>0.047

.........途中省略.........

Epoch 10/10
(1/1200) ds_loss: 0.613 - gn_loss: 2.942 - true_out: 0.901 - fake_out: 0.341>>0.072
(101/1200) ds_loss: 0.377 - gn_loss: 3.054 - true_out: 0.758 - fake_out: 0.049>>0.083
(201/1200) ds_loss: 0.262 - gn_loss: 3.671 - true_out: 0.826 - fake_out: 0.042>>0.038
(301/1200) ds_loss: 0.445 - gn_loss: 5.007 - true_out: 0.995 - fake_out: 0.293>>0.011
(401/1200) ds_loss: 0.415 - gn_loss: 1.387 - true_out: 0.730 - fake_out: 0.053>>0.332
(501/1200) ds_loss: 0.358 - gn_loss: 3.903 - true_out: 0.864 - fake_out: 0.144>>0.031
(601/1200) ds_loss: 0.844 - gn_loss: 2.046 - true_out: 0.675 - fake_out: 0.241>>0.196
(701/1200) ds_loss: 0.436 - gn_loss: 3.166 - true_out: 0.814 - fake_out: 0.145>>0.072
(801/1200) ds_loss: 0.258 - gn_loss: 3.720 - true_out: 0.935 - fake_out: 0.152>>0.039
(901/1200) ds_loss: 0.407 - gn_loss: 1.799 - true_out: 0.715 - fake_out: 0.022>>0.239
(1001/1200) ds_loss: 0.274 - gn_loss: 3.878 - true_out: 0.966 - fake_out: 0.169>>0.032
(1101/1200) ds_loss: 0.156 - gn_loss: 3.865 - true_out: 0.940 - fake_out: 0.085>>0.030
CPU times: user 9min 38s, sys: 2.16 s, total: 9min 40s
Wall time: 9min 44s
```

▼オリジナル

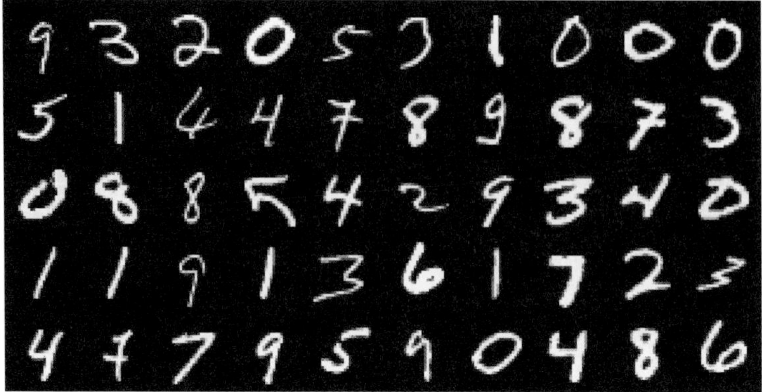

▼出力された画像（学習1回目）

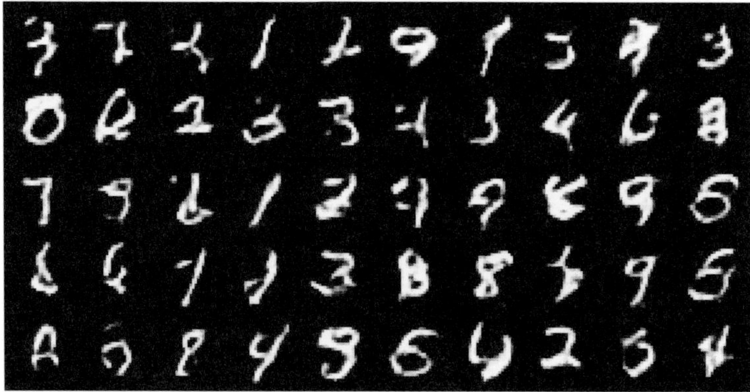

▼出力された画像（学習10回目）

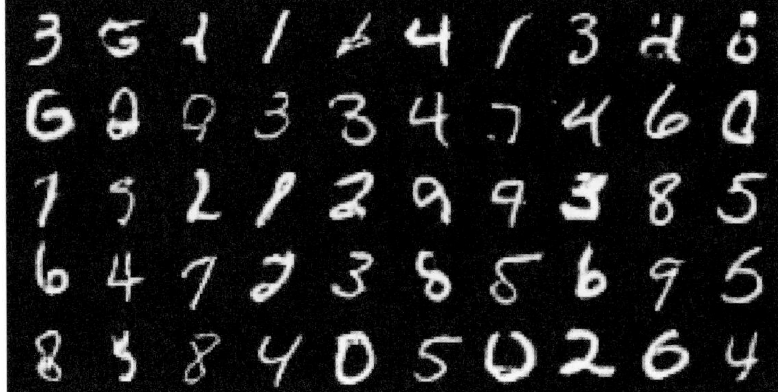

5.2 DCGANによる画像生成(TensorFlow)

DCGANをTensorFlowで実装します。題材には、Fashion-MNISTを使用します。

5.2.1 TensorFlowによるDCGANの実装

TensorFlowでDCGANを実装します。Googleドライブに「DCGAN_TensorFlow」フォルダーを作成し、この中にノートブック「DCGAN_Fashion-MNIST_TensorFlow.ipynb」を作成します。作成が済んだら、次のようにセルに入力して実行しましょう。

■DCGANを実装してFashion-MNISTデータセットで学習する

Fashion-MNISTデータセットをダウンロードします。今回は、訓練データの画像(60,000枚)のみを使用します。

▼Fashion-MNISTのダウンロードとデーターローダーの作成(DCGAN_TensorFlow/DCGAN_Fashion-MNIST_TensorFlow.ipynb)

セル1

```
from tensorflow import keras
import numpy as np

#  Fashion-MNISTをダウンロード
(X_train, y_train), ¥
    (X_test, y_test) = keras.datasets.fashion_mnist.load_data()
# 訓練データのピクセル値を255で割って0.0～1.0の範囲に正規化
X_train = X_train.astype(np.float32) / 255
# 訓練用画像のサイズを出力
print(X_train.shape)
```

▼出力

```
(60000, 28, 28)
```

生成器のネットワークには、

・全結合層
・テンソルの形状変換
・正規化
・転置畳み込み層1
・正規化
・転置畳み込み層2

の各レイヤーを配置します。(バッチサイズ, 100)のノイズテンソルを入力すると、最終的に(バッチサイズ, 28, 28, 1)の形状の画像を出力します。

▼生成器を作成

セル2

```
import tensorflow as tf
import tensorflow.keras as keras
import numpy as np

# ノイズの次元数
noise_num = 100

# 生成器
generator = keras.models.Sequential([
    # 全結合層: (bs, 100)->(bs, 6272)
    keras.layers.Dense(7 * 7 * 128, input_shape=[noise_num]),
    # テンソルの形状を変換: (bs, 6272)->(bs, 7, 7, 128)
    keras.layers.Reshape([7, 7, 128]),
    # 出力値を正規化する: (bs, 7, 7, 128)
    keras.layers.BatchNormalization(),

    # 転置畳み込み層1: (bs, 7, 7, 128)->(bs, 14, 14, 64)
    keras.layers.Conv2DTranspose(
        64,                  # フィルター数64
        kernel_size=5,       # フィルターサイズ5×5
        strides=2,           # ストライド2
        padding='same',      #入力と同じ高さ/幅の次元になるようにパディング
        activation='selu'), # SELU関数を適用
    # 出力値を正規化する: (bs, 14, 14, 64)
    keras.layers.BatchNormalization(),

```

```
    # 転置畳み込み層2: (bs, 14, 14, 64)->(bs, 28, 28, 1)
    keras.layers.Conv2DTranspose(
        1,                    # フィルター数1
        kernel_size=5,        # フィルターサイズ5×5
        strides=2,            # ストライド2
        padding='same',       #入力と同じ高さ/幅の次元になるようにパディング
        activation='tanh')    # Tanh関数を適用
])
# サマリを出力
generator.summary()
```


▼出力

```
Model: "sequential"
_________________________________________________________________
Layer (type)                 Output Shape              Param #
=================================================================
dense (Dense)                (None, 6272)              633472
_________________________________________________________________
reshape (Reshape)            (None, 7, 7, 128)         0
_________________________________________________________________
batch_normalization (BatchNo (None, 7, 7, 128)         512
_________________________________________________________________
conv2d_transpose (Conv2DTran (None, 14, 14, 64)        204864
_________________________________________________________________
batch_normalization_1 (Batch (None, 14, 14, 64)        256
_________________________________________________________________
conv2d_transpose_1 (Conv2DTr (None, 28, 28, 1)         1601
=================================================================
Total params: 840,705
Trainable params: 840,321
Non-trainable params: 384
_________________________________________________________________
```

識別器のネットワークには、

- ・畳み込み層1
- ・ドロップアウト
- ・畳み込み層2
- ・ドロップアウト
- ・Flatten
- ・全結合層

を配置します。画像のテンソル(バッチサイズ, 28, 28, 1)を入力すると、その画像がフェイク(0)か本物(1)かを示す値が格納されたテンソル(バッチサイズ, 1)が出力されます。

▼識別器の作成

セル3

```
discriminator = keras.models.Sequential([
    # 畳み込み層1: (bs, 28, 28, 1)->(bs, 14, 14, 64)
    keras.layers.Conv2D(
        64,                                        # フィルター数64
        kernel_size=5,                             # フィルターサイズ5×5
        strides=2,                                 # ストライド2
        padding='same',                            #入力と同じ高さ/幅の次元になるようにパディング
        activation=keras.layers.LeakyReLU(0.2), # LeakyReLU関数を適用
                                                   # 論文に従い負の勾配を制御する
                                                   # 係数は0.2(デフォルトは0.01)に
        input_shape=[28, 28, 1]),                  # 入力するテンソルの形状

    # 40%のドロップアウト: (bs, 14, 14, 64)
    keras.layers.Dropout(0.4),

    # 畳み込み層2: (bs, 14, 14, 64)->(bs, 7, 7, 128)
    keras.layers.Conv2D(
        128,                                        # フィルター数128
        kernel_size=5,                              # フィルターサイズ5×5
        strides=2,                                  # ストライド2
        padding='same',                             # 入力と同じ高さ/幅の次元になるようにパディング
        activation=keras.layers.LeakyReLU(0.2)), # LeakyReLU関数を適用

    # 40%のドロップアウト
    keras.layers.Dropout(0.4),
    # テンソルをフラット化: (bs, 6272)
    keras.layers.Flatten(),

    # 全結合層: (bs, 6272)->(bs, 1)
    keras.layers.Dense(
        1,                     # ユニット数1
        activation='sigmoid') # シグモイド関数を適用
])
# サマリを出力
discriminator.summary()
```

▼出力

Model: "sequential_1"

Layer (type)	Output Shape	Param #
conv2d (Conv2D)	(None, 14, 14, 64)	1664
dropout (Dropout)	(None, 14, 14, 64)	0
conv2d_1 (Conv2D)	(None, 7, 7, 128)	204928
dropout_1 (Dropout)	(None, 7, 7, 128)	0
flatten (Flatten)	(None, 6272)	0
dense_1 (Dense)	(None, 1)	6273

Total params: 212,865
Trainable params: 212,865
Non-trainable params: 0

生成器と識別器でDCGANのモデルを作成します。

▼DCGANのモデルを作成

セル4

```
gan = keras.models.Sequential([generator, discriminator])
gan.summary()
```

▼出力

Model: "sequential_2"

Layer (type)	Output Shape	Param #
sequential (Sequential)	(None, 28, 28, 1)	840705
sequential_1 (Sequential)	(None, 1)	212865

Total params: 1,053,570
Trainable params: 1,053,186
Non-trainable params: 384

識別器は単独で学習を行うので、ここでコンパイルしておきます。DCGANのモデルについてもコンパイルします。

▼識別器とDCGANのモデルのコンパイル

セル5

```
# 識別器のみ単独で学習を行うのでコンパイルしておく
discriminator.compile(
    loss='binary_crossentropy',          # バイナリクロスエントロピー誤差
```

```
    optimizer='rmsprop')        # オプティマイザーはRMSprop
# 識別器単独の学習モードをオフにする
discriminator.trainable = False

# DCGANのモデルをコンパイル
gan.compile(loss='binary_crossentropy',         # バイナリクロスエントロピー誤差
            optimizer='rmsprop')        # オプティマイザーはRMSprop
```

学習を1回終えるたびに生成器によって生成された画像を出力するので、描画を行う関数を作成しておきます。

▼学習中の生成画像を描画する関数

セル6

```
import matplotlib.pyplot as plt
%matplotlib inline

def plot_multiple_images(images, n_cols=None):
    '''
    Parameters:
      images: 生成器によって生成された画像
      n_cols: 描画領域の列数
    '''
    # 描画領域の列数を取得
    n_cols = n_cols or len(images)
    # 描画領域の行数を取得
    n_rows = (len(images) - 1) // n_cols + 1
    # 生成画像の最後の次元が1の場合は削除する
    # (bs, 28, 28, 1) -> (bs, 28, 28)
    if images.shape[-1] == 1:
        images = np.squeeze(images, axis=-1)
    # 描画エリアを設定
    plt.figure(figsize=(n_cols, n_rows))
    # 画像を出力
    for index, image in enumerate(images):
        plt.subplot(n_rows, n_cols, index + 1)
        plt.imshow(image, cmap='binary')
        plt.axis('off')
```

学習を実行するための処理を関数にまとめましょう。

▼学習を実行する関数

セル7

```
def train_gan(gan, dataset, batch_size, noise_num, n_epochs):
    '''学習を実行

    Parameters:
      gan: DCGANのモデル
      dataset: 訓練データ(bs, 28, 28, 1)
      batch_size: ミニバッチのサイズ
      noise_num: ノイズの次元数
      n_epochs: 学習回数
    '''
    # DCGANのモデルから生成器と識別器のネットワークを抽出
    generator, discriminator = gan.layers
    # 学習のループ(エポック)
    for epoch in range(n_epochs):
        # 現在のエポック数を出力
        print('Epoch {}/{}'.format(epoch + 1, n_epochs))

        # バッチデータのループ(ステップ)
        for X_batch in dataset:
            # -----識別器の学習-----
            # 標準正規分布からノイズをバッチサイズの数だけ生成: (bs, 100)
            noise = tf.random.normal(shape=[batch_size, noise_num])
            # 生成器にノイズを入力してフェイク画像を出力: (bs, 28, 28, 1)
            generated_images = generator(noise)
            # フェイク画像とオリジナル画像を0の次元で結合
            # (bs, 28, 28, 1), (bs, 28, 28, 1) -> (bs×2, 28, 28, 1)
            X_fake_and_real = tf.concat([generated_images, X_batch], axis=0)
            # フェイク画像の正解ラベル0、オリジナル画像の正解ラベル1を
            # それぞれバッチデータの数だけ生成: 出力(bs×2, 1)
            y1 = tf.constant([[0.]] * batch_size + [[1.]] * batch_size)
            # 識別器を学習モードにする
            discriminator.trainable = True
            # 識別器にフェイク画像とオリジナル画像のセット(bs×2, 28, 28, 1)、
            # 正解ラベル(bs×2, 1)を入力して、フェイク画像を0、
            # オリジナル画像を1に分類できるように学習する
            discriminator.train_on_batch(X_fake_and_real, y1)

            # -----生成器の学習-----
            # 標準正規分布からノイズをバッチサイズの数だけ生成: (bs, 100)
```

```
            noise = tf.random.normal(shape=[batch_size, noise_num])
            # フェイク画像の正解ラベル1(本物)をバッチデータの数だけ生成
            # (bs, 1)
            y2 = tf.constant([[1.]] * batch_size)
            # 識別器の学習は行わない
            discriminator.trainable = False
            # DCGANのモデルにフェイク画像と正解ラベル(1)を入力し、
            # フェイク画像を本物(1)と判定するように生成器のみ学習を行う
            gan.train_on_batch(noise, y2)

        # 1エポック終了ごとにフェイク画像を出力
        plot_multiple_images(generated_images,
                             10 # 1行に10枚ずつ出力
                             )
        plt.show()
```

学習を実行しましょう。ミニバッチの数を40、学習回数を50にします。

▼学習を実行

セル8

```
%%time
batch_size = 40
n_epochs = 50

# 訓練データの構造を変換：(60000, 28, 28)->(60000, 28, 28, 1)
X_train_dcgan = X_train.reshape(-1, 28, 28, 1) * 2. - 1.
# 訓練データをスライスしてイテレート可能なデータセットを作成
dataset = tf.data.Dataset.from_tensor_slices(X_train_dcgan)
# データセットから1000個単位でランダムにサンプリング
dataset = dataset.shuffle(1000)
# すべてのデータを網羅するミニバッチを作成
dataset = dataset.batch(batch_size, drop_remainder=True).prefetch(1)

# 学習を実行
train_gan(gan,                  # DCGANのモデル
          dataset,              # ミニバッチ単位のデータ
          batch_size,           # ミニバッチのサイズ
          noise_num,            # ノイズの次元数(100)
          n_epochs=n_epochs)    # 学習回数
```

▼出力（学習１回目）

Epoch 1/50

▼出力（学習10回目）

Epoch 10/50

▼出力（学習30回目）

Epoch 30/50

▼出力（学習50回目）

```
Epoch 50/50
```

```
CPU times: user 26min 46s, sys: 1min 25s, total: 28min 11s
Wall time: 29min 59s
```

■学習済みの生成器で画像を生成

ノイズを生成し、学習済みの生成器に入力して画像を生成してみます。

▼生成器に入力して画像を生成

セル9

```
tf.random.set_seed(123)
np.random.seed(123)

noise = tf.random.normal(shape=[batch_size, codings_size])
generated_images = generator(noise)
plot_multiple_images(generated_images, 10)
```

▼出力

5.3 Conditional GANによる画像生成(PyTorch)

DCGANでは、ノイズから手書き数字の画像を生成しました。ただし、生成される数字はあくまでランダムで、どの数字を生成するのかは指定できませんでした。

そこで、どの数字を生成するのか、正解ラベルを使って指定できるようにしたのがConditional GAN(Conditional Generative Adversarial Nets:条件付き敵対的生成ネットワーク)*です。

5.3.1 Conditional GANのメカニズム

DCGANを含むGAN全般において、0〜9の手書き数字を生成する場合、ランダムに数字が描かれます。GANでは、オリジナルの画像を学習する際に教師データとして使用するのは本物か偽物かを示す値であり、画像がどの数字に対応するのか学習する「教師あり学習」は行っていないためです。このことから、GANにおける学習方法は「半教師あり学習」と呼ばれたりします。

そのため、GANの生成器は明示的に数字を書き分けることはできません。訓練画像のラベルを知らされていないので、生成器はひたすら訓練データの分布に近付けるように学習を繰り返します。結果として、生成器は「数字らしいもの」に対する特徴量が潜在変数に取り込まれます。

一方、Conditional GANは、生成する画像を明示的に書き分けるために、学習時に教師データとして正解ラベルの情報を使います。つまり、生成器に対して「○という数字を生成する」ことを情報として与え、識別器には「○という数字について本物か偽物かを判定するる」ことを情報として与えます。

これを実現するために、Conditional GANでは生成器と識別器のそれぞれの入力に正解ラベルのラベル情報を追加します。あとは、GAN全般で用いられているモデルで学習します。正解ラベルの情報が追加されたことで、専用の構造を持つモデルが使われるわけではありません。

■生成器への正解ラベルの入力

生成器への入力は要素数(成分)が100のノイズとして(bs, 100, 1, 1)の形状のテンソルを作成し、これにラベル情報を連結します。ただし、MNISTの正解ラベルは0から9までの数値ですので、これを結合できるように、分類先のクラスの数(10)の次元を持つようにOne-hot表現に変換してから連結します。

* 「Conditional Generative Adversarial Nets」(2014) Mehdi Mirza, Simon Osindero (https://homl.info/cgan)

▼ノイズのテンソルとラベルのテンソルを連結する関数

```
def concat_noise_label(noise, label, device):
    # ラベルをOne-hot化
    oh_label = encoder(label, device)
    # ノイズ(bs, 100, 1, 1)とOne-hot化ラベルを
    # チャネル方向(dim=1)で連結して戻り値とする
    return torch.cat((noise, oh_label), dim=1)
```

連結後のテンソルは

(バッチサイズ, 110, 1, 1)

の形状になります。これを生成器に入力し、110次元の末尾10次元で示される正解ラベルに対応した数字を描画することになります。

■識別器への数値ラベルの入力

識別器の入力は画像データで、MNISTの場合は(バッチサイズ, 28, 28, 1)の形状のテンソルです。この画像データに数値ラベル情報を追加する方法として、最もシンプルな方法を用います。画像データは1チャネル(白黒)の画像ですが、ここに分類先のクラス数(10)を加えて11チャネルにします。正解となるチャネルのデータは各ピクセル値がすべて1の白い画像、その他はすべて0の黒い画像になります。

例えば正解ラベルが3である画像では、チャネルのインデックス3(すなわち4枚目)だけが白、その他は黒の画像を10枚重ねて11チャネルにするイメージです。画像のデータ量が11倍に増えることになりますが、このような方法で正解ラベルを取り込みます。

▼画像のテンソルとラベルのテンソルを連結する関数

```
def concat_img_label(image, label, device, n_class=10):
    # 画像が格納されたテンソルの形状を取得する
    bs, ch, h, w = image.shape
    # ラベルをOne-hot表現に変換
    oh_label = encoder(label, device)
    # 画像のサイズに合わせて正解ラベルを(bs, 10, 28, 28)に拡張する
    oh_label = oh_label.expand(bs, n_class, h, w)
    # 画像(bs, 1(チャネル), 28, 28)とチャネル方向(dim=1)で連結して戻り値とする
    return torch.cat((image, oh_label), dim=1)
```

5.3.2 PyTorchによるConditional GANの実装

PyTorchでConditional GANを実装します。

■Conditional GANを実装する

Googleドライブに「C-GAN_PyTorch」フォルダーを作成し、この中にノートブック「C-GAN_MNIST_PyTorch.ipynb」と、データセットを保存するフォルダー「mnist」、生成画像を保存するフォルダー「result」を作成します。作成が済んだら、ドライブのマウントを行って、次のようにセルに入力して実行しましょう。

▼MNISTのダウンロードとデータローダーの作成(C-GAN_PyTorch/C-GAN_MNIST_PyTorch.ipynb)

セル1

```
import torch
import torchvision.datasets as datasets
import torchvision.transforms as transforms

# MNISTデータセットの訓練データを用意
dataset = datasets.MNIST(
    # mnistフォルダーに保存
    root='/content/drive/MyDrive/Colab Notebooks/GAN/C-GAN/C-GAN_PyTorch/mnist',
    download=True, train=True,
    # トランスフォームオブジェクトを設定
    transform=transforms.Compose(
        [transforms.ToTensor(),
         # データを平均0.5、標準偏差0.5の標準正規分布で正規化
         # チャネル数は1なのでタプルの要素も1
         transforms.Normalize((0.5,), (0.5,)) ]
         )
    )

# 訓練データをセットしたデータローダーを作成する
dataloader = torch.utils.data.DataLoader(
    dataset,
    batch_size=50, # ミニバッチのサイズは50
    shuffle=True)  # データをシャッフルしてから抽出

# 使用可能なデバイスを確認
device = torch.device('cuda:0' if torch.cuda.is_available() else 'cpu')
print('device:', device)
```

生成器のクラスを定義します。

▼識別器のクラス

セル2

```
import torch.nn as nn

class Discriminator(nn.Module):
    '''識別器のクラス

    Attributes:
      layers: Sequentialオブジェクトのリスト
    '''
    def __init__(self):
        '''識別器のネットワークを構築する
        '''
        super(Discriminator, self).__init__()

        start_ch = 128 # 先頭層の出力チャネル数
        in_ch = 1+10    # 入力画像のチャネル数

        # 識別器のネットワークを定義する
        self.layers = nn.ModuleList([
            # 第1層: (bs, 11, 28, 28) -> (bs, 128, 14, 14)
            nn.Sequential(
                # 畳み込み
                nn.Conv2d( in_ch,       # 入力のチャネル数は1
                           start_ch,    # フィルター数は128
                           4,           # 4×4のフィルター
                           2,           # ストライドは2
                           1),          # 上下左右にサイズ1のパディング
                # LeakyReLU関数を適用
                # 負の勾配を制御する係数を0.2(デフォルトは0.01)
                nn.LeakyReLU(negative_slope=0.2)
            ),
            # 第2層: (bs, 128, 14, 14) -> (bs, 256, 7, 7)
            nn.Sequential(
                # 畳み込み
                nn.Conv2d(start_ch,        # 入力のチャネル数は128
                          start_ch * 2,    # フィルター数は128×2
                          4,               # 4×4のフィルター
```

```
                         2,                     # ストライドは2
                         1),                    # 上下左右にサイズ1のパディング
                     # 出力値を正規化する(チャネル数は128×2)
                     nn.BatchNorm2d(start_ch * 2),
                     # LeakyReLU関数を適用
                     nn.LeakyReLU(negative_slope=0.2)
                 ),
                 # 第3層: (bs, 256, 7, 7) -> (bs, 512, 3, 3)
                 nn.Sequential(
                     # 畳み込み
                     nn.Conv2d(start_ch * 2, # 入力のチャネル数は128×2
                               start_ch * 4, # フィルター数は128×4
                               3,             # 3×3のフィルター
                               2,             # ストライドは2
                               0),            # パディングは0(なし)
                     # 出力値を正規化する(チャネル数は128×4)
                     nn.BatchNorm2d(start_ch * 4),
                     # leaky ReLU関数を適用
                     nn.LeakyReLU(negative_slope=0.2)
                 ),
                 # 第4層: (bs, 512, 3, 3) -> (bs, 1, 1, 1)
                 nn.Sequential(
                     nn.Conv2d(start_ch * 4, # 入力のチャネル数は128×4
                               1,             # フィルター数は1
                               3,             # 3×3のフィルター
                               1,             # ストライドは1
                               0),            # パディングは0(なし)
                     # 最終出力にはシグモイド関数を適用
                     nn.Sigmoid()
                 )
             ])

     def forward(self, x):
         '''順伝播処理

         Parameter:
           x: 画像データまたは生成画像
         '''
         # 識別器のネットワークに入力して順伝播する
         for layer in self.layers:
```

```
        x = layer(x)
    # 出力されたテンソルの形状をフラット(bs,)にする
    return x.squeeze()
```

生成器のクラスを定義します。

▼生成器のクラス

セル3

```
import torch.nn as nn

class Generator(nn.Module):
    '''生成器のクラス

    Attributes:
      layers: Sequentialオブジェクトのリスト
    '''
    def __init__(self):
        '''生成器のネットワークを構築する
        '''
        super(Generator, self).__init__()

        input_dim = 100+10  # 入力データの次元
        out_ch = 128        # 最終層のチャネル数
        img_ch = 1          # 生成画像のチャネル数

        # 生成器のネットワークを定義する
        self.layers = nn.ModuleList([
            # 第1層: (bs, 110, 1, 1) -> (bs, 512, 3, 3)
            nn.Sequential(
                nn.ConvTranspose2d(input_dim,  # 入力のチャネル数は110
                                   out_ch * 4, # フィルター数は128×4
                                   3,          # 3×3のフィルター
                                   1,          # ストライドは1
                                   0),         # パディングは0(なし)
                # 出力値を正規化する(チャネル数は128×4)
                nn.BatchNorm2d(out_ch * 4),
                # ReLU関数を適用
                nn.ReLU()
            ),
```

```
            # 第2層: (bs, 512, 3, 3) -> (bs, 256, 7, 7)
            nn.Sequential(
                nn.ConvTranspose2d(out_ch * 4,# 入力のチャネル数は128×4
                                   out_ch * 2,# フィルター数は128×2
                                   3,         # 3×3のフィルター
                                   2,         # ストライドは2
                                   0),        # パディングは0(なし)
                # 出力値を正規化する(チャネル数は128×2)
                nn.BatchNorm2d(out_ch * 2),
                # ReLU関数を適用
                nn.ReLU()
            ),
            # 第3層: (bs, 256, 7, 7) -> (bs, 128, 14, 14)
            nn.Sequential(
                nn.ConvTranspose2d(out_ch * 2,# 入力のチャネル数は128×2
                                   out_ch,    # フィルター数は128
                                   4,         # 4×4のフィルター
                                   2,         # ストライドは2
                                   1),        # 上下左右にサイズ1のパディング
                # 出力値を正規化する(チャネル数は128)
                nn.BatchNorm2d(out_ch),
                # ReLU関数を適用
                nn.ReLU()
            ),
            # 第4層: (bs, 128, 14, 14) -> (bs, 1, 28, 28)
            nn.Sequential(
                nn.ConvTranspose2d(out_ch,# 入力のチャネル数は128
                                   img_ch,# フィルター数は1
                                   4,     # 4×4のフィルター
                                   2,     # ストライドは2
                                   1),    # 上下左右にサイズ1のパディング
                # Tanh関数を適用
                nn.Tanh()
            )
        ])

    def forward(self, z):
        '''順伝播処理

        Parameter:
```

5 GAN(敵対的生成ネットワーク)

```
          z: 識別器の出力
        '''
        # 生成器のネットワークに入力して順伝播する
        for layer in self.layers:
            z = layer(z)
        return z
```

ネットワークの重みを平均0、標準偏差0.02の正規分布からサンプリングした値で初期化する関数を定義します。

▼ネットワークの重みを初期化する関数

```
セル4
def weights_init(m):
    '''
    ネットワークの重みを正規分布からサンプリングした値で初期化する

    Parameters:
      m: ネットワークのインスタンス
    '''
    classname = m.__class__.__name__
    # 畳み込み層の重み
    if classname.find('Conv') != -1:
        m.weight.data.normal_(0.0, 0.02) # 平均0、標準偏差0.02の正規分布
        m.bias.data.fill_(0) # バイアスのみ0で初期化
    # バッチ正規化層の重み
    elif classname.find('BatchNorm') != -1:
        m.weight.data.normal_(1.0, 0.02) # 平均1.0、標準偏差0.02の正規分布
        m.bias.data.fill_(0) # バイアスのみ0で初期化
```

生成器をインスタンス化して重みを初期化し、生成器のサマリを出力します。

▼生成器をインスタンス化して重みを初期化する

```
セル5
import torchsummary

# 生成器をインスタンス化
generator = Generator().to(device)
# 重みを初期化
generator.apply(weights_init)
```

```
# 生成器のサマリを出力
torchsummary.summary(generator,
                     (110, 1, 1))  # 入力テンソルの形状
```

▼出力

Layer (type)	Output Shape	Param #
ConvTranspose2d-1	[-1, 512, 3, 3]	507,392
BatchNorm2d-2	[-1, 512, 3, 3]	1,024
ReLU-3	[-1, 512, 3, 3]	0
ConvTranspose2d-4	[-1, 256, 7, 7]	1,179,904
BatchNorm2d-5	[-1, 256, 7, 7]	512
ReLU-6	[-1, 256, 7, 7]	0
ConvTranspose2d-7	[-1, 128, 14, 14]	524,416
BatchNorm2d-8	[-1, 128, 14, 14]	256
ReLU-9	[-1, 128, 14, 14]	0
ConvTranspose2d-10	[-1, 1, 28, 28]	2,049
Tanh-11	[-1, 1, 28, 28]	0

```
Total params: 2,215,553
Trainable params: 2,215,553
Non-trainable params: 0

Input size (MB): 0.00
Forward/backward pass size (MB): 0.98
Params size (MB): 8.45
Estimated Total Size (MB): 9.43
```

識別器をインスタンス化して重みを初期化し、識別器のサマリを出力します。

▼識別器をインスタンス化して重みを初期化する

セル6

```
# 識別器をインスタンス化
discriminator = Discriminator().to(device)
# 重みを初期化
discriminator.apply(weights_init)
# 識別器のサマリを出力
torchsummary.summary(discriminator,
                     (11, 28, 28))  # 入力テンソルの形状
```

5 GAN（敵対的生成ネットワーク）

▼出力

```
        Layer (type)               Output Shape         Param #
================================================================
            Conv2d-1          [-1, 128, 14, 14]          22,656
         LeakyReLU-2          [-1, 128, 14, 14]               0
            Conv2d-3            [-1, 256, 7, 7]         524,544
       BatchNorm2d-4            [-1, 256, 7, 7]             512
         LeakyReLU-5            [-1, 256, 7, 7]               0
            Conv2d-6            [-1, 512, 3, 3]       1,180,160
       BatchNorm2d-7            [-1, 512, 3, 3]           1,024
         LeakyReLU-8            [-1, 512, 3, 3]               0
            Conv2d-9              [-1, 1, 1, 1]           4,609
          Sigmoid-10              [-1, 1, 1, 1]               0
================================================================
Total params: 1,733,505
Trainable params: 1,733,505
Non-trainable params: 0
----------------------------------------------------------------
Input size (MB): 0.03
Forward/backward pass size (MB): 0.78
Params size (MB): 6.61
Estimated Total Size (MB): 7.42
----------------------------------------------------------------
```

損失関数としてバイナリクロスエントロピー誤差関数を設定し、オプティマイザーにAdamを設定します。

▼損失関数とオプティマイザーの設定

セル7

```
import torch.optim as optim

# 損失関数はバイナリクロスエントロピー誤差
criterion = nn.BCELoss()
# 識別器のオプティマイザーを設定
optimizer_ds = optim.Adam(discriminator.parameters(),
                          lr=0.0003)  # 学習率: デフォルトは0.001
# 生成器のオプティマイザーを設定
optimizer_gn = optim.Adam(generator.parameters(),
                          lr=0.0003)
```

正解ラベルをOne-hot化して行列にする関数を定義します。この関数は、10クラスへの分類問題の場合、one_hot = torch.eye(10)で

```
[[1., 0., 0., 0., 0., 0., 0., 0., 0., 0.],
 [0., 1., 0., 0., 0., 0., 0., 0., 0., 0.],
 [0., 0., 1., 0., 0., 0., 0., 0., 0., 0.],
 [0., 0., 0., 1., 0., 0., 0., 0., 0., 0.],
 [0., 0., 0., 0., 1., 0., 0., 0., 0., 0.],
 [0., 0., 0., 0., 0., 1., 0., 0., 0., 0.],
 [0., 0., 0., 0., 0., 0., 1., 0., 0., 0.],
 [0., 0., 0., 0., 0., 0., 0., 1., 0., 0.],
 [0., 0., 0., 0., 0., 0., 0., 0., 1., 0.],
 [0., 0., 0., 0., 0., 0., 0., 0., 0., 1.]]
```

のように(10, 10)の形状の対角行列を作成し、label=[0, 1, 2]の場合にone_hot[label]で

```
[[1., 0., 0., 0., 0., 0., 0., 0., 0., 0.],
 [0., 1., 0., 0., 0., 0., 0., 0., 0., 0.],
 [0., 0., 1., 0., 0., 0., 0., 0., 0., 0.]]
```

のように正解ラベルの数（例では3）だけOne-hot化された要素数10の行列を生成します。このときのテンソルの形状は(3, 10)（3は正解ラベルの数、10はクラスの数）です。

最後に

```
one_hot[label].view(-1, n_class, 1, 1)  # n_class=10
```

のようにview()関数を適用して(3, 10, 1, 1)の形状にします。これは、生成器が入力する

(バッチサイズ, クラス数, 1, 1)

の形状に合わせるためです。

▼正解ラベルをOne-hot化する関数

セル8

```
def encoder(label, device, n_class=10):
    '''正解ラベルをOne-hot表現に変換する

    Parameters:
      label: 変換対象の正解ラベル
      device: 使用するデバイス
      n_class: 分類先のクラス数
    '''
```

```
    # 対角成分の値が1の対角行列を作成
    # 2階テンソル(クラスの数, クラスの数)が作成される
    one_hot = torch.eye(n_class, device=device)
    # ラベルの値のインデックスのOne-hot表現を抽出し、
    # 生成器が入力する(バッチサイズ, クラス数, 1, 1)の形状にして返す
    return one_hot[label].view(-1, n_class, 1, 1)
```

識別器に入力する画像データに正解ラベルを結合する関数を定義します。この関数はMNISTの正解ラベルをOne-hot化して

(バッチサイズ, クラス数, 1, 1)

の形状のテンソルを生成し、画像データのテンソル

(バッチサイズ, 1, 28, 28)

と1の次元で結合します。結合後のテンソルは

(バッチサイズ, 11, 28, 28)

のように、元データのチャネルの次元が11に拡張されたものになります。

▼画像のテンソルとラベルのテンソルを結合する関数

セル9

```
def concat_img_label(image, label, device, n_class=10):
    '''画像のテンソルとラベルのテンソルを連結して
       識別器に入力するテンソルを作成する

    Parameters:
      image: 画像データを格納したテンソル(bs, 1, 28, 28)
      label: 正解ラベル
      device: 使用可能なデバイス
      n_class: 分類先のクラス数
    Return:
      画像とOne-hot化ラベルを結合したテンソル
      (bs, 11, 28, 28)
    '''
    # 画像が格納されたテンソルの形状を取得する
    bs, ch, h, w = image.shape
    # ラベルをOne-hot表現に変換
    oh_label = encoder(label, device)
```

```
    # 画像のサイズに合わせて正解ラベルを(bs, 10, 28, 28)に拡張する
    oh_label = oh_label.expand(bs, n_class, h, w)
    # 画像(bs, 1(チャネル), 28, 28)とチャネル方向(dim=1)で結合して戻り値とする
    return torch.cat((image, oh_label), dim=1)
```


生成器に入力するノイズに正解ラベルを結合する関数を定義します。先のconcat_img_label()関数と同様に、MNISTの正解ラベルをOne-hot化して

(バッチサイズ, クラス数(10), 1, 1)

の形状のテンソルを生成し、ノイズのテンソル

(バッチサイズ, 100, 1, 1)

と1の次元で結合します。結合後のテンソルは

(バッチサイズ, 110, 1, 1)

のように1の次元が110に拡張されたものになります。

▼ノイズのテンソルとラベルのテンソルを結合する関数

セル10

```
def concat_noise_label(noise, label, device):
    '''ノイズのテンソルとラベルのテンソルを連結して
       生成器に入力するテンソルを作成する

    Parameters:
      noise(Tensor): ノイズのテンソル(bs, 100, 1, 1)
      label(int): 正解ラベル
      device: 使用するデバイス
    Return:
      ノイズとOne-hot化ラベルを連結したテンソル
      (bs, 110, 1, 1)
    '''
    # ラベルをOne-hot化
    oh_label = encoder(label, device)
    # ノイズ(bs, 100, 1, 1)とOne-hot化ラベルを
    # dim=1で連結して戻り値とする
    return torch.cat((noise, oh_label), dim=1)
```

学習の際に、1回の学習が終わるたびに生成器で画像を生成します。このとき、生成器に入力する100次元のノイズと正解ラベルをバッチデータと同じ数だけ作成します。正解ラベルは、0～9の繰り返しを当てはめていきます。つまり、先頭0番目のノイズには正解ラベル0、1番目のノイズには正解ラベル1、2番目のノイズには正解ラベル2、……などと割り当てられるようにします。こうすることで、ノイズ0は数字の0、ノイズ1は数字の1、……を生成することになります。

▼エポックごとの画像生成に使用するノイズのテンソルを作成

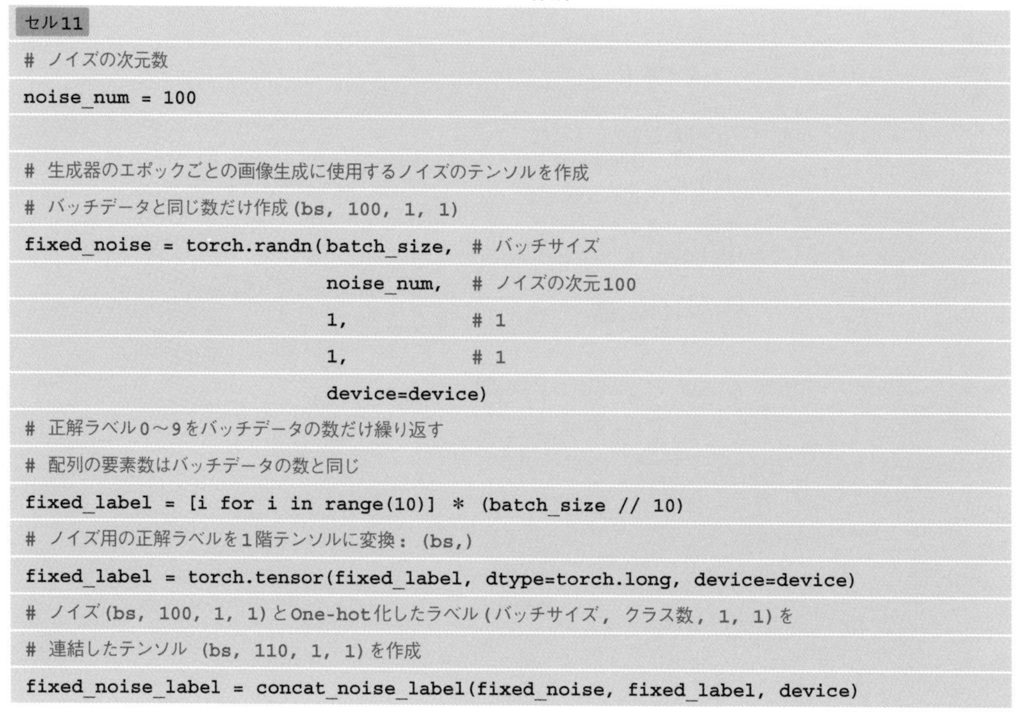

```
セル11
# ノイズの次元数
noise_num = 100

# 生成器のエポックごとの画像生成に使用するノイズのテンソルを作成
# バッチデータと同じ数だけ作成(bs, 100, 1, 1)
fixed_noise = torch.randn(batch_size, # バッチサイズ
                          noise_num,  # ノイズの次元100
                          1,          # 1
                          1,          # 1
                          device=device)
# 正解ラベル0～9をバッチデータの数だけ繰り返す
# 配列の要素数はバッチデータの数と同じ
fixed_label = [i for i in range(10)] * (batch_size // 10)
# ノイズ用の正解ラベルを1階テンソルに変換: (bs,)
fixed_label = torch.tensor(fixed_label, dtype=torch.long, device=device)
# ノイズ(bs, 100, 1, 1)とOne-hot化したラベル(バッチサイズ, クラス数, 1, 1)を
# 連結したテンソル (bs, 110, 1, 1)を作成
fixed_noise_label = concat_noise_label(fixed_noise, fixed_label, device)
```

学習回数を10回に設定して、学習を開始しましょう。学習の内容は前回のDCGANのときとほぼ同じです。処理の内容を示すコメントを多く付けていますので、参照してもらえればと思います。

▼学習を行う

```
セル12
%%time
import torchvision.utils as vutils

n_epoch = 10    # 学習回数
```

```
# 画像の保存先のパス
outf = '/content/drive/MyDrive/Colab Notebooks/GAN/C-GAN/C-GAN_PyTorch/result'

# 学習のループ
for epoch in range(n_epoch):
    print('Epoch {}/{}'.format(epoch + 1, n_epoch))

    # バッチデータのループ(ステップ)
    for itr, data in enumerate(dataloader):
        # ミニバッチのすべての画像を取得
        real_image = data[0].to(device)
        # ミニバッチのすべての正解ラベルを取得
        real_label = data[1].to(device)
        # 画像とOne-hot化したラベルを連結したテンソルを取得
        # (bs, 11, 28, 28)
        real_image_label = concat_img_label(real_image, # 画像
                                            real_label, # 正解ラベル
                                            device)
        # 標準正規分布からノイズを生成: 出力(bs, 100, 1, 1)
        noise = torch.randn(batch_size,    # バッチサイズ
                            noise_num,     # ノイズの次元100
                            1,             # 1
                            1,             # 1
                            device=device)
        # フェイク画像用の正解ラベルを生成: 出力(bs,)
        fake_label = torch.randint(
            10,                # 0～9のラベルを生成
            (batch_size,),     # バッチデータの数だけ生成
            dtype=torch.long,
            device=device)
        # ノイズとフェイクのラベルを連結: (bs, 110, 1, 1)
        fake_noise_label = concat_noise_label(
            noise,             # (bs, 100, 1, 1)
            fake_label,        # (bs,)
            device)
        # オリジナル画像に対する識別信号の正解値「1」で初期化した
        # (bs,)の形状のテンソルを生成
        real_target = torch.full((batch_size,),
                                 1.,
```

```
                                 device=device)
        # 生成画像に対する識別信号の正解値「0」で初期化した
        # (bs,)の形状のテンソルを生成
        fake_target = torch.full((batch_size,),
                                 0.,
                                 device=device)

        # -----識別器の学習-----
        # 識別器の誤差の勾配を初期化
        discriminator.zero_grad()

        # 識別器に画像とラベルのセットを入力して識別信号を出力
        output = discriminator(real_image_label)
        # オリジナル画像に対する識別値の損失を取得
        ds_real_err = criterion(output, real_target)
        # 1ステップ(1バッチ)におけるオリジナル画像の識別信号の平均
        true_dsout_mean = output.mean().item()

        # ノイズとフェイクのラベルを生成器に入力してフェイク画像を生成
        # (bs, 1, 28, 28)
        fake_image = generator(fake_noise_label) # (bs, 110, 1, 1)
        # フェイク画像とフェイクのラベルを連結: (bs, 11, 28, 28)
        fake_image_label = concat_img_label(
            fake_image, # (bs, 1, 28, 28)
            fake_label, # (bs,)
            device)

        # フェイク画像とフェイクラベルを識別器に入力して識別信号を出力
        output = discriminator(fake_image_label.detach())
        # フェイク画像を偽と判定できない場合の損失
        ds_fake_err = criterion(output,      # フェイク画像の識別信号
                              fake_target) # 正解ラベル(偽物の0)
        # フェイク画像の識別信号の平均
        fake_dsout_mean1 = output.mean().item()
        # オリジナル画像とフェイク画像に対する識別の損失を合計して
        # 識別器としての損失を求める
        ds_err = ds_real_err + ds_fake_err

        # 識別器全体の誤差を逆伝播
        ds_err.backward()
```

```
        # 識別器の重みのみを更新(生成器は更新しない)
        optimizer_ds.step()

        # -----生成器の学習-----
        # 生成器の誤差の勾配を初期化
        generator.zero_grad()
        # 更新後の識別器に再度フェイク画像とラベルを入力して識別信号を取得
        output = discriminator(fake_image_label)
        # フェイク画像をオリジナル画像と誤認できない場合の損失
        gn_err = criterion(output,      # フェイク画像の識別信号
                           real_target) # 誤認させるのが目的なので正解ラベルは1
        # 更新後の識別器の誤差を逆伝播
        gn_err.backward()
        # 更新後の識別器のフェイク画像に対する識別信号の平均
        fake_dsout_mean2 = output.mean().item()
        # 生成器の重みを更新後の識別誤差の勾配で更新
        optimizer_gn.step()

        # 100ステップごとに出力
        if itr % 100 == 0:
            print(
'({}/{}) ds_loss: {:.3f} - gn_loss: {:.3f} - true_out: {:.3f} - fake_out: {:.3f}>>{:.3f}'
                  .format(
                      itr + 1,             # ステップ数(イテレート回数)
                      len(dataloader),     # ステップ数(1エポックのバッチ数)
                      ds_err.item(),       # 識別器の損失
                      gn_err.item(),       # フェイクをオリジナルと誤認しない損失
                      true_dsout_mean,     # オリジナル画像の識別信号の平均
                      fake_dsout_mean1,    # フェイク画像の識別信号の平均
                      fake_dsout_mean2)    # 更新後識別器のフェイクの識別信号平均
                  )

        # 学習開始直後にオリジナル画像を保存する
        if epoch == 0 and itr == 0:
            vutils.save_image(real_image,
                              '{}/real_samples.png'.format(outf),
                              normalize=True,
                              nrow=10)

    # 確認用画像の生成
```

```
    # 1エポック終了ごとに確認用の生成画像を生成する
    fake_image = generator(fixed_noise_label)
    vutils.save_image(
        fake_image.detach(),
        '{}/fake_samples_epoch_{:03d}.png'.format(outf, epoch + 1),
        normalize=True,
        nrow=10)
```

▼出力

```
Epoch 1/10
(1/1200) ds_loss: 2.061 - gn_loss: 1.367 - true_out: 0.250 - fake_out: 0.367>>0.466
(101/1200) ds_loss: 0.048 - gn_loss: 6.517 - true_out: 0.973 - fake_out: 0.019>>0.003
(201/1200) ds_loss: 0.070 - gn_loss: 7.610 - true_out: 0.993 - fake_out: 0.055>>0.002
.........途中省略.........
Epoch 10/10
(1/1200) ds_loss: 1.099 - gn_loss: 1.751 - true_out: 0.631 - fake_out: 0.390>>0.231
(101/1200) ds_loss: 1.501 - gn_loss: 1.701 - true_out: 0.385 - fake_out: 0.237>>0.236
(201/1200) ds_loss: 1.179 - gn_loss: 1.572 - true_out: 0.544 - fake_out: 0.322>>0.258
(301/1200) ds_loss: 1.592 - gn_loss: 0.644 - true_out: 0.829 - fake_out: 0.701>>0.569
(401/1200) ds_loss: 0.941 - gn_loss: 1.510 - true_out: 0.842 - fake_out: 0.421>>0.315
(501/1200) ds_loss: 1.004 - gn_loss: 0.929 - true_out: 0.636 - fake_out: 0.350>>0.459
(601/1200) ds_loss: 0.758 - gn_loss: 1.983 - true_out: 0.722 - fake_out: 0.279>>0.195
(701/1200) ds_loss: 1.044 - gn_loss: 1.890 - true_out: 0.532 - fake_out: 0.245>>0.215
(801/1200) ds_loss: 0.947 - gn_loss: 1.371 - true_out: 0.808 - fake_out: 0.424>>0.361
(901/1200) ds_loss: 1.303 - gn_loss: 1.392 - true_out: 0.515 - fake_out: 0.345>>0.327
(1001/1200) ds_loss: 1.063 - gn_loss: 1.759 - true_out: 0.539 - fake_out: 0.241>>0.248
(1101/1200) ds_loss: 0.733 - gn_loss: 1.422 - true_out: 0.781 - fake_out: 0.315>>0.300
CPU times: user 9min 48s, sys: 1.67 s, total: 9min 49s
Wall time: 9min 56s
```

学習が1回終了するたびに作成した画像を確認してみましょう。

▼学習１回目

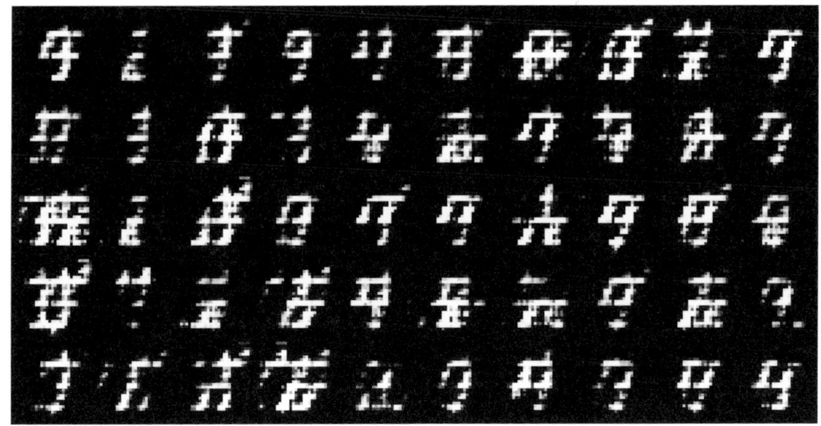

▼学習５回目

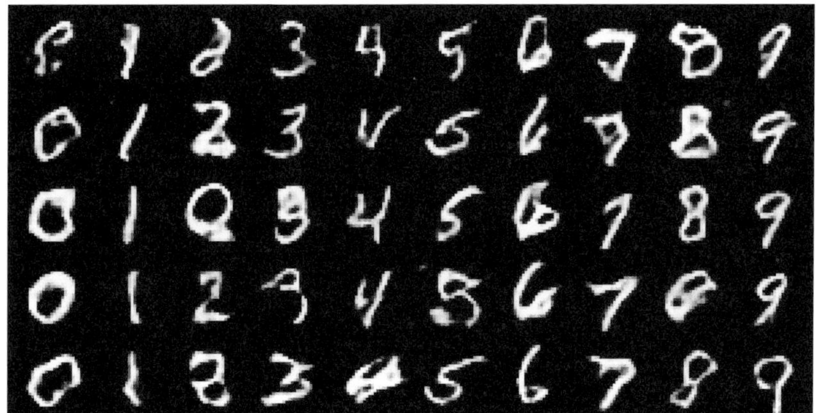

▼学習10回目

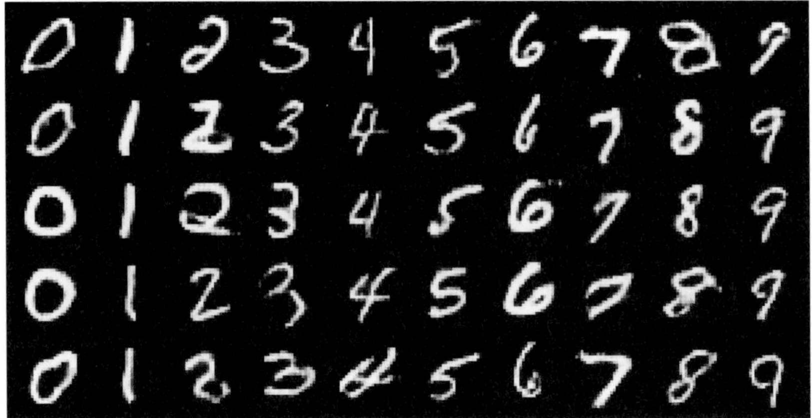

▼データセットに収録されている手書き数字の画像

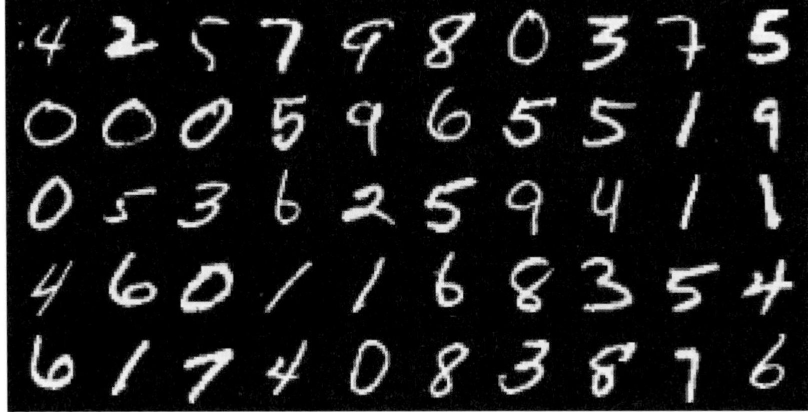

5.4 Conditional GANによる画像生成(TensorFlow)

Conditional GANによる画像生成をTensorFlowで行います。実装はKerasのCode examples「Conditional GAN」*で紹介されている実装**を参考にしています。

5.4.1 TensorFlowによるConditional GANの実装

TensorFlowでConditional GANを実装します。題材にはFashion-MNISTを用いたかったのですが、生成される画像がどのファッションアイテムのものなのかがわかりにくいため、オリジナルの実装と同じMNISTデータセットを用いています。

■Colabノートブックでプログラムを実行

Googleドライブに「C-GAN_TensorFlow」フォルダーを作成し、この中にノートブック「C-GAN_MNIST_TensorFlow.ipynb」を作成して、以下のようにセルに入力して実行します。

▼ライブラリのインポート

セル1

```
from tensorflow import keras
from tensorflow.keras import layers

import matplotlib.pyplot as plt
import tensorflow as tf
import numpy as np
```

▼パラメーター値の設定

セル2

```
batch_size = 64   # ミニバッチのサイズ
num_channels = 1 # 画像のチャネル数
num_classes = 10 # 分類先のクラス数
image_size = 28   # 画像の縦横のサイズ
latent_dim = 128 # ノイズの次元数
```

* Keras Code examples「Conditional GAN」Author: Sayak Paul (https://keras.io/examples/generative/conditional_gan/)

** https://github.com/keras-team/keras-io/blob/master/examples/generative/conditional_gan.py

▼データセットの用意

セル3

```
(x_train, y_train), (x_test, y_test) = keras.datasets.mnist.load_data()
all_digits = np.concatenate([x_train, x_test])
all_labels = np.concatenate([y_train, y_test])

# 画像のピクセル値を255.0で割って0〜1.0の範囲にする
all_digits = all_digits.astype('float32') / 255.0
# 画像データのテンソルの形状変換：(bs, 28, 28) -> (bs, 28, 28, 1)
all_digits = np.reshape(all_digits, (-1, 28, 28, 1))
# 正解ラベルをOne-hot化する
all_labels = keras.utils.to_categorical(all_labels, 10)

# データセットを作成
dataset = tf.data.Dataset.from_tensor_slices((all_digits, all_labels))
dataset = dataset.shuffle(buffer_size=1024).batch(batch_size)

print(f'Shape of training images: {all_digits.shape}')
print(f'Shape of training labels: {all_labels.shape}')
```

▼出力

```
Shape of training images: (70000, 28, 28, 1)
Shape of training labels: (70000, 10)
```

▼生成器と識別器の入力時のチャネル数を設定

セル4

```
# 生成器の入力チャネル数
generator_in_channels = latent_dim + num_classes
# 識別器の入力チャネル数
discriminator_in_channels = num_channels + num_classes
print(generator_in_channels,)
print(discriminator_in_channels)
```

▼出力

```
138
11
```

▼生成器と識別器のネットワークを作成

セル5

```
# 識別器
discriminator = keras.Sequential(
    [
        # 入力: (bs, 28, 28, 11)
        keras.layers.InputLayer((28,
                                28,
                                discriminator_in_channels)),
        # 畳み込み層1: (bs, 28, 28, 11)->(bs, 14, 14, 64)
        layers.Conv2D(64,               # フィルター数64
                      (3, 3),           # フィルターサイズ3×3
                      strides=(2, 2),   # ストライド2
                      padding='same'),  # パディング
        # LeakyReLU関数を適用
        layers.LeakyReLU(alpha=0.2),
        # 畳み込み層2: (bs, 14, 14, 64)->(bs, 7, 7, 128)
        layers.Conv2D(128,              # フィルター数128
                      (3, 3),           # フィルターサイズ3×3
                      strides=(2, 2),   # ストライド2
                      padding='same'),  # パディング
        # LeakyReLU関数を適用
        layers.LeakyReLU(alpha=0.2),
        # プーリング層: (bs, 7, 7, 128)->(bs, 128)
        layers.GlobalMaxPooling2D(),
        # 全結合層: (bs, 128)->(bs, 1)
        layers.Dense(1),
    ],
    name='discriminator',
)
discriminator.summary()

# 生成器
generator = keras.Sequential(
    [
        # 入力: (bs, 138)
        keras.layers.InputLayer((generator_in_channels,)),
        # 全結合層: (bs, 6762)
        layers.Dense(7 * 7 * generator_in_channels), # ユニット数6762
        # LeakyReLU関数を適用
```

```
        layers.LeakyReLU(alpha=0.2),
        # テンソルの形状を変換：(bs, 6762)->(bs, 7, 7, 138)
        layers.Reshape((7, 7, generator_in_channels)),
        # 転置畳み込み層：(bs, 7, 7, 138)->(bs, 14, 14, 128)
        layers.Conv2DTranspose(128,               # フィルター数128
                               (4, 4),            # フィルターサイズ4×4
                               strides=(2, 2),    # ストライド2
                               padding='same'),# パディング
        # LeakyReLU関数を適用
        layers.LeakyReLU(alpha=0.2),
        # 転置畳み込み層：(bs, 14, 14, 128)->(bs, 28, 28, 128)
        layers.Conv2DTranspose(128,               # フィルター数128
                               (4, 4),            # フィルターサイズ4×4
                               strides=(2, 2),    # ストライド2
                               padding='same'),# パディング
        # LeakyReLU関数を適用
        layers.LeakyReLU(alpha=0.2),
        # 畳み込み：(bs, 28, 28, 128)->(bs, 28, 28, 1)
        layers.Conv2D(1,                          # フィルター数1
                      (7, 7),                     # フィルターサイズ7×7
                      padding='same',             # パディング
                      activation='sigmoid'),      # シグモイド関数を適用
    ],
    name='generator',
)
generator.summary()
```

▼出力

```
Model: "discriminator"
_________________________________________________________________
Layer (type)                 Output Shape              Param #
=================================================================
conv2d (Conv2D)              (None, 14, 14, 64)        6400
_________________________________________________________________
leaky_re_lu (LeakyReLU)      (None, 14, 14, 64)        0
_________________________________________________________________
conv2d_1 (Conv2D)            (None, 7, 7, 128)         73856
_________________________________________________________________
leaky_re_lu_1 (LeakyReLU)    (None, 7, 7, 128)         0
_________________________________________________________________
global_max_pooling2d (Global (None, 128)               0
_________________________________________________________________
dense (Dense)                (None, 1)                 129
=================================================================
Total params: 80,385
Trainable params: 80,385
Non-trainable params: 0
_________________________________________________________________
Model: "generator"
_________________________________________________________________
Layer (type)                 Output Shape              Param #
=================================================================
dense_1 (Dense)              (None, 6762)              939918
_________________________________________________________________
leaky_re_lu_2 (LeakyReLU)    (None, 6762)              0
_________________________________________________________________
reshape (Reshape)            (None, 7, 7, 138)         0
_________________________________________________________________
conv2d_transpose (Conv2DTran (None, 14, 14, 128)       282752
_________________________________________________________________
leaky_re_lu_3 (LeakyReLU)    (None, 14, 14, 128)       0
_________________________________________________________________
conv2d_transpose_1 (Conv2DTr (None, 28, 28, 128)       262272
_________________________________________________________________
leaky_re_lu_4 (LeakyReLU)    (None, 28, 28, 128)       0
_________________________________________________________________
conv2d_2 (Conv2D)            (None, 28, 28, 1)         6273
=================================================================
Total params: 1,491,215
Trainable params: 1,491,215
Non-trainable params: 0
_________________________________________________________________
```

▼Conditional GANのモデルを作成

セル6

```
class ConditionalGAN(keras.Model):
    '''
    Attributes:
      discriminator: 識別器のインスタンス
      generator: 生成器のインスタンス
      latent_dim(int): ノイズの次元数
      gen_loss_tracker: 生成器の損失
```

```
      disc_loss_tracker: 識別器の損失
    '''
    def __init__(self, discriminator, generator, latent_dim):
        '''
        Parameters:
          discriminator: 識別器のインスタンス
          generator: 生成器のインスタンス
          latent_dim(int): ノイズの次元数
        '''
        super(ConditionalGAN, self).__init__()
        self.discriminator = discriminator
        self.generator = generator
        self.latent_dim = latent_dim
        self.gen_loss_tracker = keras.metrics.Mean(name='generator_loss')
        self.disc_loss_tracker = keras.metrics.Mean(name='discriminator_loss')

    @property
    def metrics(self):
        '''損失を返すプロパティ

        Returns:
          gen_loss_tracker: 生成器の損失
          disc_loss_tracker: 識別器の損失
        '''
        return [self.gen_loss_tracker, self.disc_loss_tracker]

    def compile(self, d_optimizer, g_optimizer, loss_fn):
        '''Conditional GANモデルをコンパイルする

        Parameters:
          d_optimizer: 識別器のオプティマイザー
          g_optimizer: 生成器のオプティマイザー
          loss_fn(int): ノイズの次元数
        '''
        # Conditional GANモデルをコンパイル
        super(ConditionalGAN, self).compile()
        # 識別器のオプティマイザーをセット
        self.d_optimizer = d_optimizer
        # 生成器のオプティマイザーをセット
        self.g_optimizer = g_optimizer
```

```
        # 損失関数をセット
        self.loss_fn = loss_fn

    @tf.function
    def train_step(self, data):
        '''学習を行う

        Returns:
          data: データセット
        '''
        # データセットから画像と正解ラベルを抽出
        real_images, one_hot_labels = data

        # ミニバッチの正解ラベルを(bs,10)->(bs, 10, 1, 1)に拡張
        image_one_hot_labels = one_hot_labels[:, :, None, None]
        # (bs, 10, 1, 1)をイメージのサイズ(28×28)繰り返す
        # 出力(bs×10×28×28,)
        image_one_hot_labels = tf.repeat(
            image_one_hot_labels,
            repeats=[image_size * image_size]
        )
        # データセットの正解ラベルを画像データと結合できるように形状変換
        # 出力(bs, 28, 28, 10)
        image_one_hot_labels = tf.reshape(
            image_one_hot_labels, (-1, image_size, image_size, num_classes)
        )

        # -----ノイズと正解ラベルを結合したテンソル-----
        # random_latent_vectors: (bs, 138)
        #
        # バッチサイズと同じ要素数のテンソルを生成
        # (データセットの画像数,)
        batch_size = tf.shape(real_images)[0]
        # 標準正規分布からサンプリングして(bs,ノイズの次元数)のテンソルを作成
        random_latent_vectors = tf.random.normal(
            shape=(batch_size, self.latent_dim))
        # (bs, ノイズの次元数(128))とデータセットの正解ラベル(bs, 10)を結合
        # 出力(bs, 138)
        random_vector_labels = tf.concat(
            [random_latent_vectors, one_hot_labels], axis=1
```

```
        )

        # ノイズを生成器に入力してフェイク画像を取得
        # (bs, 28, 28, 1)
        generated_images = self.generator(random_vector_labels)

        # ----フェイク画像と正解ラベルのテンソル----
        # fake_image_and_labels: (bs, 28, 28, 11)
        #
        # フェイク画像(bs, 28, 28, 1)と
        # 画像サイズに拡張した正解ラベル(bs, 28, 28, 10)を-1の次元で結合
        # 出力(bs, 28, 28, 11)
        fake_image_and_labels = tf.concat(
            [generated_images, image_one_hot_labels],
             -1)

        # ----オリジナル画像と正解ラベルのテンソル----
        # real_image_and_labels: (bs, 28, 28, 11)
        #
        # オリジナルの画像データ(bs, 28, 28, 1)と
        # 画像のサイズに拡張した正解ラベル(bs, 28, 28, 10)を-1の次元で結合
        # 出力(bs, 28, 28, 11)
        real_image_and_labels = tf.concat(
            [real_images, image_one_hot_labels],
             -1)

        # ----フェイク画像とオリジナル画像を結合したテンソル----
        # combined_images: (bs×2, 28, 28, 11)
        #
        # フェイク画像と正解ラベルのテンソル(bs, 28, 28, 11)と
        # オリジナルの画像と正解ラベルのテンソル(bs, 28, 28, 11)を
        # axis=0(列方向)で結合→(bs×2, 28, 28, 11)
        combined_images = tf.concat(
            [fake_image_and_labels, real_image_and_labels], axis=0
        )

        # 1で初期化した正解ラベルと0で初期化した正解ラベルを
        # それぞれバッチサイズの数だけ生成
        # 出力(bs*2, 1)
        labels = tf.concat(
```

```
    [tf.ones((batch_size, 1)), tf.zeros((batch_size, 1))], axis=0
)

# -----識別器の学習-----
# 自動微分による勾配計算を記録するブロック
with tf.GradientTape() as tape:
    # フェイク画像とオリジナル画像のセット
    # combined_images(bs×2, 28, 28, 11)を識別器に入力
    predictions = self.discriminator(combined_images)
    # フェイク画像を本物(1)と誤判定できない誤差と
    # オリジナル画像を偽(0)と誤判定できない誤差を取得
    d_loss = self.loss_fn( labels,
                          predictions)
# tapeに記録された操作を使用して誤差の勾配を計算
grads = tape.gradient(
    # 現在のステップの誤差
    d_loss,
    # 識別器のバイアス、重みのリストを取得
    self.discriminator.trainable_weights)
# オプティマイザーによるバックプロパゲーションで
# 識別器のバイアス、重みを更新
# フェイク画像を本物、オリジナルを偽と誤判定するように学習する
self.d_optimizer.apply_gradients(
    zip(grads, self.discriminator.trainable_weights)
)

# -----生成器の学習-----

# ----ノイズと正解ラベルのテンソル----
# random_vector_labels: (bs, 138)
#
# 標準正規分布からサンプリングして
# (bs,ノイズの次元数)のテンソルを作成
random_latent_vectors = tf.random.normal(
    shape=(batch_size, self.latent_dim))
# ノイズ(bs,ノイズの次元数(128))と
# データセットの正解ラベル(bs, 10)を1の次元で結合
# 出力(bs, 138)
random_vector_labels = tf.concat(
    [random_latent_vectors, one_hot_labels], axis=1
```

```
        )

        # 正解ラベル0をバッチサイズだけ作成
        # 出力(bs, 1)
        misleading_labels = tf.zeros((batch_size, 1))

        # 自動微分による勾配計算を記録するブロック
        with tf.GradientTape() as tape:
            # ノイズrandom_vector_labels(bs, 138)を生成器に入力
            fake_images = self.generator(random_vector_labels)
            # フェイク画像(bs, 28, 28, 1)と
            # 正解ラベルを画像のサイズに拡張した(bs, 28, 28, 10)を
            # -1の次元で連結 -> (bs, 28, 28, 11)
            fake_image_and_labels = tf.concat(
                [fake_images, image_one_hot_labels],
                -1)
            # フェイク画像を識別器に入力
            predictions = self.discriminator(fake_image_and_labels)
            # フェイク画像を偽(0)と識別できない誤差を取得
            g_loss = self.loss_fn(misleading_labels, # 正解ラベル0
                                  predictions)
        # tapeに記録された操作を使用して誤差の勾配を計算
        grads = tape.gradient(
            # 現在のステップの誤差
            g_loss,
            # 生成器のバイアス、重みのリストを取得
            self.generator.trainable_weights)
        # オプティマイザーによるバックプロパゲーションで
        # 生成器のバイアス、重みを更新
        self.g_optimizer.apply_gradients(
            zip(grads, self.generator.trainable_weights))

        # 損失値を更新
        self.gen_loss_tracker.update_state(g_loss)
        self.disc_loss_tracker.update_state(d_loss)

        return {
            'g_loss': self.gen_loss_tracker.result(),
            'd_loss': self.disc_loss_tracker.result(),
        }
```

▼学習を行う

セル7

```
%%time
# モデルを生成
cond_gan = ConditionalGAN(
    discriminator=discriminator,
    generator=generator,
    latent_dim=latent_dim
)
# オプティマイザーを設定してモデルをコンパイルする
cond_gan.compile(
    d_optimizer=keras.optimizers.Adam(learning_rate=0.0003),
    g_optimizer=keras.optimizers.Adam(learning_rate=0.0003),
    loss_fn=keras.losses.BinaryCrossentropy(from_logits=True),
)
# エポック数を20にして学習を開始
cond_gan.fit(dataset, epochs=20)
```

▼出力

```
Epoch 1/20
1094/1094 [==============================] - 64s 29ms/step - g_loss: 1.5343 - d_loss: 0.4224
.........途中省略.........
Epoch 18/20
1094/1094 [==============================] - 33s 31ms/step - g_loss: 0.7737 - d_loss: 0.6761
Epoch 19/20
1094/1094 [==============================] - 33s 30ms/step - g_loss: 0.7650 - d_loss: 0.6784
Epoch 20/20
1094/1094 [==============================] - 33s 30ms/step - g_loss: 0.7951 - d_loss: 0.6703
CPU times: user 6min 59s, sys: 21.1 s, total: 7min 20s
Wall time: 13min 29s
```

■学習済みの生成器にノイズを入力して画像を生成してみる

学習済みの生成器にノイズを入力し、画像を生成してみましょう。

▼生成器が出力した画像を描画する関数

セル8
```
import matplotlib.pyplot as plt
%matplotlib inline

def plot_multiple_images(images, n_cols=None):
    '''
    Parameters:
      images: 生成器によって生成された画像
      n_cols: 描画領域の列数
    '''
    # 描画領域の列数を取得
    n_cols = n_cols or len(images)
    # 描画領域の行数を取得
    n_rows = (len(images) - 1) // n_cols + 1
    # 生成画像の最後の次元が1の場合は削除する
    # (bs, 28, 28, 1) -> (bs, 28, 28)
    if images.shape[-1] == 1:
        images = np.squeeze(images, axis=-1)
    # 描画エリアを設定
    plt.figure(figsize=(n_cols, n_rows))
    # 画像を出力
    for index, image in enumerate(images):
        plt.subplot(n_rows, n_cols, index + 1)
        plt.imshow(image, cmap='binary')
        plt.axis('off')
```

▼ノイズを生成

セル9
```
trained_gen = cond_gan.generator

# 生成器で生成する画像の枚数を設定
num_interpolation = 10

# ノイズを生成: 出力(1, 128)
```

```
# latent_dim=128
interpolation_noise = tf.random.normal(shape=(1, latent_dim))
# 生成したノイズをnum_interpolationの数だけ繰り返す
# 出力(128×num_interpolation,)->(1280,)
interpolation_noise = tf.repeat( interpolation_noise,
                                  repeats=num_interpolation)
# テンソルの形状を変換
# (1280,)->(num_interpolation, latent_dim)->(10, 128)
interpolation_noise = tf.reshape(interpolation_noise,
                                  (num_interpolation, latent_dim))
```

▼ノイズを学習済みの生成器に入力して画像を生成する関数

セル10

```
def interpolate_class(first_number, second_number):
    # 開始クラスの正解ラベルをOne-hotエンコーディングする：(1, 10)
    # num_classesはクラスの数
    first_label = keras.utils.to_categorical([first_number], num_classes)
    first_label = tf.cast(first_label, tf.float32)
    # 終了クラスの正解ラベルをOne-hotエンコーディングする：(1, 10)
    second_label = keras.utils.to_categorical([second_number], num_classes)
    second_label = tf.cast(second_label, tf.float32)

    # One-hot化された正解ラベルをノイズの数だけ生成：(num_interpolation, 10)
    # 0から1に増加するテンソルをnum_interpolationの数だけ作成
    percent_second_label = tf.linspace(0, 1, num_interpolation)[:, None]
    # float32にキャスト
    percent_second_label = tf.cast(percent_second_label, tf.float32)
    # 開始クラスのラベルビット(1)を減少させ、
    # 終了クラスのラベルビット(1)を増加させる
    # first_label*(1 - percent_second_label) + second_label*percent_second_label
    # 出力(num_interpolation, 10)
    interpolation_labels = (
        first_label*(1 - percent_second_label) + second_label*percent_second_label
    )

    # ノイズ(num_interpolation(ノイズ数), latent_dim(128))と
    # ラベル(num_interpolation(ノイズ数), 10)を1の次元で結合
    # 出力：(num_interpolation(ノイズ数), 138)
    noise_and_labels = tf.concat([interpolation_noise, interpolation_labels], 1)
    # 推論モードの生成器に入力して生成画像を取得
```

```
    # (num_interpolation(ノイズ数), 28, 28, 1)
    fake = trained_gen.predict(noise_and_labels)

    return fake
```

▼訓練済みの生成器でフェイク画像を生成

セル11

```
# 正解ラベル0と9を設定
fake_2 = interpolate_class(0, 9)
fake_2 *= 255.0
plot_multiple_images(fake_2, 10) # 1行に10枚ずつ出力
# 正解ラベル3を設定
fake_3 = interpolate_class(3, 3)
fake_3 *= 255.0
plot_multiple_images(fake_3, 10) # 1行に10枚ずつ出力
# 正解ラベル4を設定
fake_4 = interpolate_class(4, 4)
fake_4 *= 255.0
plot_multiple_images(fake_4, 10) # 1行に10枚ずつ出力
# 正解ラベル5を設定
fake_5 = interpolate_class(5, 5)
fake_5 *= 255.0
plot_multiple_images(fake_5, 10) # 1行に10枚ずつ出力
# 正解ラベル6を設定
fake_6 = interpolate_class(6, 6)
fake_6 *= 255.0
plot_multiple_images(fake_6, 10) # 1行に10枚ずつ出力
# 正解ラベル7を設定
fake_7 = interpolate_class(7, 7)
fake_7 *= 255.0
plot_multiple_images(fake_7, 10) # 1行に10枚ずつ出力
```

▼出力

1行目は、正解ラベル0と9を指定し、One-hot表現の0番目のビットが1.0から徐々に減少し、逆に9番目のビットが0.0から徐々に1.0に近づくようにしたものです。出力された画像を見ると、数字の0の形から徐々に9の形に変わっているのがわかります。

NOTE

Appendix A ディープラーニングの数学的要素

A.1 ニューラルネットワークのデータ表現：テンソル

ニューラルネットワークやディープラーニングの処理には、ベクトルや行列の計算が不可欠です。PythonのNumPy（ナンパイ）は、計算に便利な関数やメソッドを数多く含む、分析処理の定番ともいえるライブラリで、テンソルの基本的な処理が学べます。PyTorchやTensorFlowを使う際にも共通して参考になりますので、ここではNumPyを用いて解説することにします。

NumPyの配列には次元の概念があり、1次元配列でベクトル、2次元で行列を表現でき、3次元で行列を要素に持つ配列……というように、次元を増やすことができます。ただ、これだと少々わかりづらいので、代わりに「**テンソル**」という用語が用いられます。1次元配列は「1階テンソル」、2次元配列は「2階テンソル」という具合です。このときの「階」はすなわち「次元」のことですが、テンソルではこれを**軸**といいます。

画像データの場合、ピクセル値が2次元の平面上にびっしりとタテ・ヨコに並んだ2階テンソルが使われます。ただ、扱う画像の数は数枚～数千枚以上と多いので、画像1枚の2階テンソルを要素に持つ3階テンソルにまとめられるのが常です。

NumPyは、import文を使って組み込み（インポート）を行うことで使えるようになります。NumPyはPythonの標準ではなく、外部のライブラリなので、使用するときはインポートの処理が必要になります。インポートを行えば、ノートブックの以降のセルで有効になるので、以降はインポートの処理は必要ありません。

▼NumPyのインポート

```
import numpy as np
```

これは「NumPyを読み込んでnpという名前で使えるようにする」ことを意味します。以降は「np.関数名()」のように書けば、NumPyに収録されている関数やメソッドが使えます。NumPy配列の生成は、array()で行います。

A.1.1 NumPyのスカラー（0階テンソル）

数値を1つしか格納していないテンソルは、**スカラー**と呼びます。**0階テンソル**や**スカラーテンソル**と呼ばれることもあります。ここでは、「15」という数値を格納した0階テンソルを作成し、その構造とデータ型、軸の数（階数）を調べてみます。

▼0階テンソル（スカラー）を生成

```
In
import numpy as np    # NumPyを読み込んでnpという名前で使えるようにする
In
x = np.array(15)      # 0階テンソルを生成
x
Out
array(15)
In
x.dtype               # dtype属性でデータ型を調べる
Out
dtype('int32')
In
x.ndim                # ndim属性で軸の数（階数）を調べる
Out
0
```

A.1.2 NumPyのベクトル（1階テンソル）

線形代数では、「要素を縦または横に一列に並べたもの」を**ベクトル**と呼びます。これは、NumPyの1次元配列ですので、**1階テンソル**になります。

▼ベクトル（1階テンソル）を作成して要素を出力する

```
In
import numpy as np          # NumPyのインポート
In
x = np.array([1, 2, 3])     # 1階テンソル
x
Out
array([1, 2, 3])
In
x.ndim                      # ndim属性で軸の数（階数）を調べる
Out
1
```

●ベクトル（1階テンソル）の要素を参照する

```
ベクトル名[ インデックス ]
```


▼ベクトルの要素の参照と書き換え

```
x[0]            # 1つ目の要素を参照
Out
1
In
x[2] = 100      # 3番目の要素を100に変更する
x
Out
array([   1,    2, 100])
```

A.1.3 NumPyの行列（2階テンソル）

NumPyの2次元配列は行列です。行列は、行（row）と列（column）の2つの軸を持つため、**2階テンソル**です。

▼行列（2階テンソル）の生成

```
In
import numpy as np      # NumPyのインポート
In
# 行列（2階テンソル）
x = np.array([[10, 15, 20, 25, 30],
              [20, 30, 40, 50, 60],
              [50, 53, 56, 59, 62]])
x
Out
xarray([[10, 15, 20, 25, 30],
        [20, 30, 40, 50, 60],
        [50, 53, 56, 59, 62]])
In
x.ndim                    # ndim属性で軸の数（階数）を調べる
Out
2
```

1つ目の軸の要素を行、2つ目の軸の要素を列と呼びます。

先の例では、[10, 15, 20, 25, 30]が第1行、[10, 20, 50]が第1列になります。

A.1.4 3階テンソルとより高階数のテンソル

行列を新しい配列に格納すると、3階テンソルになります。視覚的には、行列が立体的に並んだものとしてイメージできます。

▼3階テンソルの生成

In

```
import numpy as np  # NumPyのインポート
```

In

```
# 3階テンソル
x = np.array([[[10, 15, 20, 25, 30],
               [20, 30, 40, 50, 60],
               [50, 53, 56, 59, 62]],
              [[10, 15, 20, 25, 30],
               [20, 30, 40, 50, 60],
               [50, 53, 56, 59, 62]],
              [[10, 15, 20, 25, 30],
               [20, 30, 40, 50, 60],
               [50, 53, 56, 59, 62]]])
x
```

Out

```
array([[[10, 15, 20, 25, 30],
        [20, 30, 40, 50, 60],
        [50, 53, 56, 59, 62]],

       [[10, 15, 20, 25, 30],
        [20, 30, 40, 50, 60],
        [50, 53, 56, 59, 62]],

       [[10, 15, 20, 25, 30],
        [20, 30, 40, 50, 60],
        [50, 53, 56, 59, 62]]])
```

In

```
x.ndim  # ndim属性で軸の数(階数)を調べる
```

Out

```
3
```

さらに、3階テンソルに新たな軸を加えると、4階テンソルになります。一般的にディープラーニングで扱うのは0階から4階テンソルまでです。ただし、動画データの処理では5階テンソルを使うことがあります。

A.2 ニューラルネットワークを回す（ベクトルの演算）

NumPyの配列は、すなわちベクトル（1階テンソル）です。ここでは、ベクトルの演算について見ていきましょう。

A.2.1 ベクトルの算術演算

ベクトルx、yの要素数が同じであれば、各要素ごとの算術演算が可能です。

▼ベクトル同士の演算

```
In
import numpy as np    # NumPyのインポート
In
x = np.array([1, 2, 3])
y = np.array([4, 5, 6])
x + y                  # 要素ごとの足し算
Out
array([5, 7, 9])

In
x - y                  # 要素ごとの引き算
Out
array([-3, -3, -3])

In
x * y                  # 要素ごとの掛け算
Out
array([ 4, 10, 18])

In
x / y                  # 要素ごとの割り算
Out
array([0.25, 0.4 , 0.5 ])
```

A.2.2 ベクトルのスカラー演算

要素を1つしか持たない0階テンソルはスカラーと呼ばれるのでした。これとは別に、線形代数では、「大きさのみで表され、方向を持たない量」のことを**スカラー**と呼びます。すなわち、0や1、2などの独立した単一の値がスカラーです。0階テンソルのスカラーも、単一の数値のスカラーも、プログラム上では同じように扱えます。

さて、Pythonのリストは1次元配列ですが、すべての要素に同じ数を加えたり、あるいは2倍するような場合は、forなどで処理を繰り返す必要があります。これに対し、NumPyの1次元配列(ベクトル)は、ループを使わずに一括処理が行えます。これは、NumPyの**ブロードキャスト**と呼ばれる仕組みによって実現されます。

ベクトル、すなわち1階テンソルに対して四則演算子でスカラー演算を行うと、すべての成分(要素)に対して演算が行われます。

▼ベクトル(1階テンソル)を作成して四則演算を行う

In
```
import numpy as np    # NumPyのインポート
```
In
```
# dtypeで型を指定してベクトルを生成
x = np.array([1, 2, 3, 4, 5], dtype = float)
# 0階テンソル(スカラー)を生成
y = np.array(10)
# ベクトルに0階テンソルを加算
print(x + y)
```
Out
```
[11. 12. 13. 14. 15.]
```

In
```
print(x + 10)          # スカラーを加算
```
Out
```
[11. 12. 13. 14. 15.]
```

In
```
print(x - 1)           # 減算
```
Out
```
[0. 1. 2. 3. 4.]
```

In
```
print(x * 10)          # 乗算
```
Out
```
[10. 20. 30. 40. 50.]
```

▼割り算

In

```
print(x / 2)    # 除算
```

Out

```
[0.5 1.  1.5 2.  2.5]
```


A.2.3 ベクトル同士の四則演算

ベクトル同士を四則演算子で演算すると、同じ次元の成分同士の演算が行われます。NumPyの配列で表現するベクトルは1次元配列なので、

array([1., 3., 5.])

は、ベクトルの記法で表すと

$$(1 \quad 3 \quad 5)$$

となります。このように横方向に並んだものを特に**行ベクトル**と呼びます。上記の例だと、成分が3つあるので「3次元行ベクトル」になります。1が「第1成分」、3が「第2成分」、5が「第3成分」です。

さて、ベクトル同士の演算は、「次元数が同じである」ことが条件です。次元数が異なるベクトル同士を演算すると、どちらかの成分が余ってしまうのでエラーになります。

ベクトル同士の演算は、次のように行われます。

$$(a_1 \quad a_2 \quad a_3) + (b_1 \quad b_2 \quad b_3) = (a_1 + b_1 \quad a_2 + b_2 \quad a_3 + b_3)$$

NumPyのブロードキャストの仕組みによって、同じ次元の成分同士が計算されます。

■ベクトル同士の加算と減算

ベクトル同士の計算は、列ベクトルでも行ベクトルでも計算のやり方は同じですので、ここでは列ベクトルを例にします。

$$\boldsymbol{u} = \begin{pmatrix} u_1 \\ u_2 \\ u_3 \end{pmatrix} = \begin{pmatrix} 1 \\ 5 \\ 9 \end{pmatrix}, \ \boldsymbol{v} = \begin{pmatrix} v_1 \\ v_2 \\ v_3 \end{pmatrix} = \begin{pmatrix} 1 \\ 0 \\ 3 \end{pmatrix}$$

としたとき、次の「ベクトルの加算」、「ベクトルの減算」、「ベクトルの定数倍」が成り立ちます。

$$\boldsymbol{u}+\boldsymbol{v}=\begin{pmatrix}u_1+v_1\\u_2+v_2\\u_3+v_3\end{pmatrix}=\begin{pmatrix}1+1\\5+0\\9+3\end{pmatrix}=\begin{pmatrix}2\\5\\12\end{pmatrix}$$

$$\boldsymbol{u}-\boldsymbol{v}=\begin{pmatrix}u_1-v_1\\u_2-v_2\\u_3-v_3\end{pmatrix}=\begin{pmatrix}1-1\\5-0\\9-3\end{pmatrix}=\begin{pmatrix}0\\5\\6\end{pmatrix}$$

$$4\boldsymbol{u}=4\begin{pmatrix}u_1\\u_2\\u_3\end{pmatrix}=4\begin{pmatrix}1\\5\\9\end{pmatrix}=\begin{pmatrix}4\times1\\4\times5\\4\times9\end{pmatrix}=\begin{pmatrix}4\\20\\36\end{pmatrix}$$

このように、ベクトル同士の和と差やベクトルの実数倍は、成分ごとに計算することで求められます。

▼ベクトル同士を演算する

In
```
import numpy as np    # NumPyのインポート
```
In
```
vec1 = np.array([10, 20, 30])
vec2 = np.array([40, 50, 60])
```
In
```
print(vec1 + vec2)     # ベクトル同士の足し算
```
Out
```
[50 70 90]
```
```
print(vec1 - vec2)     # ベクトル同士の引き算
```
Out
```
[-30 -30 -30]
```
In
```
print(4 * vec1)        # ベクトルの定数倍
```
Out
```
[ 40  80 120]
```
In
```
print(vec1 / vec2)     # ベクトル同士の割り算
```
Out
```
[0.25 0.4  0.5 ]
```

本来、ベクトル同士では割り算は行えませんが、NumPyの配列で表現するベクトルは、次元数が同じであればブロードキャストの仕組みが働いて同じ次元の成分同士の割り算が行われます。

A.2.4 ベクトルのアダマール積を求める

NumPyの配列で表現するベクトルは1階テンソルなので、行、列の概念がありません。足し算や引き算と同様に、同じ次元数のベクトル同士の掛け算をすると、同じ次元の成分同士の掛け算が行われます。これをベクトルの**アダマール積**と呼びます。アダマール積は、ブロードキャストの仕組みによって実現されます。なお、アダマール積は、一般的に⊙の記号で表します。

▼ベクトル同士のアダマール積

$$(a_1 \quad a_2 \quad a_3) \odot (b_1 \quad b_2 \quad b_3) = (a_1 b_1 \quad a_2 b_2 \quad a_3 b_3)$$

▼ベクトル同士のアダマール積を求める

In
```
import numpy as np    # NumPyのインポート
```
In
```
vec1 = np.array([10, 20, 30])
vec2 = np.array([40, 50, 60])

```
In
```
print(vec1 * vec2)      # アダマール積を求める
```
Out
```
[ 400 1000 1800]
```

A.2.5 ベクトルの内積を求める

ベクトル同士の成分の積の和を**内積**と呼びます。ベクトル$\boldsymbol{a}$と$\boldsymbol{b}$の内積は、真ん中に「・」(ドット)を入れて

$$\boldsymbol{a} \cdot \boldsymbol{b}$$

と表します。2次元ベクトル$\boldsymbol{a} = \begin{pmatrix} 2 \\ 3 \end{pmatrix}$と$\boldsymbol{b} = \begin{pmatrix} 4 \\ 5 \end{pmatrix}$の内積は、

$$\boldsymbol{a} \cdot \boldsymbol{b} = \begin{pmatrix} 2 \\ 3 \end{pmatrix} \cdot \begin{pmatrix} 4 \\ 5 \end{pmatrix} = 2 \cdot 4 + 3 \cdot 5 = 23$$

のように、第1成分同士、第2成分同士を掛けて和を求めます。

3次元ベクトル$\boldsymbol{a} = \begin{pmatrix} 4 \\ 5 \\ -6 \end{pmatrix}$と$\boldsymbol{b} = \begin{pmatrix} -2 \\ 3 \\ -1 \end{pmatrix}$の内積は、

$$\boldsymbol{a} \cdot \boldsymbol{b} = \begin{pmatrix} 4 \\ 5 \\ -6 \end{pmatrix} \cdot \begin{pmatrix} -2 \\ 3 \\ -1 \end{pmatrix} = 4 \cdot (-2) + 5 \cdot 3 + (-6) \cdot (-1) = 13$$

のように、同じ成分同士を掛けて和を求めます。NumPyの配列(正確にはndarrayオブジェクト)には、ベクトルの内積を求めるdot()関数が用意されています。なお、NumPyのベクトルは1次元配列なので、タテ、ヨコの区別がありません。通常の1次元配列を生成して、2つのベクトルをdot()関数の引数にして実行すると内積が求められます。

▼ベクトルの内積を求める

```
In
import numpy as np    # NumPyのインポート
In
vec1 = np.array([2, 3])
vec2 = np.array([4, 5])
np.dot(vec1, vec2)     # vec1とvec2の内積を求める
Out
23

In
vec3 = np.array([4, 5, -6])
vec4 = np.array([-2, 3, -1])
np.dot(vec3, vec4)     # vec3とvec4の内積を求める
Out
13
```

A.3 ニューラルネットワークを回す(行列の演算)

NumPyの2次元配列で行列を表現できます。行列は、行と列の2つの軸を持つので、2階テンソルです。ここでは線形代数の基本に基づき、行列の演算方法を、ニューラルネットワークで必要になる部分のみをピックアップして見ていきます。行列とは、数の並びのことで、次のようにタテとヨコに数を並べることで表現します。

$$\begin{pmatrix} 1 & 5 \\ 10 & 15 \end{pmatrix} \cdots\cdots\cdots\cdots\cdots ①$$

$$\begin{pmatrix} 1 & 5 & 7 \\ 8 & 3 & 9 \end{pmatrix} \cdots\cdots\cdots\cdots\cdots ②$$

$$\begin{pmatrix} 6 & 8 \\ 4 & 2 \\ 7 & 3 \end{pmatrix} \cdots\cdots\cdots\cdots\cdots ③$$

$$\begin{pmatrix} 8 & 1 & 6 \\ 9 & 7 & 5 \\ 4 & 2 & 3 \end{pmatrix} \cdots\cdots\cdots\cdots\cdots ④$$

このように( )の中に数を並べると、それが行列になります。ヨコの並びを**行**、縦の並びを**列**と呼び、行、列とも数をいくつ並べてもかまいません。

①は2行2列の行列、②は2行3列の行列、③は3行2列の行列、④は3行3列の行列です。

A.3.1 行列の構造

行列の構造を見ていきます。

●正方行列

タテに並んだ数の個数とヨコに並んだ数の個数が同じとき、特に**正方行列**といいます。①の2行2列、④の3行3列の行列が正方行列です。

●行ベクトルや列ベクトルの形をした行列

一方、数学には数字の組を表す**ベクトル**があります。行列は行、列ともに数をいくつ並べてもかまいませんが、ベクトルは、次のように数字の組が1行、または1列のどちらかだけになります。

$$\begin{pmatrix} 5 & 8 & 2 & 6 \end{pmatrix} \cdots\cdots\cdots\cdots ⑤$$

$$\begin{pmatrix} 3 \\ 5 \\ 4 \end{pmatrix} \cdots\cdots\cdots\cdots\cdots\cdots ⑥$$

⑤は行ベクトルですが、1行4列の行列と見なすことができます。また、⑥は列ベクトルですが、3行1列の行列と見なすことができます。

●**行列の行と列**

次に行列の中身について見ていきましょう。

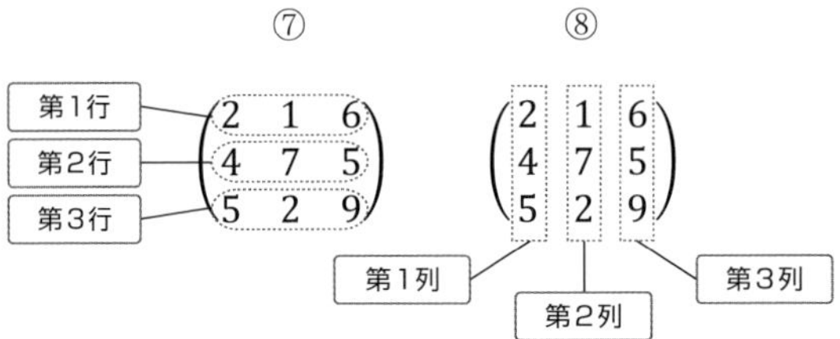

同じ行列を左右に並べてありますが、⑦のように行を数える場合は上から第1行、第2行、第3行となり、⑧のように列を数える場合は左から第1列、第2列、第3列となります。

●**行列の中身は「成分」**

行列に書かれた数字のことを**成分**と呼びます。⑦の1行目の3列目の6は、第1行第3列の成分です。これを

●**成分の表記**

6は(1, 3)成分である

のように、(行, 列)の形式で表します。

A.3.2 多次元配列で行列を表現する

NumPyの配列は多次元配列に対応しています。1次元の配列はベクトルで、2次元の配列が行列(matrix)になります。array()の引数としてリストを指定すると、1次元配列つまりベクトルになり、二重構造のリストを指定すると2次元配列つまり行列が作成できます。次は、(3行, 3列)の行列を作成する例です。

▼**行列を作成する**

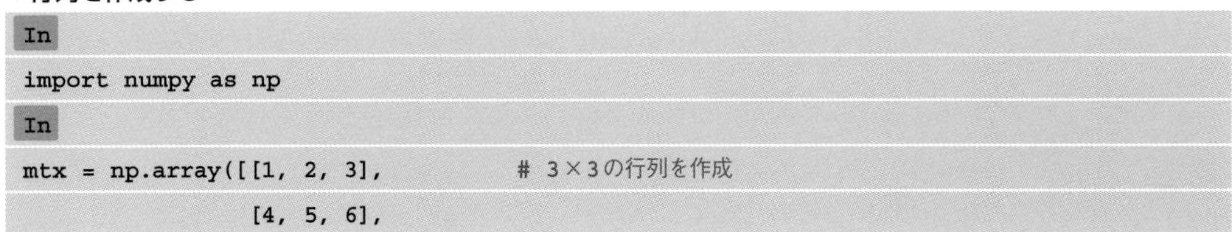

In
```
import numpy as np
```
In
```
mtx = np.array([[1, 2, 3],          # 3×3の行列を作成
                [4, 5, 6],
```

```
                  [7, 8, 9]],
                  dtype = float)

In
mtx
Out
array([[ 1.,  2.,  3.],  ←3行×3列の行列が作成されている
       [ 4.,  5.,  6.],
       [ 7.,  8.,  9.]])
```


A.3.3 行列のスカラー演算

ベクトルと同じように、行列に対してスカラー演算を行うと、行列のすべての成分に対して演算が行われます。この処理についても「ブロードキャスト」によって実現されます。

▼行列のスカラー演算

```
In
import numpy as np             # NumPyのインポート
In
mtx = np.array([[1, 2, 3],     # (3, 3)の行列を作成
                [4, 5, 6],
                [7, 8, 9]],
                dtype = float)

In
print(mtx + 10)                # 足し算
Out
[[11. 12. 13.]
 [14. 15. 16.]
 [17. 18. 19.]]

In
print(mtx - 10)                # 引き算
Out
[[-9. -8. -7.]
 [-6. -5. -4.]
 [-3. -2. -1.]]

In
```

```
print(mtx*2)                    # 乗算
Out
[[ 2.  4.  6.]
 [ 8. 10. 12.]
 [14. 16. 18.]]

In
mtx / 2                         # 除算
Out
[[0.5 1.  1.5]
 [2.  2.5 3. ]
 [3.5 4.  4.5]]
```

A.3.4 行列の定数倍

スカラー演算のうち、行列にある数を掛けることを「**行列の定数倍**」と呼びます。ある数を掛けて行列のすべての成分を○○倍します。次の行列

$$\boldsymbol{A} = \begin{pmatrix} 1 & 2 \\ 3 & 4 \end{pmatrix}$$

を3で定数倍すると、以下のようになります。

$$3\boldsymbol{A} = 3\begin{pmatrix} 1 & 2 \\ 3 & 4 \end{pmatrix} = \begin{pmatrix} 3\times1 & 3\times2 \\ 3\times3 & 3\times4 \end{pmatrix} = \begin{pmatrix} 3 & 6 \\ 9 & 12 \end{pmatrix}$$

▼行列の定数倍

```
In
import numpy as np    # NumPyのインポート
In
A = np.array([[1, 2], # (2, 2)の行列を作成
              [3, 4]])
print(3*A)
Out
[[ 3  6]
 [ 9 12]]
```

また、すべての成分が同一の分母を持つ分数の場合、次のように分母を定数として行列の外に出すと、スッキリと表現できます。

$$\begin{pmatrix} \frac{1}{2} & \frac{2}{2} \\ \frac{3}{2} & \frac{4}{2} \end{pmatrix} = \frac{1}{2}\begin{pmatrix} 1 & 2 \\ 3 & 4 \end{pmatrix}$$

A.3.5 行列の成分にアクセスする

行列の成分へのアクセスには、リストと同じようにブラケット演算子[ ]を使って

●行列の成分へのアクセス

[行開始インデックス：行終了インデックス, 列開始インデックス：列終了インデックス]

のように指定します。開始インデックスは0から始まります。終了インデックスは、指定したインデックスの直前までが参照されるので注意してください。

▼行列の成分へのアクセス

In
```
import numpy as np
```
In
```
mtx = np.array([[1, 2, 3],      # (3, 3)の行列を作成
                [4, 5, 6],      # dtypeを指定しない場合は
                [7, 8, 9]]      # 成分の値に対応した型になる
               )
```
In
```
mtx.dtype                       # データの型を確認
```
Out
```
dtype('int32')
```
In
```
mtx[0]                          # 1行目のすべての成分
```
Out
```
array([1, 2, 3])
```
In
```
mtx[0,]                         # 1行目のすべての成分
```
Out
```
array([1, 2, 3])
```
In
```
mtx[0, :]                       # 1行目のすべての成分
```

A ディープラーニングの数学的要素

```
Out
array([1, 2, 3])
In
mtx[:, 0]                    # 1列目のすべての成分
Out
array([1, 4, 7])
In
mtx[1, 1]                    # 2行、2列の成分
Out
5
In
mtx[0:2, 0:2]                # 1行～2行、1列～2列の部分行列を抽出
Out
array([[1, 2],
       [4, 5]])
```

A.3.6 行列の成分同士の加算・減算をする

行列のすべての成分に対して演算が行われる仕組みが**ブロードキャスト**です。行列に対してスカラー演算を行うと、ブロードキャストの仕組みによってすべての成分に同じ演算が適用されます。このようなブロードキャストの仕組みを使って行列の足し算、引き算が行えます。

行列は、それぞれが区別できるように

$$\boldsymbol{A}=\begin{pmatrix}1 & 2\\3 & 4\end{pmatrix}\quad \boldsymbol{B}=\begin{pmatrix}4 & 3\\2 & 1\end{pmatrix}$$

と表します。そうすると、$\boldsymbol{A}$と$\boldsymbol{B}$の足し算を$\boldsymbol{A}+\boldsymbol{B}$、引き算を$\boldsymbol{A}-\boldsymbol{B}$と表せます。行列同士の足し算と引き算では、「同じ行と列の成分同士を足し算または引き算」します。

先のAとBの足し算をすると

$$\boldsymbol{A}+\boldsymbol{B}=\begin{pmatrix}1 & 2\\3 & 4\end{pmatrix}+\begin{pmatrix}4 & 3\\2 & 1\end{pmatrix}=\begin{pmatrix}1+4 & 2+3\\3+2 & 4+1\end{pmatrix}=\begin{pmatrix}5 & 5\\5 & 5\end{pmatrix}$$

となります。一方、引き算$A-B$は、

$$\boldsymbol{A}-\boldsymbol{B}=\begin{pmatrix}1 & 2\\3 & 4\end{pmatrix}-\begin{pmatrix}4 & 3\\2 & 1\end{pmatrix}=\begin{pmatrix}1-4 & 2-3\\3-2 & 4-1\end{pmatrix}=\begin{pmatrix}-3 & -1\\1 & 3\end{pmatrix}$$

となります。

▼行列の成分同士の足し算、引き算

In
```
import numpy as np
```
In
```
a = np.array([[1, 2],     # (2, 2)の行列を作成
              [3, 4]])
b = np.array([[4, 3],     # (2, 2)の行列を作成
              [2, 1]])
```
In
```
a + b                     # 成分同士の足し算
```
Out
```
array([[5, 5],
       [5, 5]])
```
In
```
a - b                     # 成分同士の引き算
```
Out
```
array([[-3, -1],
       [ 1,  3]])
```


A.3.7 行列のアダマール積

行列のアダマール積は、成分ごとの積です。対応する位置の値を掛け合わせて新しい行列を求めます。

▼アダマール積

$$\begin{pmatrix} a_1 & a_2 \\ a_3 & a_4 \end{pmatrix} \odot \begin{pmatrix} b_1 & b_2 \\ b_3 & b_4 \end{pmatrix} = \begin{pmatrix} a_1 b_1 & a_2 b_2 \\ a_3 b_3 & a_4 b_4 \end{pmatrix}$$

▼行列のアダマール積

In
```
import numpy as np
```
In
```
a = np.array([[2,3],
              [2,3]])
b = np.array([[3,4],
              [5,6]])
```

In
```
a * b  # Pythonの乗算演算子を使用します
```
Out
```
array([[ 6, 12],
       [10, 18]])
```

NumPyでは、行列とベクトルのアダマール積は、両者の次元がブロードキャストの要件を満たす限り、求めることが可能です。

▼ブロードキャストの要件を満たす場合のアダマール積

$$\begin{pmatrix} a_1 \\ a_2 \end{pmatrix} \odot \begin{pmatrix} b_1 & b_2 \\ b_3 & b_4 \end{pmatrix} = \begin{pmatrix} a_1 b_1 & a_1 b_2 \\ a_2 b_3 & a_2 b_4 \end{pmatrix}$$

このあと紹介する行列の内積では、(2行, 1列)と(2行, 2列)の計算は不可能です。しかし、アダマール積なら、ブロードキャストの仕組みによって次のように計算が可能です。

In
```
c = np.array([[2],          # タテ(列)ベクトルにする
              [3]])
d = np.array([[3,4],
              [5,6]])
```
In
```
a*b                         # Pythonの乗算演算子を使用します
```
Out
```
array([[ 6,  8],
       [15, 18]])
```

A.3.8 行列の内積を求める

行列の定数倍は、ある数を行列のすべての成分に掛けるので簡単でした。また、アダマール積も同じ成分同士の積なので計算はラクです。しかし、行列の積（内積）は、成分同士をまんべんなく掛け合わせなければならないので少々複雑です。

内積の計算の基本は、「行の順番の数と列の順番の数が同じ成分同士を掛けて足し上げる」ことです。1行目と1列目の成分、2行目と2列目の成分を掛けてその和を求める、という具合です。次の横ベクトルと縦ベクトルの計算は、(1行, 2列)と(2行, 1列)と見なして計算を行う必要があります。この場合は、

$$\begin{pmatrix} 2 & 3 \end{pmatrix} \begin{pmatrix} 4 \\ 5 \end{pmatrix} = 2 \cdot 4 + 3 \cdot 5 = 23$$

となり、(1, 3)行列と(3, 1)行列の場合は、

$$\begin{pmatrix} 1 & 2 & 3 \end{pmatrix} \begin{pmatrix} 4 \\ 5 \\ 6 \end{pmatrix} = 1 \cdot 4 + 2 \cdot 5 + 3 \cdot 6 = 32$$

となります。はじめに言っておくと、左側の行列の列の数と右側の行列の行の数が等しい場合にのみ、内積の計算が可能です。

次に、(1, 2)行列と(2, 2)行列の積です。この場合は、

$$\begin{pmatrix} 1 & 2 \end{pmatrix} \begin{pmatrix} 3 & 4 \\ 5 & 6 \end{pmatrix} = \begin{pmatrix} 1 \cdot 3 + 2 \cdot 5 & 1 \cdot 4 + 2 \cdot 6 \end{pmatrix} = \begin{pmatrix} 13 & 16 \end{pmatrix}$$

のように、右側の行列を列に分けて計算します。これは、

$\begin{pmatrix} 1 & 2 \end{pmatrix} \begin{pmatrix} 3 \\ 5 \end{pmatrix}$と$\begin{pmatrix} 1 & 2 \end{pmatrix} \begin{pmatrix} 4 \\ 6 \end{pmatrix}$を計算して、結果を$\begin{pmatrix} 13 & 16 \end{pmatrix}$のように並べる

ということです。

次に(2, 2)行列と(2, 2)行列の積を計算してみましょう。次のように点線で囲んだ成分で掛け算をするのがポイントです。

$$\begin{pmatrix} 1 & 2 \\ 3 & 4 \end{pmatrix} \begin{pmatrix} 5 & 6 \\ 7 & 8 \end{pmatrix} = \begin{pmatrix} 1 \cdot 5 + 2 \cdot 7 & 1 \cdot 6 + 2 \cdot 8 \\ 3 \cdot 5 + 4 \cdot 7 & 3 \cdot 6 + 4 \cdot 8 \end{pmatrix} = \begin{pmatrix} 19 & 22 \\ 43 & 50 \end{pmatrix}$$

この計算では、左側の行列は行に分け、右側の行列は列に分けて、行と列を組み合わせて掛け算をします。分解すると、

$(1 \quad 2)\begin{pmatrix}5\\7\end{pmatrix}$と$(1 \quad 2)\begin{pmatrix}6\\8\end{pmatrix}$を計算して結果を横に並べたあと、

$(3 \quad 4)\begin{pmatrix}5\\7\end{pmatrix}$と$(3 \quad 4)\begin{pmatrix}6\\8\end{pmatrix}$を計算して結果をその下に並べる

ということをやって、(2, 2)行列の形にしています。

さらに、(2, 3)行列と(3, 2)行列の積を計算してみましょう。今度は、右側の(3, 2)行列の成分が文字式になっています。点線で囲んだ成分で掛け算をするのは先ほどと同じですが、結果の成分が文字式になります。

$$\begin{pmatrix}2 & 3 & 4\\5 & 6 & 7\end{pmatrix}\begin{pmatrix}a & d\\b & e\\c & f\end{pmatrix}=\begin{pmatrix}2a+3b+4c & 2d+3e+4f\\5a+6b+7c & 5d+6e+7f\end{pmatrix}$$

(3, 3)行列と(3, 3)行列の積もやってみましょう。

$$\begin{pmatrix}2 & 3 & 4\\5 & 6 & 7\\8 & 9 & 10\end{pmatrix}\begin{pmatrix}a & d & g\\b & e & h\\c & f & i\end{pmatrix}=\begin{pmatrix}2a+3b+4c & 2d+3e+4f & 2g+3h+4i\\5a+6b+7c & 5d+6e+7f & 5g+6h+7i\\8a+9b+10c & 8d+9e+10f & 8g+9h+10i\end{pmatrix}$$

このように、行列の積ABは、(n, m)行列と(m, l)行列の積です。左側の行列Aの列の数mと右側の行列Bの行の数mが等しく、mであるのがポイントです。また、(n, m)行列と(m, l)行列の積は(n, l)行列になるという法則があります。

あと、点線で示したように、行列の積ABを求めるときは、Aのi行とBのj列を組み合わせて計算します。

迷いやすいのが、$(n, 1)$行列と$(1, l)$行列の積です。例えば、(3, 1)行列と(1, 3)行列の積は、

$$\begin{pmatrix}2\\3\\4\end{pmatrix}(a \quad b \quad c)=\begin{pmatrix}2a & 2b & 2c\\3a & 3b & 3c\\4a & 4b & 4c\end{pmatrix}$$

のようになります。行列の積では、左側の行列を行ごと、右側の行列を列ごとに分けますので、行成分、列成分がそれぞれ1個ずつの成分になり、積としての成分はそれぞれの積になります。

あと、注意点として、行列の積ABにおいて左側の行列Aの列の数と右側の行列Bの行の数が違うときは、積ABを求めることができません。(3, 2)行列と(3, 3)行列の積の計算は不可能です。

■行列同士の内積を求めてみる

NumPyのdot()メソッドは、引数に指定した行列同士の積を求めます。

▼行列同士の積を求める

In
```
import numpy as np
```
In
```
a = np.array([[1, 2],  # (2, 2)の行列を作成
              [3, 4]])
b = np.array([[5, 6],  # (2, 2)の行列を作成
              [7, 8]])
```
In
```
np.dot(a, b)            # 行列の積を求める
```
Out
```
array([[19, 22],
       [43, 50]])
```

A.3.9 行と列を入れ替えて「転置行列」を作る

行列の行と列を入れ替えたものを**転置行列**と呼びます。行列Aが

$$A = \begin{pmatrix} 1 & 2 & 3 \\ 4 & 5 & 6 \end{pmatrix}$$

のとき、転置行列${}^tA$は

$${}^tA = \begin{pmatrix} 1 & 4 \\ 2 & 5 \\ 3 & 6 \end{pmatrix}$$

となります。転置行列はtの記号を使って${}^tA$のように表します。転置行列には、次のような法則があります。

▼転置行列の演算に関する法則

$${}^t({}^tA) = A$$

$${}^t(A + B) = {}^tA + {}^tB$$

$${}^t(AB) = {}^tB\ {}^tA$$

3つ目の法則は、行列の積の転置は転置行列の積になることを示していますが、積の順番が入れ替わることに注意が必要です。なお、*A*、*B*は正方行列でなくても、和や積が計算できるのであれば、これらの法則が成り立ちます。

●transpose()で転置行列を求める

NumPyのtranspose()メソッドで転置行列を求めることができます。

▼転置行列を求める

```
In
import numpy as np
In
a = np.array([[1, 2, 3],    # (2, 3)の行列を作成
              [4, 5, 6]])
In
np.transpose(a)             # 転置行列を求める
Out
array([[1, 4],
       [2, 5],
       [3, 6]])

In
a.T                         # Tで転置行列を求めることも可能
Out
array([[1, 4],
       [2, 5],
       [3, 6]])
```

A.4 微分

ディープラーニングで用いられるニューラルネットワークでは、ネットワークが出力した予測値と正解値の誤差を「損失関数（または誤差関数）」で求め、関数の値を最小にすることを考えます。このとき、損失関数を微分すると、ある瞬間の損失関数の傾きを知ることができます。そこで、傾きの大きさを小さくする方向に少しずつずらして（少しずつというのがポイントです）、損失関数の最小値を求める手法を**勾配降下法**と呼び、ニューラルネットワークのエンジンに相当する、重要な役割を果たします。

また、勾配降下法と並ぶ、ニューラルネットワークのもう1つのエンジンの役割をするのが**バックプロパゲーション**（**誤差逆伝播**）です。バックプロパゲーションは、誤差の傾きを小さくするための値を、出力側から入力側へ逆方向に伝播していく手法です。

ここでは、これらの手法を理解するために必要な数学の微分、偏微分、そして合成関数の微分の知識を整理しておきましょう。

A.4.1 極限（lim）

微分に入る前に、**極限**について復習しておきましょう。まずは、次の関数$f(x)$を見てみましょう。

$$f(x) = \frac{x^2 - 1}{x - 1}$$

$f(x)$は$x=1$のとき、0÷0となってしまい、0で割ることはできないので、その値を決定することができません。しかし、$x \neq 1$であれば$f(x)$の値は定まります。そうすると、xの値を1.1, 1.01, 1.001, …または0.9, 0.99, 0.999, …と1に限りなく近づけることができます。このとき、$f(x)$の値は、2.1, 2.01, 2.001, …または1.9, 1.99, 1.999, …のように、限りなく2に近づいていきます。

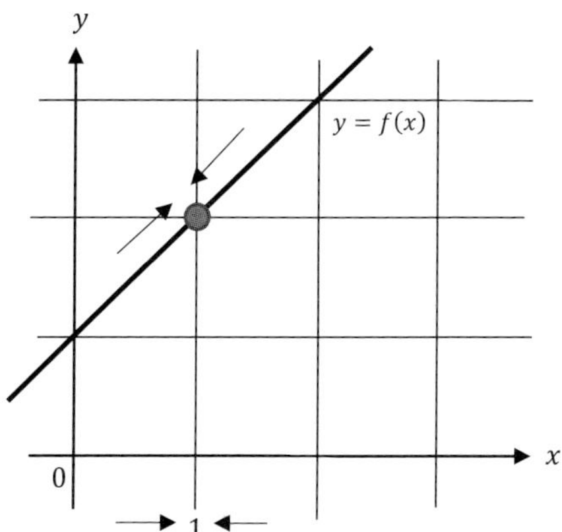

このように、関数の変数xの値をある値aに限りなく近づけるとき、「関数$f(x)$の値がある値αに限りなく近づく」という言い方をし、このことを**収束**と呼びます。これを式にすると、

$$\lim_{x \to a} f(x) = \alpha$$

と表すことができます。このα（アルファ）のことを、関数$f(x)$の$x \to a$としたときの**極限値**と呼びます。以上のことにより、関数$f(x)$の式は、limという記号を使って次のように計算できます。

$$\lim_{x \to 1} \frac{x^2 - 1}{x - 1} = \lim_{x \to 1} \frac{(x-1)(x+1)}{x - 1} = \lim_{x \to 1}(x+1) = 2$$

A.4.2 微分の基礎

いきなりですが、例として、東京から横浜まで30kmの距離を車で1時間かかったとします。道路がずいぶん混んでいたのでしょう。この場合の平均速度は、

$$速度 = \frac{30(\mathrm{km})}{1(時間)} = 30(\mathrm{km}/時間)$$

となります。しかし、この速度で車が常に動いているわけではなく、信号で止まったり、渋滞でノロノロ運転していることもあれば、自動車専用道路などスピードを出せる区間もあるはずです。これはあくまで平均的な速度であって、各区間での発進や停止、加速や減速などの情報がまったく考慮されていません。

この場合、1時間という時間をできる限り小さく、例えば10分で何km進んだのか、あるいは1分、1秒……とどんどん時間を短くすることで、細かい区間の速度（ある瞬間の変化量）を知ることができます。そこで、xを移動距離、tを移動時間、$x(t)$を時間tのときに車がいる位置とすると、速度sを次の式で表すことができます。

$$速度s = \lim_{\Delta t \to 0} \frac{\Delta x}{\Delta t} = \lim_{\Delta t \to 0} \frac{x(t + \Delta t) - x(t)}{\Delta t} \quad \cdots\cdots ①$$

まず、

$$\lim_{\Delta t \to 0} \frac{\Delta x}{\Delta t}$$

を確認しましょう。Δ（デルタ）の記号は変化量を表します。Δxは「移動距離の変化」、Δtは「移動時間の変化」となります。したがってこの式は、極限を用いて、時間の変化Δtを限りなく0に近づけたときの速度sはどうなるかを示していることになります。

一方、

$$\lim_{\varDelta t \to 0} \frac{x(t+\varDelta t)-x(t)}{\varDelta t}$$

は、$\varDelta x$を$x(t+\varDelta t)-x(t)$に置き換えたものです。$x(t)$は時間tのときの車の位置でしたので、$x(t+\varDelta t)$は時間$t+\varDelta t$のときの車の位置を表します。

▼$x(t)$と$x(t+\varDelta t)$

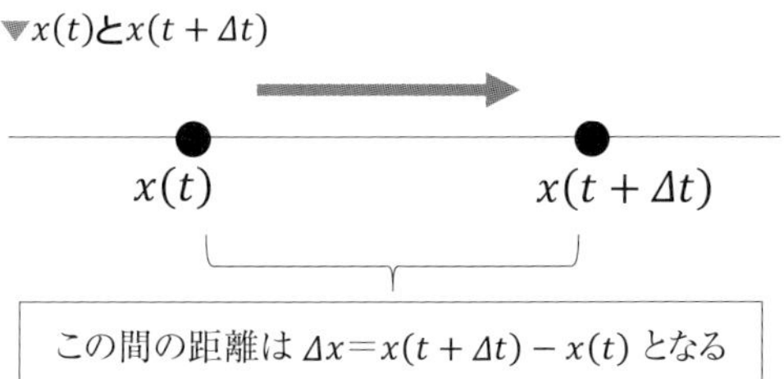

先の①の式は、微分の計算式です。この式は、$\varDelta t$（移動時間の変化量）を極限まで0に近づけたときの$\varDelta x$（移動距離の変化）を求めることを示していますが、すなわち、これが微分するということになります。

なお、変化量が極めて小さいことを、これまで$\varDelta$を使って示していましたが、微分の場合は$\varDelta$の代わりにdを用いて、dtやdxのように表し、

$$\frac{dx(t)}{dt}$$

という式で微分を表します。この式は、分子の$x(t)$を分母のtで微分することを示しています。つまり、tが極めて小さく変化するとき、$x(t)$はどれだけ変化するのかを微分によって求めるための式です。そうすると、先の①の式は微分の式を用いて次のようになります。

$$速度s=\frac{dx(t)}{dt}=\lim_{\varDelta t \to 0}\frac{\varDelta x}{\varDelta t}=\lim_{\varDelta t \to 0}\frac{x(t+\varDelta t)-x(t)}{\varDelta t}$$

では、これまでの速度の考え方を関数にして、微分を定義してみましょう。まず、関数$f(x)$上の2つの点、$(a,\ f(a))$, $(b,\ f(b))$を通る直線

$$y=\alpha x+\beta$$

を求めます。

▼$(a,\ f(a)),(b,\ f(b))$を通る直線

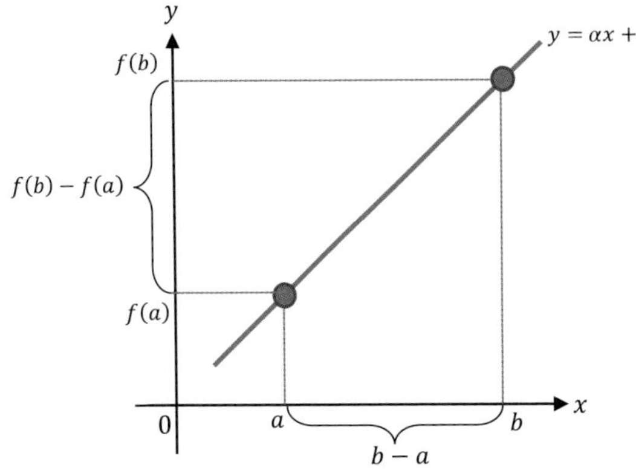

ここで、2点の座標を先の直線の式に代入して、次の連立方程式を得ます。

$$\begin{cases} f(a) = \alpha a + \beta & \cdots\cdots\ \mathrm{A} \\ f(b) = \alpha b + \beta & \cdots\cdots\ \mathrm{B} \end{cases}$$

式B−Aより、

$$f(b) - f(a) = \alpha(b - a)$$

となるので、$b-a\ (\neq 0)$で両辺を割ると、

$$\alpha = \frac{f(b) - f(a)}{b - a} \quad \cdot\cdot\cdot\cdot\cdot\ ②$$

のように、直線の傾きαが求められます。一方、βは、式Aに傾きαの式②を代入すると計算できます。

$$f(a) = \alpha a + \beta$$

$$\beta = f(a) - \alpha a = f(a) - \frac{f(b) - f(a)}{b - a} a$$

さて、②で求めた直線の傾きαは、2点間の「平均の傾き」です。ここで、車の瞬間の速度を考えたときと同様に、関数$f(x)$で点$(a,\ f(a))$での傾きを求めることを考えてみます。ただ、点$(b,\ f(b))$を点$(a,\ f(a))$に一致させると$a-b=0$となり、値を求めることができません。そこで、関数$f(x)$の$(a,\ f(a))$での傾きを

$$\alpha = \frac{df(a)}{da}$$

とし、極限を用いて次のように定義します。

▼ある地点の瞬間の関数の傾きを求める（微分する）式

$$\frac{df(a)}{da} = \lim_{\Delta h \to 0} \frac{f(a+h) - f(a)}{(a+h) - a}$$

$$= \lim_{\Delta h \to 0} \frac{f(a+h) - f(a)}{h}$$

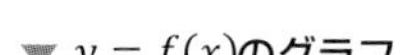

▼ $y = f(x)$のグラフ

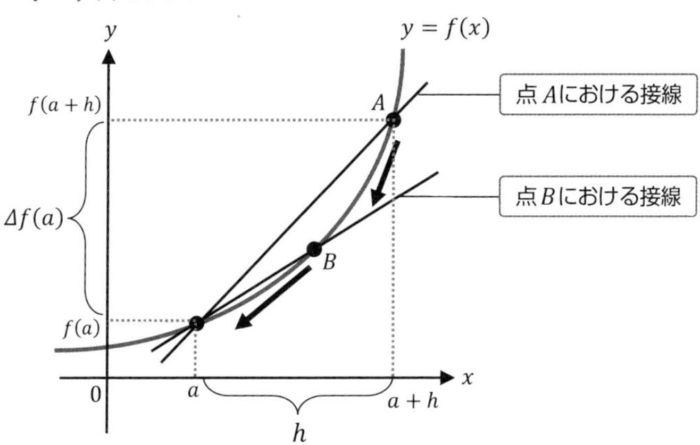

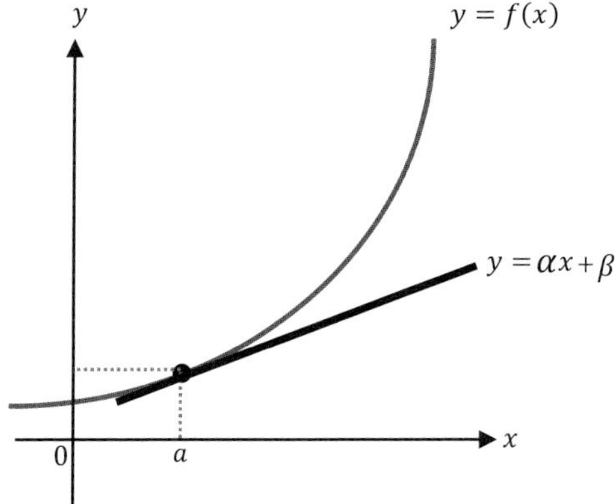

このように、任意の関数があったとき、ある地点の瞬間の関数の傾きを求めることが「微分する」ということです。

これで、点$(a,\ f(a))$で$y = f(x)$に接する直線$y = \alpha x + \beta$が求められます。この直線のことを「接線」と呼びます。このときのαをx=aにおける**微分係数**と呼びます。

▼$y = f(x)$に接する直線$y = \alpha x + \beta$を求める

$$y = \alpha x + \beta$$

$\beta = f(a) - \frac{f(b)-f(a)}{b-a}a$より

$$y = \frac{df(a)}{dx}x + \left(f(a) - \frac{df(a)}{dx}a\right)$$

$$= \frac{df(a)}{dx}(x-a) + f(a)$$

この式の定数aは、変数xの1つの値です。このaにどのようなxを代入しても$df(a)/dx$の値が求められるとき、$df(a)/dx$はxの関数と見なせます。この関数を一般化して書くと$df(x)/dx$となり、この関数のことを**導関数**と呼びます。

●導関数の公式

$$\frac{df(x)}{dx} = \lim_{\Delta x \to 0}\frac{\Delta f(x)}{\Delta x} = \lim_{\Delta h \to 0}\frac{f(x+h)-f(x)}{h}$$

なお、関数$f(x)$の微分$df(x)/dx$を簡略化して、$f'(x)$と表記することがあります。この公式は、「xの小さな変化(dx)によって関数$f(x)$の値がどのくらい変化($df(x)$)するか」という、瞬間の変化の割合を表しています。

A.4.3 微分をPythonで実装してみる

では、導関数の式をPythonで実装してみましょう。hに小さな値を代入してコードを組み立ててみます。

▼微分を行う関数

```
def differential(f, x):
    h = 1e-4                                  # hの値を0.0001にする
    return (f(x + h) - f(x - h)) / (2 * h)   # 微分して変化量を返す
```

この関数には、次のパラメーターが設定されています。

f：微分の式の関数$f(x)$を受け取るパラメーター

x：関数$f(x)$のxを受け取るパラメーター

パラメーターfが関数を受け取るようになっているのは、**高階関数**と呼ばれる仕組みを利用するためです。例えば、calc()という関数が別に定義されている場合、関数呼び出しを次のようにカッコなしで書くと、「関数そのもの」が引数(パラメーターに渡す値のこと)としてdifferential()関数の第1パラメーターfに渡されます。第2引数の1は、第2パラメーターxに数値として渡されます。

differential(calc, 1)

ところでhは「小さな変化」のことなので、10e−50(0.00…1の0が50個)くらいにしておいた方が適切かもしれませんが、「丸め誤差」の問題を考慮する必要があります。丸め誤差とは、小数の小さな範囲の値を四捨五入したり切り捨てることによって、計算結果に生じる誤差のことです。Pythonの場合、浮動小数点数を表すfloat型(32ビット)の変数に10e−50を代入すると、次のように0.0と表示されます。

```
import numpy as np
print(np.float32(1e-50))   # 出力: 0.0
```

このように、小数点以下50桁は正しく表現されないので、計算上問題になります。そこで、1つの解決策としてhの値に10^{-4}(1e−4)を割り当てるとよい結果になることが知られています。

それから、differential()関数では、

(f(x + h) − f(x − h)) / (2 * h)

としています。$(x + h)$とxの差分を求めるのであれば、

(f(x + h) − f(x)) / h

とするべきです。ですが、これだと計算上の誤差が生じます。次の図のように、真の微分はxの位置での関数の傾き(接線)に対応しますが、今回のプログラムで行っている微分は$(x + h)$とxの間の傾きに対応します(近似による接線)。このため、真の微分とプログラム上での微分の値は、厳密には一致しません。この差異は、hの値を無限に0に近づけることができないために生じる差異です。

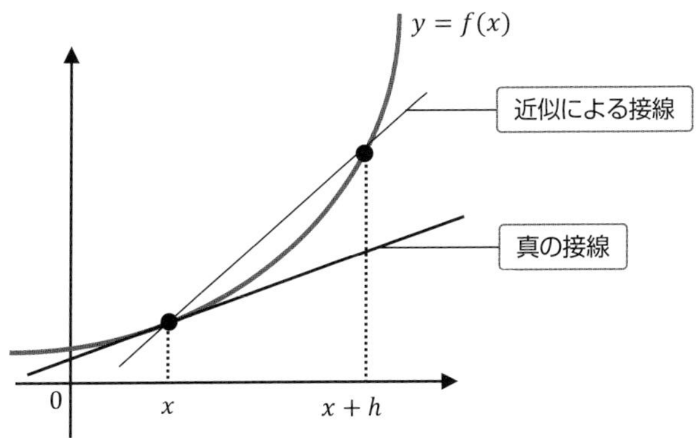

この差異を減らす試みが、$(x+h)$と$(x-h)$を用いた計算です。この計算によって関数$f(x)$の差分を求めることで、誤差を減らすことができます。このように、xを中心にして前後の差分を計算することを**中心差分**と呼びます。これに対し、$(x+h)$とxの差分は**前方差分**です。

数式の展開によって「解析的に微分を求める」場合は、差異を事実上0にすることで、誤差が含まれない真の値を求めることができます。

例えば、$y=x^2$は、解析的に$dy/dx=2x$の微分として解けます。x=2であればyの微分は4と計算でき、誤差を含まない真の微分として求めることができます。しかし、今回は「変化量」に対する微分なので、中心差分によって微分を求めることになります。このように、ごく小さな差分によって微分を求めることを**数値微分**と呼びます。

■数値微分で関数を微分してみる

数値微分を行うdifferential()関数を作りましたので、これを使って次の関数を微分してみることにします。

$$y=0.01x^2+0.1x$$

これをPythonの関数にして、数値微分した結果のグラフを描画してみます。

▼数値微分を実行して結果をグラフにする

```
%matplotlib inline
import numpy as np                        # numpyのインポート
import matplotlib.pyplot as plt           # matplotlib.pyplotをpltとして使用する

def differential(f, x):
    '''
    数値微分を行う高階関数
    ----------
    f : 関数オブジェクト
        数値微分に用いる関数
    x : int
        f(x)のxの値
    '''
    h = 1e-4                              # hの値を0.0001にする
    return (f(x+h) - f(x-h)) / (2*h)  # 数値微分して変化量を戻り値として返す

def function(x):
    '''
    数値微分で使用する関数
```

```
    ----------
    x : f(x)のxの値
    '''
    return 0.01 * x** 2 + 0.1*x

def draw_line(f, x):
    '''
    数値微分の値を傾きとする直線をプロットするラムダ式を生成する関数
    differential()を実行する
    ----------
    f : 関数オブジェクト
        数値微分に用いる関数を取得
    x : int
        f(x)のxの値

    戻り値
    ----------
    lambdaオブジェクト
        数値微分の値を傾きとする直線をプロットするためのラムダ式
    '''
    dff = differential(f, x)              # ①differential()で数値微分を行い、変化量を取得
    print(dff)                            # 変化量(直線の傾き)を出力
    y = f(x) - dff * x                    # ②f(x)のy値と変化量から求めたy値との差
    return lambda n: dff*n + y            # ③引数をtで受け取るラムダ式
                                          # 「変化量 × x軸の値(t) + f(x)との誤差」
                                          # f(x)との誤差を加えることで接線にする
```

draw_line()関数が数値微分を行いますが、戻り値が微分の値ではなく、ラムダ式になっています。draw_line()関数では、数値微分に使う関数と$f(x)$のxの値をパラメーターf、xで受け取ります。この2つを引数にしてコメント①の

dff = differential(f, x)

を実行し、differential()関数を呼び出して数値微分の結果を取得します。結果を出力したあと②の

y = f(x) − dff * x

を使って、関数$y = 0.01x^2 + 0.1x$で求めたyの値と、数値微分の値（直線の傾き）から求めたyとの差を求めます。

③のreturnで戻り値として次のラムダ式、

lambda n: dff * n + y

を返します。ラムダ式は、名前のない関数(無名関数)をオブジェクトとしてやり取りするための仕組みです。lambdaがラムダ式を宣言するためのキーワードで、n:のnがパラメーターです。このパラメーターの値を使ってdff * n + yの計算を行い、結果を返します。

このようにラムダ式にしたのは、$f(x) = 0.01x^2 + 0.1x$で、例えばx=5として局所的な値を求めるだけでなく、前後の値も求めることでグラフの直線を描画できるようにするためです。

プログラムの実行部は、次のようになります。

▼数値微分の実行部分

```
x = np.arange(0.0, 20.0, 0.1)      # 0.0から20.0まで0.1刻みの等差数列を生成
y = function(x)                    # 関数f(x)に配列xを代入し、
                                   # 0.0から20.0までのy値のリストを取得

plt.xlabel('x')                    # x軸のラベルを設定
plt.ylabel('f(x)')                 # y軸のラベルを設定

tf = draw_line(function, 5)        # ④x=5で数値微分の値を傾きにするラムダ式を取得
y2 = tf(x)                         # ⑤取得したラムダ式で0.0から20.0までの
                                   # 0.1刻みのyの値を取得

plt.plot(x, y)                     # f(x)をプロット
plt.plot(x, y2)                    # 数値微分の値を傾きとする直線をプロット
plt.show()                         # グラフを描画
```

④では、

tf = draw_line(function, 5)

でfunction()関数とxの値の5を引数としてdraw_line()関数を呼び出します。関数の微分をx=5のときで計算してみます。ここで戻り値として③のラムダ式が返され、変数tfに代入されます。このラムダ式を実行するのが⑤の

y2 = tf(x)

です。引数にしたxは実行部の冒頭で生成した配列で、0.0から20.0までの0.1刻みの値が格納されています。結果として、y2には次のような配列が代入されます。

▼x=5としたときのtf(x)の戻り値

```
[-0.25 -0.23 -0.21 -0.19 -0.17 -0.15 -0.13 -0.11 -0.09 -0.07 -0.05 -0.03
 -0.01  0.01  0.03  0.05  0.07  0.09  0.11  0.13  0.15  0.17  0.19  0.21
  0.23  0.25  0.27  0.29  0.31  0.33  0.35  0.37  0.39  0.41  0.43  0.45
……途中省略……
  3.35  3.37  3.39  3.41  3.43  3.45  3.47  3.49  3.51  3.53  3.55  3.57
  3.59  3.61  3.63  3.65  3.67  3.69  3.71  3.73]
```


ラムダ式は、引数として配列などのイテレート（反復処理）可能なオブジェクトを渡すと、すべての要素を反復処理するという便利な機能を持っています。0.0から20.0までの0.1刻みのすべての値に対してlambda n: dff * n + yを実行します。この結果、

plt.plot(x, y2)

でプロットすると、次のようなグラフになります。

▼$f(x) = 0.01x^2 + 0.1x$をx=5として、数値微分の値を傾きとして表したグラフ

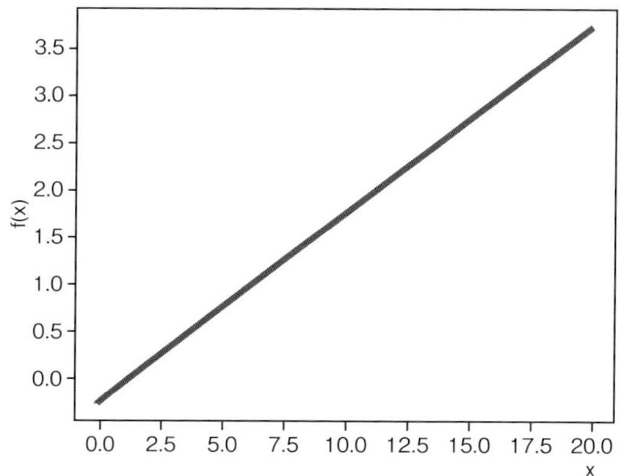

■プログラムの実行結果

プログラムでは、$f(x) = 0.01x^2 + 0.1x$をx=5としました。実行すると、次の$f(x) = 0.01x^2 + 0.1x$と、数値微分の値を傾きにしたグラフが描画されます。

▼描画されたグラフ

0.1999999999990898

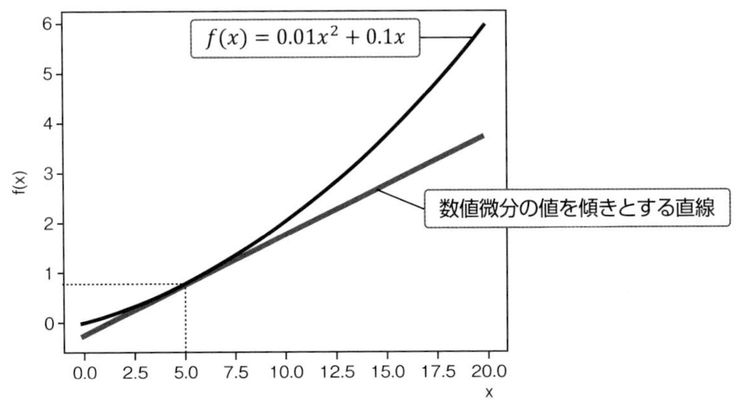

なお、グラフの上部には0.1999999999990898と出力されています。x=5としたときの数値微分の値です。ここで計算された数値微分の値は、xに対する$f(x)$の変化量の値で、関数の傾きに対応します。

一方、$f(x) = 0.01x^2 + 0.1x$の解析的な解は、次のようになります。

$$\frac{df(x)}{dx} = 0.02x + 0.1$$

したがって、x=5なら真の微分の値は0.2です。先の数値微分の値と完全には一致しませんが、その誤差は非常に小さいものなので、ほぼ同じ値と見なせます。

$$f(x) = 0.01x^2 + 0.1x$$

の式で、x=5にすると$f(x)$=0.75です。ここが数値微分の値を傾きとする直線との接点です。

draw_line()関数で

y = f(x)−dff＊x

を使って求めた$y = 0.01x^2 + 0.1x$と、数値微分の変化量から求めたy値との差をプロットのときに加味することで、接点を作り出すようにしています。

A.4.4 微分の公式

微分は、「関数の一瞬の変化の割合（傾き）を示すもの」でした。ただ、微分を計算するのに極限を計算するのはとても面倒です。そこで、実際の計算では公式を用いて微分した式を求めます。

● n次式の微分公式

$$\frac{d}{dx}x^n = nx^{n-1} \quad \cdots\cdots\cdots \text{(A)}$$

微分するときの性質として、ある関数$f(x)$と$g(x)$があるとすると、次のような微分が成り立ちます。

● 関数$f(x)$と$g(x)$があるときの微分

$$\frac{d}{dx}\big(f(x)+g(x)\big) = \frac{d}{dx}f(x)+\frac{d}{dx}g(x) \quad \cdots\cdots\cdots \text{(B)}$$

ある定数aがあったとすると、次のような微分が成り立ちます。

● 定数aがあるときの微分

$$\frac{d}{dx}\big(af(x)\big) = a\frac{d}{dx}f(x) \quad \cdots\cdots\cdots \text{(C)}$$

さらに、xに関係のない定数aの微分は0になります。

● xに関係のない定数aの微分

$$\frac{d}{dx}a = 0 \quad \cdots\cdots\cdots \text{(D)}$$

以下は、微分の例です。

●微分の例

①$\dfrac{d}{dx}5 = 0$ ………(D)の式を使用

②$\dfrac{d}{dx}(a^3 + yb^2 + 2) = 0$ ………(D)の式を使用

③$\dfrac{d}{dx}x^2 = 2x$ ………(A)の式を使用

④$\dfrac{d}{dx}x^4 = 4x^{4-1} = 4x^3$ ………(A)の式を使用

⑤$\dfrac{d}{dx}x = 1x^{1-1} = 1x^0 = 1$ ………(A)の式を使用

⑥$\dfrac{d}{dx}2x^5 = 2\dfrac{d}{dx}x^5 = 2 \times 5x^{5-1} = 10x^4$ ………(A)と(C)の式を使用

⑦$\dfrac{d}{dx}(2x^3 + 3x^2 + 2) = 2\dfrac{d}{dx}x^3 + 3\dfrac{d}{dx}x^2 + \dfrac{d}{dx}2$ ………(B)と(C)の式を使用

$= 2 \times 3x^{3-1} + 3 \times 2x^{2-1} + 0$ ………(A)の式を使用

$= 6x^2 + 6x$

⑧$\dfrac{d}{dx}(x^5 + x^6) = \dfrac{d}{dx}x^5 + \dfrac{d}{dx}x^6 = 5x^{5-1} + 6x^{6-1} = 5x^4 + 6x^5$ ……(A)と(B)の式を使用

上記の例では、微分の記号が入った数式の変形が行われています。ニューラルネットワークでは、微分の記号が入った数式の変形がよく出てきますので、ここで補足しておきましょう。

①の場合、$f(x)$にxが含まれていないので、微分は0です。

$$\frac{d}{dx}5 = 0$$

②の場合は、関数$f(x)$が

$$f(x) = a^3 + yb^2 + 2$$

であり、これもxが含まれていないので、

$$\frac{d}{dx}f(x) = \frac{d}{dx}(a^3 + yb^2 + 2) = 0$$

となります。

③④⑤については、(A) の式をそのまま使っていますので、特に問題はないでしょう。

⑥はどうでしょう。微分の記号d/dxは、右側だけに作用します。$2x^5$のように、数字がx^nの前に掛けてある場合は、その部分を微分記号の左側に出すことができます。これは、式 (C) で示したパターンです。

$$\frac{d}{dx}2x^5 = 2\frac{d}{dx}x^5 = 2 \times 5x^{5-1} = 10x^4$$

また、微分に関係がない部分 (xの関数ではない部分) は、文字式であっても左側に出すことができます。

⑦の場合は、

$$f(x) = 2x^3 + 3x^2 + 2$$

のように、$f(x)$がxを含む複数の項で成り立っています。このような場合は、微分の計算を各項に別々に分けて行えます。

$$\begin{aligned}\frac{d}{dx}f(x) &= \frac{d}{dx}(2x^3 + 3x^2 + 2) \\ &= 2\frac{d}{dx}x^3 + 3\frac{d}{dx}x^2 + \frac{d}{dx}2 \quad \cdots\cdots\cdots\cdots \text{(C)の式を使用して、各項の定数を微分記号の左側に出す} \\ &= (2 \times 3x^{3-1}) + (3 \times 2x^{2-1}) + 0 \\ &= 6x^2 + 6x\end{aligned}$$

⑧は、

$$\frac{d}{dx}(x^5 + x^6)$$

ですので、(B) の式を使って

$$\frac{d}{dx}(x^5 + x^6) = \frac{d}{dx}x^5 + \frac{d}{dx}x^6$$

としたあと、(A) の式より

$$\frac{d}{dx}x^5 + \frac{d}{dx}x^6 = 5x^{5-1} + 6x^{6-1} = 5x^4 + 6x^5$$

となりました。

A.4.5 変数が2つ以上の場合の微分(偏微分)

微分に用いる関数が入れ子になっている、いわゆる「合成関数の微分」というものがあります。これには、このあとで紹介する**チェーンルール**(**連鎖律**)と呼ばれる公式を使うことで微分することができますが、次のように関数が入れ子になっている場合は、②の式を①の式に代入することで微分が行えます。

●入れ子になった関数

$$f(x) = \{g(x)\}^2 \quad \cdots\cdots ①$$
$$g(x) = ax + b \quad \cdots\cdots ②$$

②の式を①の式に代入して$f(x) = (ax + b)^2$として展開することで微分を計算できます。

$$f(x) = (ax + b)^2 = a^2x^2 + 2abx + b^2$$

$$\frac{d}{dx}f(x) = 2a^2x + 2ab$$

$\frac{\mathrm{d}}{\mathrm{d}x}x^n = nx^{n-1}$より

もう1つの例として、

$$f(x) = ax^2 + bx + c$$

をxについて微分する場合は、

$$\frac{d}{dx}f(x) = 2ax + b$$

となります。関数の式には、x以外にa、b、cの3個の変数がありますが、関数$f(x)$はあくまでxについての関数なので、このように計算できます。つまり、ここではx以外の変数を定数と見なして微分したことになります。

さて、これまでは変数がxの1つのみの場合の微分でした。ここで例として、

●変数が2つある関数

$$g(x_1, x_2) = x_1^2 + x_2^3$$

のように、変数が2つある関数について考えてみます。まず考えるのは、「関数にはx_1、x_2の2つの変数がある」ということです。

このため、「どの変数に対しての微分か」を考えます。つまり、x_1とx_2の2つある変数のうち、どちらの変数に対しての微分かということを決めるのです。

もし、x_1に対する微分であれば、x_1以外の変数（ここではx_2）を定数と見なして微分します。このように、多変数関数において、微分する変数だけに注目し、他の変数はすべて定数として扱うことにして微分することを**偏微分**といいます。

では、先の関数gをx_1に対して偏微分してみます（「gをx_1で偏微分する」という言い方をすることもあります）。x_2は定数と見なすので、仮にx_2=1としましょう。そうすると関数gは、x_1だけの関数になります。

$$g(x_1,\ x_2) = x_1^2 + 1^3$$

定数を微分するとすべて0になりますので、gをx_1で偏微分すると、微分の公式を当てはめることで次のようになります。

$$\frac{\partial}{\partial x_1} g(x_1,\ x_2) = 2x_1$$

偏微分のときは微分演算子のdが∂に変わりますが、「分母に書かれた変数で分子に書かれたものを微分する」という意味は同じです。今度は、gをx_2で偏微分してみましょう。この場合、x_1を定数と見なすので、ここでもx_1=1としましょう。そうすると関数gは、x_2だけの関数になります。

$$g(x_1,\ x_2) = 1^2 + x_2^3$$

x_1で偏微分したときと同じように、gをx_2で偏微分すると、微分の公式を当てはめることで次のようになります。

$$\frac{\partial}{\partial x_2} g(x_1,\ x_2) = 3x_2^2$$

このように、微分したい変数にだけ注目し、ほかの変数をすべて定数として扱うことで、その変数での関数の傾きを知ることができます。ここでは変数が2つの場合を扱っていますが、変数がどれだけ増えたとしても同じ考え方を適用できます。

ここでもう1つ、

$$f(x, y) = 3x^2 + 2xy + 2y^2$$

について、xとyそれぞれで偏微分してみましょう。

まず、fをxで偏微分すると、 ── yは定数と見なして微分します

$$\frac{\partial}{\partial x} f(x,\ y) = 6x + 2y$$ ── $\frac{d}{dx}x = 1x^{1-1} = 1x^0 = 1$の式より$2xy$の$x$は1

次に、fをyで偏微分すると、 ― xは定数と見なして微分します

$$\frac{\partial}{\partial y} f(x, y) = 2x + 4y$$ ― $\frac{d}{dx}x = 1x^{1-1} = 1x^0 = 1$の式より$2xy$の$y$は1

となります。

最後にもう1つだけ例を見て終わりにしましょう。

$$f(w_0, w_1) = w_0^2 + 2w_0w_1 + 3$$

ニューラルネットワークやディープラーニングにはwの記号がよく出てくるので使ってみました。さて、これまでと異なるのは式の最後が、文字を含まない数だけの項（定数項といいます）になっていることです。もちろん定数項ですので、偏微分のときも定数と見なせます。まず、fをw_0で偏微分すると、微分の公式より、

$$\frac{\partial}{\partial w_0} f(w_0, w_1) = 2w_0 + 2\,w_1$$ ― w_0だけを変数と見なして微分します

次に、fをw_1で偏微分すると、

$$\frac{\partial}{\partial w_1} f(w_0, w_1) = 2w_0$$ ― w_1だけを変数と見なして微分します

となります。

A.4.6 合成関数の微分

前項の冒頭で、微分に用いる関数が入れ子になっている「合成関数の微分」について少しだけ触れました。次のように関数が入れ子になっている場合は、②の式を①の式に代入することで微分が行えるのでした。

▼入れ子になった関数

$$f(x) = \{g(x)\}^2 \quad \cdots\cdots ①$$
$$g(x) = ax + b \quad \cdots\cdots ②$$

②の式を①の式に代入して$f(x) = (ax + b)^2$として展開することで微分を計算できます。

$$f(x) = (ax + b)^2 = a^2x^2 + 2abx + b^2$$
$$\frac{d}{dx} f(x) = 2a^2x + 2ab$$

この例では難なく展開できましたが、式が複雑で展開するのが困難な場合もあります。このような場合に便利なのが、合成関数の微分に関する公式です。2つの関数$f(x)$、$g(x)$の合成関数$f\bigl(g(x)\bigr)$をxで微分する場合、

$$y = f(x)$$
$$u = g(x)$$

と置くと、次の式を使って段階的に微分することができます。

●**合成関数（1変数）**$y = f(x),\ u = g(x)$**の場合の微分法**

$$\frac{dy}{dx} = \frac{dy}{du} \cdot \frac{du}{dx}$$

この式は、別名「**合成関数のチェーンルール（連鎖律）**」と呼ばれています。この式を先の①と②の式に適用してみます。dy/duの部分は「fをgで微分する」ということなので、微分の公式から次のようになります。

$$\begin{aligned}\frac{dy}{du} &= \frac{df}{dg} \\ &= \frac{d}{dg}g^2 = 2g\end{aligned}$$

さらに、du/dxの部分は「gをxで微分する」ということなので、次のようになります。

$$\begin{aligned}\frac{du}{dx} &= \frac{dg}{dx} \\ &= \frac{d}{dx}(ax + b) = a\end{aligned}$$

これでdy/duとdu/dxの部分がわかりましたので、チェーンルールの公式に当てはめると、次のようにdy/dxの微分を計算することができます。

$$\frac{dy}{dx} = \frac{dy}{du} \cdot \frac{du}{dx} = 2ga = 2(ax + b)a = 2a^2x + 2ab$$

もう1つ例として、次の関数

$$f(x) = (3x-4)^{50}$$

をxで微分する場合を考えてみましょう。このとき、$u=(3x-4)$と置くと、チェーンルールを使って、

$$\frac{df(x)}{dx} = \frac{df(x)}{du} \cdot \frac{du}{dx}$$

のように表せます。$f(x) = u^{50}$なので、次のように計算できます。

$$\frac{df(x)}{dx} = \frac{du^{50}}{du} \cdot \frac{d(3x-4)}{dx} = 50u^{50-1} \cdot 3x^{1-1} = 50u^{49} \cdot 3 = 150(3x-4)^{49}$$

■合成関数のチェーンルールの拡張

合成関数のチェーンルールは、3つあるいはそれ以上のレベルで入れ子になった合成関数にも拡張することができます。例えば、次のような場合です。

$$f(x) = f\left[g\{h(x)\}\right]$$

この場合は、次の式を使います。

●$f(x) = f\left[g\{h(x)\}\right]$の場合の式

$$\frac{df}{dx} = \frac{df}{dg} \cdot \frac{dg}{dh} \cdot \frac{dh}{dx}$$

このように、チェーンルールを使えば、複数個の任意の式を挟み込んで計算することができます。

合成関数の微分法には多変数版がありますので、紹介しておきましょう。

●合成関数（多変数）$z = f(x, y)$の微分法

$$\frac{\partial z}{\partial x} = \frac{\partial z}{\partial u} \cdot \frac{\partial u}{\partial x} + \frac{\partial z}{\partial v} \cdot \frac{\partial v}{\partial x}$$

$$\frac{\partial z}{\partial y} = \frac{\partial z}{\partial u} \cdot \frac{\partial u}{\partial y} + \frac{\partial z}{\partial v} \cdot \frac{\partial v}{\partial y}$$

■積の微分法

最後に積の微分法について見ておきましょう。

●積の微分法

$$\frac{d}{dx}\{f(x)g(x)\}=\frac{df(x)}{dx}g(x)+f(x)\frac{dg(x)}{dx}$$

例として、

$$y=xe^{x}$$

をxで微分することを考えてみます。このとき、

$$f(x)=x,\ \ g(x)=e^{x}$$

と置くと、

$$y=f(x)g(x)$$

と表すことができるので、

$$\begin{aligned}\frac{dy}{dx}&=\frac{df(x)}{dx}g(x)+f(x)\frac{dg(x)}{dx}\\&=1\cdot e^{x}+x\cdot e^{x}\\&=(1+x)e^{x}\end{aligned}$$

のように計算することができます。

●初等関数の微分の公式

初頭関数のうち、べき関数、指数関数、対数関数の微分については、次の公式があります。

	元の関数	左の関数をxで微分したもの
べき関数	x^{a}	ax^{a-1}
指数関数	e^{x}, $\exp(x)$	e^{x}, $\exp(x)$
	a^{x}	$a^{x}\log_{e}a$
対数関数	$\log_{e}x\ (x>0)$	$\frac{1}{x}$

NOTE

索引

あ行

か行

さ行

た行

な行

は行

ま行

や行

ら行

アルファベット

数字

記号

参考文献

本書を執筆にあたり、参考にさせていただいた文献等です。

●第2章　SSDによる物体検出

• SSDの論文

・「SSD: Single Shot MultiBox Detector」(2016)
Wei Liu, Dragomir Anguelov, Dumitru Erhan, Christian Szegedy, Scott Reed, Cheng-Yang Fu, Alexander C. Berg (https://homl.info/ssd)

• SSDの実装

・「SSD: Single Shot MultiBox Object Detector, in PyTorch」
Max deGroot, Ellis Brown (https://github.com/amdegroot/ssd.pytorch)

・『つくりながら学ぶ！ PyTorchによる発展的ディープラーニング』
小川雄太郎 (2019) マイナビ出版

・「TELESENS: Data Augmentation in SSD (Single Shot Detector)」Ankur Mohan
(https://www.telesens.co/2018/06/28/data-augmentation-in-ssd/)

• SSD300の学習済み重み

・https://s3.amazonaws.com/amdegroot-models/ssd300_mAP_77.43_v2.pth

• VGGの論文

・「Very Deep Convolutional Networks for Large-Scale Image Recognition」(2015)
Karen Simonyan, Andrew Zisserman (https://arxiv.org/abs/1409.1556)

• VGG-16の学習済み重み

・https://s3.amazonaws.com/amdegroot-models/vgg16_reducedfc.pth

• PASCAL VOC 2012データセット

・「The PASCAL Visual Object Classes Homepage」
(http://host.robots.ox.ac.uk/pascal/VOC/)

• 実験用画像

・「Pixabay」(https://pixabay.com/ja/)

• CNN

・「Convolution arithmetic」vdumoulin, fvisin Francesco
(https://github.com/vdumoulin/conv_arithmetic)

• ジャッカード係数

・「Jaccard index」(https://en.wikipedia.org/wiki/Jaccard_index)

• 物体検出 (Mask R-CNN) のチュートリアル

・「Torchvishion object detection finetuning tutorial」
(https://pytorch.org/tutorials/intermediate/torchvision_tutorial.html)

●第3章「FasterRCNN+InceptionResNetV2」による物体検出

• TensorFlow Hub

(https://www.tensorflow.org/hub?hl=ja)

- 物体検出のチュートリアル

・「Object Detection」
(https://www.tensorflow.org/hub/tutorials/object_detection)

●第4章　オートエンコーダー

- スタックオートエンコーダーの論文

・「Greedy Layer-Wise Training of Deep Networks」(2006)
Yoshua Bengio, Pascal Lamblin, Dan Popovici, Hugo Larochelle
(https://homl.info/112)

- 畳み込みオートエンコーダーの論文

・「Stacked Convolutional Auto-Encoders for Hierarchical Feature Extraction」Jonathan Masci, Ueli Meier, Dan Ciresan, and Jürgen Schmidhuber (2011)
(https://homl.info/convae)

- ノイズ除去スタックオートエンコーダーの論文

・「Stacked Denoising Autoencoders: Learning Useful Representations in a Deep Network with a Local Denoising Criterion」
http://homl.info/114

- 変分オートエンコーダーの論文

・「Auto-Encoding Variational Bayes」Diederik P Kingma, Max Welling (2014)
(http://homl.info/115)

●第5章　GAN

- GANの論文

・「Generative Adversarial Networks」
Ian J. Goodfellow, Jean Pouget-Abadie, Mehdi Mirza, Bing Xu, David Warde-Farley, Sherjil Ozair, Aaron Courville, Yoshua Bengio (2014)
(http://homl.info/gan)

- DCGANの論文

・「Unsupervised Representation Learning with Deep Convolutional Generative Adversarial Networks」
Alec Radford, Luke Metz, Soumith Chintala (2016)
(http://homl.info/dcgan)

- DCGANの実装

・「DCGAN Tutorial」Nathan Inkawhich
(https://pytorch.org/tutorials/beginner/dcgan_faces_tutorial.html?highlight=gan)

・「Hands-On Machine Learning with Scikit-Learn, Keras, and TensorFlow, 2nd Edition」
Aurélien Géron (2019) O'Reilly Media, Inc.

表紙、扉画像ライセンス： antishock,Andy Chipus/Shutterstock.com

著者プロフィール

チーム・カルポ

フリーで研究活動を行うかたわら、時折、プログラミングに関するドキュメント制作にも携わる執筆集団。Android/iPhoneアプリ開発、フロントエンドやサーバー系アプリケーション開発、コンピューターネットワークなど、近年はディープラーニングを中心に先端AI技術のプログラミング、および実装をテーマに、精力的な執筆活動を展開している。

主な著作

『TensorFlow&Kerasプログラミング実装ハンドブック』（2018年10月）
『Matplotlib&Seaborn実装ハンドブック』（2018年10月）
『ニューラルネットワークの理論と実装』（2019年1月）
『ディープラーニングの理論と実装』（2019年1月）
以上秀和システム刊
ほか多数

物体検出とGAN、オートエンコーダー、画像処理入門
PyTorch/TensorFlow2による発展的・実装ディープラーニング

発行日　2021年 9月 1日　第1版第1刷
　　　　2024年 5月 7日　第1版第3刷

著　者　チーム・カルポ

発行者　斉藤　和邦
発行所　株式会社　秀和システム
〒135-0016
東京都江東区東陽2−4−2　新宮ビル2F
Tel 03-6264-3105（販売）Fax 03-6264-3094
印刷所　三松堂印刷株式会社　Printed in Japan

ISBN978-4-7980-6464-2 C3055

定価はカバーに表示してあります。
乱丁本・落丁本はお取りかえいたします。
本書に関するご質問については、ご質問の内容と住所、氏名、電話番号を明記のうえ、当社編集部宛FAXまたは書面にてお送りください。お電話によるご質問は受け付けておりませんのであらかじめご了承ください。